雑穀の自然史
【その起源と文化を求めて】
山口裕文・河瀨眞琴 編著

北海道大学出版会

扉表：湯で練ったシコクビエの粉をダンゴ(ムッデ)に丸める。インド南部
扉裏：インド南部のアマランサス畑
共に河瀬眞琴撮影

はじめに

　一昔前，九州の脊梁山脈の谷間では，さまざまな雑穀や穀物があった。コバと呼ばれる焼畑でヒエやキビやトウモロコシを作り，ダイコンの種を蒔く姿が普通であった。牛を飼っている家では日向エンバクも作っていた。イノシシの罠も和蜜蜂のウトも普通にあった。林業の近代化のなかで，山仕事は少しずつなくなり，山住の人々は山を下り，里や都会に住むようになった。木打ち鎌や鍬の職人も減り，炭焼きの竈とともに焼畑や養蜂など自然資源に依存した生活が消えていった。その過程で，山の資源や自然と接する人の態度もかわってしまった。ダムの建設や道路の整備のなかで，雑穀や焼畑が観光の見せ物にかわるとともに，人の心も変容した。同じように世界規模で自然に密着した精神の変容がすさまじい勢いで進んでいる。自然に即した多様な価値観が少しずつ，数少ない価値観のなかに押し込められようとしているのだ。なくなる前に，雑穀を通して多様な人々の価値観を記述して残しておきたい。それが，この書籍の目的である。

　山口の師，中尾佐助が病をおして西アフリカの調査から持ち帰った雑穀には，多様な品種を含むトウジンビエのほか，フォニオ，ダニ（クリノイガ *Chenchurus* の仲間），アニマルフォニオ，アフリカイネがあった（中尾，1969）。そのなかには，浮き性のヒエ *Echinochloa stagnina* があり，粉になったスイレン *Nymphae lotus* の種子もあった。わずか2，3 mm の種子が草丈4 m にもなるトウジンビエや，青々と畝を覆ってしまうメヒシバを柔らかくしたようなフォニオやニクキビ *Brachiaria* の仲間は，夏の暑さや乾燥にも負けず，道ばたの雑草とは違ったたくましさを示した。いくつかのできごとでそのときの種子はもう芽がでないが，その姿はまだ覚えている。雑穀として蔑まれるようなものではなかったのである。

　現在でも，このような雑穀が利用されているところには，多くの場合，ヒトと植物の関係が色濃く残っている。この草は，触ってはいけない。この木は，焼くと臭いがする。この草の周りには，厭な虫は寄ってこない。このような体験に基づく知識や知恵が親から子に伝えられ，その一部として，ちっぽけな種子をつける穀物たちは，気が遠くなるような長いあいだヒトの糧と

しての役割を果たしてきた．つまらないものと扱われてきた雑穀たちの本当の姿をこの書籍のなかで曝いてみたいと思う．雑穀そのものもさることながら，その裏に潜む本当に大切な人の心を知るために．

　本書の執筆者は，それぞれ異なった材料を対象にさまざまな手法を用いて，このようなヒトと植物との関係を探求している．そのため，1種類の栽培植物に対して異なった学名が使われるなど，ひとつの書籍を通じての統一に欠けると感じるかも知れない．また，ほかの多くの書籍とは分類群の扱いが異なるところもある．農学書の多くでは決まり切った符丁のように取り扱われることの多い栽培植物や近縁野生種の学名や分類学上の扱いであるが，その背後にはヒトとの関係のなかで生じた植物の系統分化をどう捉えるかというひじょうにデリケートな問題が隠れているのである．本書ではそれぞれの執筆者の考えを基本的に尊重して記述してある．

　編集に取りかかってから，出版にこぎつけるまで長い時間がかかってしまった．それがために，フィールドでの息づかいがうすれてしまったものもあるかも知れない．それでも，雑穀の世界は，ふんぞり返った主穀とは違う趣をもっている．古くから日本人と共栄してきた謙虚な穀物だから，日本の心をもち続けているのだ．この本を通して雑穀の世界を満喫して頂きたい．

　　　2003年4月25日
　　　　　　　　　　　　　執筆者を代表して　　山口裕文・河瀨眞琴

目　次

はじめに　i

第Ⅰ部　雑穀とは何か

第1章　雑穀の種類と分布（山口裕文）　3

  1．穀物の分類と文化認識　5
  2．雑穀の栽培中心地（センター）と伝播　7
  3．雑穀の育つ環境　13

第2章　アワの遺伝的多様性とエノコログサ（河瀨眞琴・福永健二）　15

  1．栽培の歴史　15
  2．アワの起源とエノコログサ　17
  3．ユーラシア各地のアワの遺伝的多様性　18
    品種間雑種にみられる雑種不稔性/DNAレベルの変異/各地域のアワの形態的特徴とその分布
  4．アワの遺伝的多様性と分化　29

第3章　雑穀の祖先，イネ科雑草の種子を食べる：採集・調整と調理・栄養（松本初子・山口裕文）　30

  1．種子を集めて粉にする　31
    採集/脱穀/モミすり（玄米にする）/製粉・保存
  2．雑草種子の食べ方（調理の方法）　35
    イヌムギ/カラスムギ/カモジグサ/キンエノコロとアキノエノコログサ/チカラシバ/セイバンモロコシ
  3．栄養　36

第4章　雑穀のアミノ酸組成と脂肪酸組成(平　宏和)　40

　1．雑穀のアミノ酸組成　41
　　イネ科の分類とアミノ酸組成/アミノ酸組成と分画タンパク質/アミノ酸組成の変動
　2．雑穀の脂質含量と脂肪酸組成　45
　　イネ科の分類と脂質含量および脂肪酸組成/モチ・ウルチ性と脂質含量および脂肪酸組成/脂肪酸組成の変動
　3．アワの在来品種と脂肪酸組成　48

第5章　先史時代の雑穀：ヒエとアズキの考古植物学(吉崎昌一)　52

　1．フローテーション法と年代推定　52
　2．ヒエの発掘　56
　　縄文農耕におけるヒエ/中野B遺跡/縄文ヒエの存在/ヒエの植物分類と起源/ヒエ栽培のもつ意味
　3．日本の先史時代のマメ　62
　　先史時代のマメの同定/同定の手がかり/さらなる問題/縄文時代のマメ
　4．北海道の古代遺跡における雑穀と野生植物の検出　68

第II部　日本と東アジアの雑穀

第6章　日本のソバの多様性と品種分化(大澤　良)　73

　1．ソバの生殖様式　75
　2．在来品種の多様性と生態的分化　77
　　生態的分化の仕組み/同類交配の実態
　3．在来品種の利用と採種方法　83

第7章　飛騨の雑穀文化と雑穀栽培(堀内孝次)　86

　1．飛騨のシコクビエ栽培　86
　2．シコクビエの呼称　89

3．雑穀類の直播と移植　　90
　　4．飛騨の焼畑と雑穀　　94
　　5．水田での雑穀栽培　　96
　　6．雑穀の早晩性　　99

第8章　東アジアの栽培ヒエとひえ酒への利用
　　　　（山口裕文・梅本信也）　　101

　　1．現地調査へ　　102
　　2．麗江と寧蒗へ　　103
　　3．アジアにおけるヒエ属植物の種類　　104
　　4．麗江の栽培ヒエと酒造り：現地調査1　　105
　　5．寧蒗県のヒエ栽培と酒造り：現地調査2　　107
　　　　ヒエの栽培／ひえ酒の造り方と習俗／瀘沽湖付近での蘇里瑪酒
　　6．酒とかかわって残った栽培ヒエ　　111

第9章　南西諸島のアワの栽培慣行と在来品種
　　　　（竹井恵美子）　　114

　　1．南西諸島における雑穀栽培　　114
　　2．栽培慣行　　115
　　　　トカラ列島／奄美諸島／沖縄諸島／宮古諸島／八重山諸島
　　3．アワの在来品種の出穂特性　　122
　　4．沖縄のアワはどこからきたか　　126

第10章　照葉樹林文化が育んだ雑豆〝あずき〟と祖先種
　　　　（山口裕文）　　128

　　1．起源研究の問題点　　130
　　2．赤い豆〝あずき〟とアズキの祖先種　　131
　　3．タンパク質とDNA分析から　　133
　　4．古代遺跡から発掘されるマメ　　139
　　5．赤いマメへのアズキの進化　　140

第Ⅲ部　半乾燥地の雑穀

第11章　雑穀の亜大陸インド（木俣美樹男）　145

1. インド亜大陸の環境と農業の概略　145
2. インド亜大陸で栽培されている雑穀　146
3. アフリカ大陸から伝播した雑穀（Ⅳグループ）　149
4. 中央アジアから伝播した雑穀（Ⅰグループ）　152
5. インド亜大陸およびその周辺で起源した雑穀（Ⅱグループ）　154
6. 新大陸から伝播した雑穀（Bグループ）　158
7. インド亜大陸における雑穀の調理法　159
8. 雑穀の栽培化過程　160

第12章　ネパールにおけるセンニンコク類の栽培と変異
　　　　　（南　峰夫・根本和洋）　163

1. センニンコク類の分布　164
2. 栽培方法　166
3. 栽培者の意識　168
4. 利用方法　169
5. 呼称の分布と伝播経路　169
6. ネパール産センニンコク類の変異　170
   種子色とモチ‐ウルチ性／種子色と発芽特性／出蕾と開花／RAPD分析

第13章　南アジアにおけるゴマの利用と民族植物学
　　　　　（河瀬眞琴）　176

1. ゴマの利用　177
2. 栽培ゴマの形態的特徴　178
3. 栽培ゴマ，ふたつの系譜　180
4. *S. mulayanum* をめぐる混乱　183
5. 路傍雑草と随伴雑草としての *S. mulayanum*　184
6. インドにおけるゴマの在来品種と伝統的利用　187

第14章　作物になれなかった野生穀類たち(三浦励一)　194

  1．ニジェール川のブルグ　195
  2．西アフリカで利用されるほかの野生穀類　200

第15章　雑穀のエスノボタニー：アフリカ起源の雑穀と多様性を創りだす農耕文化(重田眞義)　206

  1．起源地で雑穀を作る人々：アフリカ起源の雑穀との出会い　206
    アフリカから日本へ/多品種を作る/ヒトと植物の相互的なかかわり
  2．アフリカの3大雑穀：分布と生態　211
  3．モロコシ：品種の多様性と多目的な有用性　213
  4．シコクビエ：雑穀の負のイメージ　215
  5．トウジンビエ：サヘルの甘い真珠の輝き　217
  6．アフリカイネ：アフリカ古王国の食糧基盤　218
  7．テフ：エチオピア文化のアイデンティティー　219
  8．アフリカの雑穀の将来　221
  9．雑穀の民族植物学的研究：アフリカ世界における雑穀研究の意義　223

引用・参考文献　225
索　引　241

第 I 部

雑穀とは何か

雑穀とは普通，アワやヒエなどの小さな種子をつけるイネ科の穀物である。雑穀の範疇や利用の形態は，民族や文化の違いによって，さまざまに変化する。ソバのような擬穀を含んだりゴマやマメを含むことも多い。第Ⅰ部では，小さな旅や神話のなかに現われる雑穀についての系譜や機能の科学的分析を通して多様な雑穀の世界とその広がりを明かしてゆく。第1章では，古代文明や栽培植物の発祥地と関連づけて雑穀の多様性を解説する。雑穀は栽培植物センターの重要な要素であり，さまざまな文化要素とかかわって存在することを示す。第2章では，野生のエノコログサから農作物となったアワの分化を紹介する。ユーラシアでの拡散のなかでアワは内部的な分化を遂げ，人とかかわった多様化を示す。その実態を近代遺伝学的分析から説いてゆく。第3章では，雑草の種子を食べる試みから，雑穀と人のかかわりの側面を洗いだす。人が穀物をその掌にいれるまでは，足下の雑草を利用する営みを続けていたに違いない。第4章では，雑穀のもつ栄養機能を主穀と対比させながら詳細に分析する。雑穀は，アミノ酸も炭水化物も脂肪も含んだ人にとっての優秀な食料要素である。第5章では，日本とくに北海道の考古遺跡から発掘される雑穀と雑豆に焦点をあて，先史時代から中世までの栽培植物の変遷史を述べる。フローテーション法という植物遺体の検出方法は，考古学における実証の重要さを主張する。それはまた，これまでの洞察にもとづく権威的な見解や混乱への考古植物学からの批判でもある。

　わずか2，3mmにすぎない雑穀たちは，人の歴史にかかわって重大な役割を果たしてきた。文化や文明をつくっただけでなく，野生種の時代からヒトとかかわり続けてきたのであり，それは今もなお現在進行形のできごとである。

第1章 雑穀の種類と分布

山口裕文

　それは，ミャンマーのシャン高原を歩いているときであった。乾期の始め，乾燥し始めた田の土は，焼き煉瓦のように硬くなろうとしていた。丘陵地の一面には黄金色とうす黄色のパッチが広がっている。サバンナの樹がぽつぽつとしたなかにうす黄色の稲穂があり，黄金色のキク科の花が見える。遠いかなたには，砂糖菓子のような雲が浮かぶ。稲穂は陸稲(オカボ *Oryza sativa*)，黄金色はニガーシード *Guizotia abyssinica* である。緩やかに傾斜した大地に育つ陸稲は驚くほど実りがよい。陸稲の畑にはイネ *Oryza sativa* だけが作られているのではなく，一定の間隔でモロコシ *Sorghum bicolor* がある。隣の陸稲畑ではアワ *Setaria italica* がいれられ(写真1)，その隣では，トウジンビエ *Pennisetum glaucum* やハトムギ *Coix ma-yuen* が混ぜられている。ササゲ *Vigna unguiculata* subsp. *unguiculata* cv.-gr. Biflora もイネのあいだを這っている。ひとつの田や畑にはひとつだけの作物しか作らない日本とはあまりにも違った風景の主役たちは，さまざまな穀物たちである。このさまざまな穀物が，普通，日本で雑穀と呼ばれる仲間である。

　この風景は，2年続けての訪問に繰り返し見られた(山口，2002)。農業の近代化や新品種の導入が進むなかで，パオ族もシャン族もそしてタウンヨー族も，陸稲畑では雑草や雑穀を取り残し，イネを収穫する(写真2)。取り残した雑穀や雑草は，種子が成熟するのを待って収穫するという(梅本ほか，2001)。残される雑草にはシダの一種やイヌビエ *Echinochloa crus-galli* の仲間がある。シダの葉は，蒸したダイズ *Glycine max* をそのまま包んで納豆を作るといい，残した草はやがてコブ牛や家畜たちの餌となる。雑草のイヌビエはまるまると太った種子をつけ，なかには日本では水田にのみ見られる

写真1 パオ族の陸稲畑（ミャンマー・シャン高原で）

写真2 陸稲を叩きつけ脱穀するタウンヨー族

タイヌビエ Echinochloa oryzicola にそっくりな角張った大きい種子をしっかりと穂につけている。パオ族は，実らせたイヌビエの種子を集めて粘りのある香り米に混ぜて食べるともいう。インド起源のコブ牛と中国産の発酵ダイズといろいろな穀物が混じり合ったここは，多様な文化と文明の伝播の交差点である。このような複雑な組合せは歴史的にどんな過程と背景でできあがったのだろうか？　この章では〝雑〟という言葉のもとに扱われる穀物に焦点をあて，多様な雑穀と栽培植物の成り立ちを概観する。

1. 穀物の分類と文化認識

農業の分野ではさまざまな穀物をいくつかの類型に分けて取り扱う。少し古い分類では，主穀，雑穀，菽穀，擬穀に分けられる。この類型は純日本的な文化認識の産物である。主穀は，コメ（イネ），ムギを指す。狭い意味の雑穀にはヒエ Echinochloa esculenta やアワなど種子の小さなイネ科の穀物が含まれ（阪本，1988），菽穀はマメ，擬穀はソバ Fagopyrum esculentum やセンニンコク Amaranthus hypochondoriacus を指す。日本ではコメはイネ1種からなるが，ムギは，元来オオムギ Hordeum vulgare のことであって，後世になるにつれコムギ Triticum aestivum やライムギ Secale cereale やエンバク Avena sativa を含むようになる。マメは，元来ダイズを指すが，菽穀と扱われて総称となると，アズキ Vigna angularis やソラマメ Vicia faba などたくさんのマメ科栽培植物を含む（前田，1987）。生産量の多いダイズとラッカセイ Arachis hypogaea を除いたマメの仲間，アズキやリョクトウ Vigna radiata は雑豆と扱われることがある。擬穀は普通はソバを意味するが，正確にはソバとセンニンコクが含まれ，アンデスにはキノア Chenopodium quinoa やその仲間がある。センニンコクの一群にはアンデスに分布するヒモゲイトウ Amaranthus caudatus がある。擬穀は，字のごとく穀物でない穀物であり，穀物の残り滓的存在である。穀物には，このほかに種子に含まれる脂肪を利用するゴマ Sesamum indicum，エゴマ Perilla frutescens var. frutescens，ケシ Papaver somniferum，ヒマワリ Herianthus annuus，カボチャ Cucurbita moschata，スイカ Citrullus lanatus などもあり，これらはむしろナタネ Brassica napus，Brassica campestris などとともに油穀とも言うべきである。

イネ科穀物では主穀と雑穀，マメ科穀物ではマメと雑豆のように，対象物を〝主〟とそれ以外の〝雑〟とに類型する認識は，主食(ごはん)と副食(おかず)を識別するのと同じ行為である。中国の漢民族やお隣韓国では，けして「ご飯」を「食事」の意味には使わない。肉や野菜が食事の中心である文化では，コメや穀物は食事の主役ではなく，逆に副食的あるいは並列的存在である。アジアだけをみても「ご飯」を主食とする地域は，稲作文化を主とするごく限られた場所にすぎない。このようにみると雑穀や擬穀という類型は，主穀に対してつくられた日本独特の文化的産物となる。擬穀などという言い方は，付け足しにさらに付け足をしようとすることである。

このような穀物に関する文化認識のありかたは，異なった言語での表現をみるとよくわかる。雑穀は英語の millet にあたるが，元来の日本語や朝鮮語にはそのような言葉はない。東アジアでは雑穀のひとつひとつにはきちっとした名前があり，ヒエ，アワ，キビのように表現される(岸本，1941)。ヒエ，アワ，キビは漢語では稗，粟，梁であり，朝鮮語では pi, cho, syo となる(村田，1932)。これに対してアジアではムギは総称であり，ムギのひとつひとつは，コ麦，オオ麦，ライ麦(朝鮮語ではオオムギは boli，コムギは mil，ライムギは homil，エンバクは kwili)のように麦という認識の変形で示され，ヨーロッパでは wheat, barley, rye のようにひとつひとつが認識される。菽穀(豆類)でも同様であり，朝鮮語ではダイズは khong，アズキは patt のように一字音で表現されるが，英語では soybean, azuki bean というように bean の変形として表現される(アズキは，近年，日本人の使うローマ字表記の azuki と書かれるようになったが，保守封建的な学者は，言語差別を内包する adzuki を呼称として用いている)。一方，英語ではソラマメ(蚕豆)は bean の一種であり，エンドウ(豌豆)は pea の基本と認識されている。あとの章で述べるように，ある地域での言葉のあり方は，その地域での対象(栽培植物)の利用の歴史と，対象自身の伝播・拡散過程と関係しているのである。このような視点で雑穀という言葉をみると，雑穀は，広辞苑や日本語大辞典も言うように，米麦以外の穀類，豆，蕎麦，胡麻などの特称(新村，1976；梅棹ほか，1989)であり，本来の日本語にはない後世的に無理に作られた言葉といえよう(中尾，1966)。

2. 雑穀の栽培中心地(センター)と伝播

　現在，ある地域で作られている栽培植物がどのような歴史をもつかは，人や文化のルーツとかかわって興味のある内容である．雑穀を含めた穀類の種類が集中している場所である栽培中心(センター)は分け方によって5にも7にもなるが(中尾，1966；Harlan，1976)，雑穀のセンターを大きく6つとすると図1のようになる．チグリス・ユーフラテスを中心とした地中海地域，インド亜大陸，東アジアの照葉樹林帯，アフリカ，および新大陸の2カ所である．興味深いことにひとつのセンターにおける穀類は，イネ科の栽培植物とマメ科の栽培植物とが1組のセットとなっており，センターは亜熱帯高地や半乾燥地に分布する傾向にある(中尾，1966)．その内訳を旧世界から順にみてみよう．

　主穀のうちムギ類の発祥地は，肥沃な三日月帯である．小アジアから地中海地域にはムギ類と冬作のマメ類を主とする穀類がまとまって栽培されている．コムギ類(コムギのほかフタツブコムギ *Triticum dicoccum* やマカロニコムギ *T. durum* など)やオオムギは，この三日月帯のミドルグラスの草原で栽培化され，エンドウやソラマメ，ヒヨコマメ *Cicer arietinum*，ガラスマメ *Lathyrus sativus*，ヒラマメ *Lens culinaris* などのマメ類とセットとなって古代オリエントやエジプト文明の基盤をつくったことは衆知の通りである．地中海地域の西部にあたる西ヨーロッパやカナリー諸島にはユニークな栽培植物があり，雑穀的なムギ類にストリゴサ・エンバク *Avena strigosa*，二倍体のハダカエンバク *Avena nuda*(モンゴルから中国雲南省まで分布する六倍体のエンバクである裸型のユウマイとは違う種；Baum，1977)やカナリークサヨシ *Phalaris canariensis* がある．この地域ではハウチワマメ *Lupinus* 類もその種子が利用される(Smartt，1990)．エチオピアにあるアビシニア・エンバク *Avena abyssinica* はムギ畑の雑草 *Avena vaviloviana* から昇格した二次作物として知られ，同じような種にドクムギ *Lolium temurentum* がある．

　もうひとつの主穀であるイネはムギ類とは異なった分布パターンを示す．イネには2種の栽培種があり，ひとつはアジアのイネ *Oryza sativa*，もうひとつはアフリカのグラベリマ・イネ *Oryza glaberrima* である．インドでは

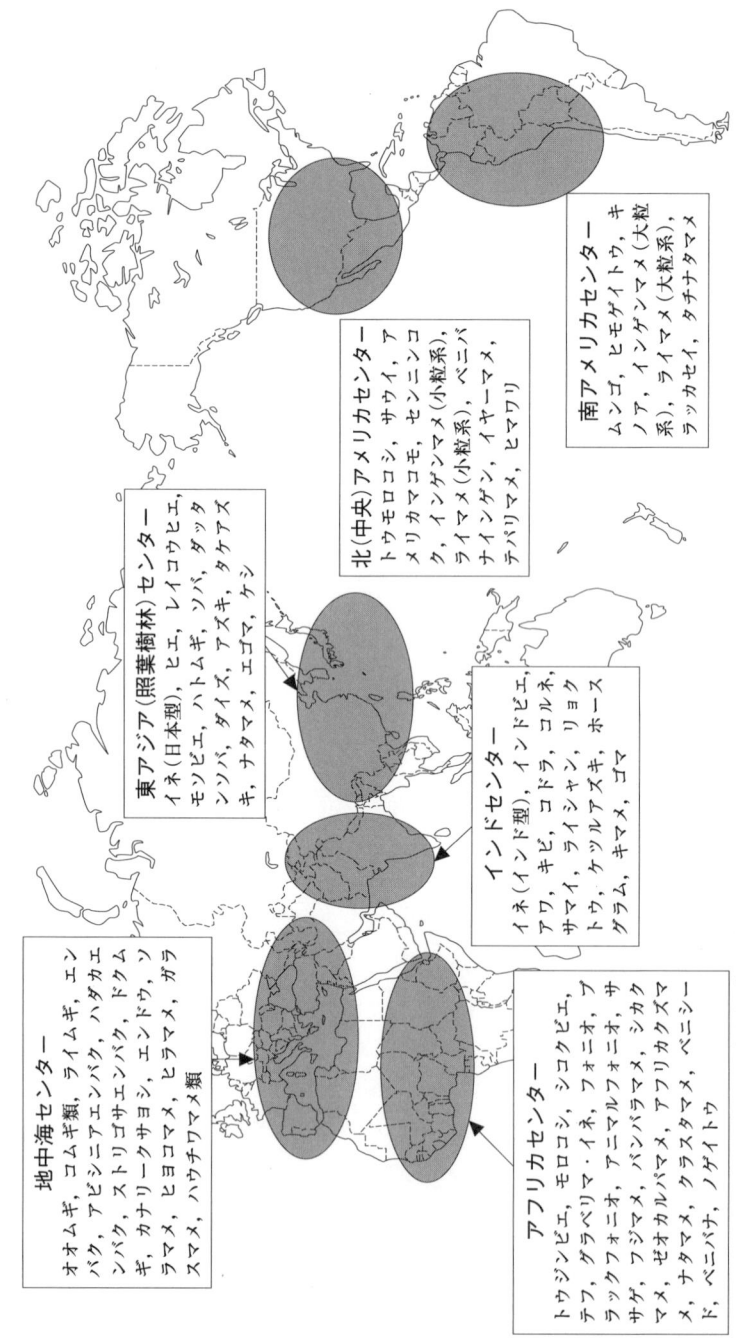

図1 穀類の起源地とセンター(中尾, 1966；Harlan, 1976；Smartt, 1990 などによって作成)

インド型のイネ *O. sativa* cv.-gr. Indica があり，東アジアでは日本型のイネ *O. sativa* cv.-gr. Japonica がある。アジアのイネの起源にはいくつかの説があり，それぞれインドと中国東南部を起源とする考えや雲南起源説や中国長江下流域で栽培化したイネが伝播したインドでインド型のイネができたとする見解がある（盛永，1957；渡部，1978；中川原，1985；佐藤，1996）。アジアのイネもアフリカのグラベリマ・イネも中尾（1969）が指摘したようにそれぞれを湿性の雑穀として雑穀文化の一要素とも捉えられる。

　雑穀に注目して旧世界の穀物をみると，もっとも大きなセンターはアフリカとインドにある（中尾，1966，1969；阪本，1988，1991）。インドを中心とした西南アジアにはインドビエ *Echinochloa frumentacea*，キビ *Panicum milliaceum*，ライシャン（カシーミレット）*Digitaria cruciata*，アワ，コド *Paspalum scrobiculatum*，キンエノコロ *Setaria glauca*，サマイ *Panicum sumatrense*，コルネ *Brachiaria ramosa*，などがある。この地域ではイネ科の雑穀にともなうかたちでマメ類が栽培されており，リョクトウ *Vigna radiata*，ケツルアズキ *V. mungo*，キマメ *Cajanus cajan*，モスビーン *V. aconitifolia*，ホースグラム *Macrotyloma uniflorum* はダル料理としてベジタリアンの食事の中心となっている（Smartt, 1990）。この地域では北西インドにキマメとアワ，キビがセットとなって，またインド南部にはコドやアフリカ由来の雑穀とリョクトウやモスビーンが1セットとなった栽培植物のまとまりが見られる（図1）。

　アフリカ大陸では野生穀類を使う習慣をともなった雑穀利用地域がサハラの南縁を取り囲むようにあり，それぞれの発祥地と栽培の中心地は，西アフリカから順に，フォニオ *Digitaria exilis*，フィニィと呼ばれるブラックフォニオ *Digitaria iburua* やアニマルフォニオ *Brachiaria deflexa*，次いでトウジンビエ，モロコシ，シコクビエ *Eleusine coracana* と続き，北東アフリカのエチオピア高地のテフ *Eragrostis tef* まで続く。ここではササゲやフジマメ *Lablab purpureus* のほか，地下結実性のゼオカルパマメ *Macrotyloma geocarpum* やバンバラマメ *Vigna subterranea* があり，塊根も利用するアフリカクズマメ *Sphenostylis stenocarpa* や野菜的な使われ方をするシカクマメ *Psophocarpus tetragonolobus*，ナタマメ *Canavaria gladiata*，クラスタマメ *Cyamopsis tetragonoloba* が栽培されている。イネ科とマメ科植物をセットとした局所的な分布は顕著ではなく，トウジンビエとモロコシにササゲの

組合せが全域を通してある。地下結実性のマメや塊根を利用するマメの仲間には局所的な分布と利用が認められる。野生穀類や半栽培的に使われる植物もあり、ベニー・シードと呼ばれるゴマ属の数種とノゲイトウ *Celosia argentia* などは油糧用とされる(中尾, 1969)。エチオピアにはニガーシードが知られる。

　東アジアには照葉樹林帯とその周辺の東南アジア高地にイネ科穀物とマメとの組合せが見られる。とくにイネとダイズには強い結びつきが見られ、粒食と発酵食品という独特の食文化を形成している。西南中国からインドシナ西部の高原にはハトムギ、レイコウビエ *Echinochloa esculenta* とモソビエ *E. oryzicola* の栽培にともなうかたちでタケアズキの栽培があり、ソバやダッタンソバ *Fagopyrum tataricum* も見られる。極東アジアではヒエとアズキとダイズとが低温の影響など気象条件に恵まれない地域において、ともに複合的で固有な食文化を形成している。

　新大陸にはトウモロコシ *Zea mays* のほかにはおもだったイネ科穀物はないが、メキシコのサウイ *Panicum sonorum* とアンデスのムンゴ *Bromus mango* が知られている。アメリカ合衆国東北部の低湿地にはアメリカマコモ *Zizania aquatica* が古くから利用されており、近年ワイルドライス *Z. aquatica* var. *interior* として積極的に栽培されている(岡, 1989)。新大陸のセンターは、ひとつともふたつとも言われるが、アンデスとメキシコ周辺を中心として明らかに栽培植物のセンターがあり、擬穀やトウモロコシとマメ類との組合せが見られる。センニンコクとスギモリケイトウ *Amaranthus cruentus* は倍数体の *A. dubius* とともに、中央アメリカで栽培されている。中央アメリカでは、ベニバナインゲン *Phaseolus coccineus*、イヤーマメ *Phaseolus polyanthus*、テパリーマメ *Phaseolus acutifolius*、小粒系インゲンマメ、小粒系ライマメ *Phaseolus lunatus* の栽培がある。また、この地域ではネイティブ・アメリカンがヒマワリを栽培化しており、ロシアに伝わって改良された品種が世界的に広がっている。アンデスではヒモゲイトウとキノアのほか canihua と呼ばれる *Chenopodium pallidacale* が知られ、マメ類には大粒系インゲンマメ、大粒系ライマメ、タチナタマメ *Canavaria ensiformis* のほか、ブラジル高原にラッカセイの栽培起源地がある。

　これらの雑穀におけるイネ科穀類とマメ類との共存関係として、東アジアではヒエとアズキ、ダイズの組合せがあり、アフリカではモロコシやトウジ

ンビエとササゲとの組合せがある。インドではアフリカから導入されたシコクビエやモロコシとインド産のコドやサマイとがキマメやヒラマメ，リョクトウ，ケツルアズキと組合さって，栽培や加工方法において文化的複合をつくっている。

　旧世界の穀類の伝播について中尾(1966, 1976)は，ムギ類を主とする冬作穀類の西ヨーロッパへの流れとシコクビエやモロコシなどの夏作穀類を主とする東アジアへの大きな流れを示し，雑穀文化がアフリカで起源し，中央アジアをへて，ユーラシアへ広く広がったと考えている。東アジアへはインドをへてビルマから中国の西南高地，黄河流域へと伝播する過程でさまざまな雑穀の栽培化を引き起こしたとしている。とくにミャンマー(ビルマ)から中国への雑穀文化の伝播過程で栽培化された種にヒエ類を挙げている。そのルートには確かにイヌビエの栽培種であるレイコウビエがあり，タイヌビエの栽培種モソビエも存在する。このような視点からみるとミャンマーのシャン高原に残る陸稲畑におけるイヌビエの取り残し栽培は(写真3)，雑穀という栽培植物の栽培化の原初的風景なのかもしれない。

　穀類の多様性形成にかかわる伝播と発祥という主要因は，互いに矛盾した解釈を導きだすことがある。ひとつの栽培植物の起源についての単元説と多元説である。もっとも典型的な事例として，新大陸のセンニンコク類とマメ類を挙げることができる。中央アメリカに分布するセンニンコクは，アンデスにヒモゲイトウという生物学的に同種の品種群を伴侶する。同じように，インゲンマメとライマメでは，中央アメリカの仲間の種子は小粒，アンデスの仲間は大粒である(図1)。同じ種のなかに地理的分布を異にする品種群が見られる。このような地理的変異の解釈では，中央アメリカあるいはアンデスのどちらかで栽培化というできごとが一度起こって，ほかの地域に伝播し，地域固有の品種群を生んだとも，両方の地域で野生種の異なった地域集団から別々に栽培化が進んだとも考えられる。現在，それぞれに対応した野生種の地域集団が栽培品種と類似した遺伝的特徴をもつため，これらは，多元的に発祥したと説明されている。伝播という要因による多様性形成の解釈や説明は，問題を解決したようにみえるが，それを実証するのに十分な科学的事実が提示された例はあまり知られていない。

12　第Ⅰ部　雑穀とは何か

写真3　取り残こされたイヌビエ(上)とタイヌビエによく似たイヌビエ(下)

3. 雑穀の育つ環境

次に、このような穀物の植物学的な特徴と利用部位をみてみよう。主穀とイネ科雑穀の利用部位は、穎果と呼ばれるイネ科植物に特有の果実の大部分を占める肥大した胚乳である。マメ科植物の莢殻では、利用部位は肥大した子葉にあたる。擬穀は、タデ科やヒユ科などタデ目に所属するから、それらの種子の利用部位は、外胚乳や内胚乳や子葉にあたる。ゴマやアブラナではいずれも種子に含まれる脂肪を使うが、その多くは子葉や胚に含まれている。穀物の利用部位は、いずれも本来は植物が次代を確保するための栄養を貯えた貯蔵器官である。それを使うということは、植物がせっせと稼いだ貯蔵物質を人間が横取りしていることになる。

穀物として利用される植物の野生種のほとんどは一年生草本であり、その種子は、いずれも野生の条件下では植物の生活環の一時期に受ける厳しい乾燥や低温を避ける役割を果たしている。このような野生種の種子が穀物として利用されるためには、「その植物の群落が大きく、容易に種子が集められ、長時間・長期的に集められる」などの条件が必要である。価値が高くてもまとまった資源として一定量が集まらなければ、その植物は人間の干渉を受けないため、栽培化が起こらずに人為環境下で生存可能な栽培植物にはなりえない。イネ科植物の野生種は通常大きな群落をつくるが、普通、マメ科やタデ目植物の野生種は、あまり大きくない群落をつくる。しかし、マメ類や擬穀類として栽培化された種の野生種は人為的撹乱の大きいな場所で大きな群落をつくる傾向を示す。穀類の祖先種は撹乱に依存して大きな純群落をつくりやすい性向をもつものが多い。

イネ科植物とマメ科植物が共存する生態環境では窒素など土壌要素のバランスが調和的であるとしばしば指摘される。このほかにも共生的な関係はイネ科穀類と豆類にみられる。イネ科の穀物は、炭水化物は豊富なもののタンパク質の含量が低く、ヒトが必要とする必須アミノ酸の一部を十分にもちあわせていない。マメ類や擬穀類では種子のタンパク質含量が高く、トリプトファンやリジンの含量が高いなど、イネ科の穀物と補完的に使われると栄養バランスがよくなるとされる (Simpson and Conner-Ogorzaly, 1986)。イネ科穀物とマメ類や擬穀類と油脂を使う穀類とで複合化が進むのにはこのよう

な背景があるのかもしれない。ヒトは身の回りの植物からさまざまな資源を利用する過程で穀物を手にいれ，文明や文化を形成してきたが，その歴史のなかで，このようなさまざまな共生的関係をも活用してきたのである。

　半乾燥地や気温の低い高原で作られている雑穀は，巨大に育つトウモロコシやイネやムギと比べて，価値の低い貧乏人の食べ物と扱われる。しかし，水や温度などの自然資源の乏しい場所では，種子の小さな雑穀はもっとも持続性の高い優良な農作物である。中国の内蒙で入植した漢族が耕作を始めると，そこは数年の内にやせた乾いた土地になってしまうという。ムギなどの種子の大きな農作物を作り，その収穫物をもちだすことによって土地が乾いてしまうからである。穀物の主体であるデンプンは，水と炭酸ガスの合成物であり，ある地域からの農作物のもちだしは水のもちだしを意味する。資源の乏しい場所ではそれを超えた形で経済的効率をあげるとあげた分だけ負荷がかかり，地域の資源の枯渇を生むのである。撹乱地に生える一年生の植物は，普通，乾燥や低温など水分や温度が不足する条件にあうと，花や未熟の果実を落とし，残す繁殖体の数を少なくする。それはしばしばマメ科の栽培植物で見られる。自然条件の厳しさのなかで，次代に残す種子を小さくし，維持する子供の数を少なくして後代を確保するのである。種子の小さな雑穀が乾燥や低温の厳しい場所で持続的に利用されている現実は，自然の摂理に逆らわない合理的な結果かもしれない。

　ミャンマーの旅のなかで見た陸稲畑の光景は，このような背景をもつ雑穀たちとヒトとの関係のひとつである。アジア起源の陸稲の畑にはアジア原産のハトムギとアワとがあり，トウジンビエやニガーシードはモロコシやササゲとともにヒトとの共存の関係を保ったままアフリカからやってきたのだ（写真1，図1）。アフリカやインドの半乾燥地の人々が自然が許すだけの食料を生産するさまざまな栽培植物に依存して生活しているのと同様に，ミャンマーの高地で，そして中国の辺境の地で，雑穀や原初的な栽培植物に依存した人々の生活は，自然と調和したひとつの生活の様式とみることができよう。ミャンマーのパオ族が多様な自然に囲まれ，豊かに暮しているように，雑穀を使う人々が心貧しい生活を送っているわけではない。雑穀のつくる空間は，ヒトと植物との関係の多様化の歴史のひとコマであり，文明と文化の重要な一要素である。

第2章 アワの遺伝的多様性とエノコログサ

河瀨眞琴・福永健二

1. 栽培の歴史

 8世紀初頭成立とされる古事記には須佐之男命の高天原からの追放と八岐大蛇退治のあいだにつぎのような説話が挿入されている。

「また食物を大気都比売の神に乞ひたまひき。ここに大気都比売，鼻口また尻より，種々の味物を取り出でて，種々作り具へて進まつる時に，速須佐の男の命，その態を立ち伺ひて，穢汚くして奉るとおもほして，その大宜津比売の神を殺したまひき。かれ殺されましし神の身に生れる物は，頭に蚕生り，二つの目に稲種生り，二つの耳に粟生り，鼻に小豆生り，陰に麦生り，尻に大豆生りき。かれここに神産巣日御祖の命，これを取らしめて，種と成したまひき。」(武田祐吉訳注・中村啓信補訂解説，角川文庫『新訂古事記』より)

 須佐之男命が大気都比売(大宜津比売)の神を殺すが，その神の屍体からカイコやイネ・アワ・アズキ・ムギ・ダイズが生まれたという穀物神の死が多くの穀物をもたらしたとする起源神話である。『日本書紀』の類似の説話では，須佐之男命ではなく月読尊が保食神を殺し，その頭から牛馬，額の上にアワ，眉の上にカイコ，目の中にヒエ，腹の中にイネ，陰の中にムギ，ダイズ，アズキが生えた，という風に少し異なっている。

 『古事記』では禾穀類はイネ，アワ，ムギ，『日本書紀』ではヒエも加わっている。このような記述から奈良時代初頭にはアワが穀類として重要な地位を占めていたことを伺い知ることができる。アワとイネは『延喜式』神祇，

供新嘗料に記録された特別の穀物，アワは義倉に納入する重要な穀類で富国贍民備荒のために栽培が奨励されていた(鋳方，1977)。

　しかし，アワ畑を身近な風景として実感している日本人は今ではきわめて少数であろう。アワの栽培は20世紀になって急速に衰退した。「日本に於ける雑穀栽培事情」(農林省農業改良局研究部，1951)によれば「1900年頃迄は全国で約25万町歩だつたのがそれ以後減少の一途を辿って1946年には僅かに4万町歩に過ぎない」(原文のまま。なお，1町歩は約1haである)。第46次農林省統計表(農林省経済局統計調査部，1970)によると1969年のアワの作付けはわずかに1970 haだけとなり，第47次農林省統計表(農林省経済局統計調査部，1971)以降，アワの記述はなくなった。このようにほとんど忘れられていたアワであるが，1990年代にはいって再評価されてきている。食物アレルギーのために雑穀を代替食材とするといった考えや，食習慣や生活習慣を改めより多くの食材を食卓に提供しようという健康志向・自然志向が浸透し，アワに新しい価値をもたらしつつある。「雑穀は貧乏の象徴」と実感していた世代が少数派になったこともあろう。

　古代中国の歴史書『三国史』には紀元3世紀中ごろの朝鮮半島で「五穀とイネ」が栽培されていると記述されている。中国の「五穀」の範疇には種々あるが，イネを含まないのは麻，麦，稷(アワ)，黍，豆を指している(鋳方，1977)。それに対して倭人については五穀という記述はなく「禾稲紵麻を種う」とある。「禾稲」はしばしばイネと解釈されているが，当時の中国では「禾」はアワを意味しており，卑弥呼の時代に日本の主要穀物はアワとイネであったらしい。さらに時代を遡って，縄文時代というと少し前までは「狩猟・採集の時代」とされ，農耕は弥生時代からと教科書にも書かれていた。しかし，最近では縄文前期や中期から「常識」を覆すような大規模かつ定着的な高い技術を示す遺跡が発見され，縄文農耕の証拠とされている。アワらしい遺物の報告もあり，雑穀やマメ類は重要な役割を果たしていたかもしれない。

　中国大陸へ目を移すと，紀元前5000年ごろの黄河文明ではアワが重要な食用作物であった。いっぽうヨーロッパにおいてもアワの栽培は古く，紀元前3000年ごろのドイツ南部の遺跡をはじめ，多数の新石器時代の遺跡で発見されている。また，コーカサス地方では紀元前6000～5000年紀の遺跡からアワが出土している。ヨーロッパというとムギ農耕を思い浮かべがちだが，夏作のアワやキビが古代より近世にいたるまで重要な穀類であったことを看

過してはいけない。

2．アワの起源とエノコログサ

アワ Setaria italica はユーラシア原産の典型的な夏作の一年生イネ科穀類である。染色体数 $2n=18$ の二倍体である。エノコログサ属 Setaria はイネ科のなかではキビ亜科キビ連 Paniceae に属する。キビ連にはエノコログサ属以外にもキビ属 Panicum, スズメノヒエ属 Paspalum, チカラシバ属 Pennisetum, ヒエ属 Echinochloa, ニクキビ属 Brachiaria, メヒシバ属 Digitaria などを含み，これらの属には栽培化されて栽培植物となったものが多い。Index Kewensis で検索するとエノコログサ属には500近い種小名が載っているが，実際は200種程度であろう。多年生の種と一年生の種がある。基本染色体数 $n=9$ である。日本国内にはアワのほかエノコログサ(一年生, $2n=18$), アキノエノコログサ(一年生, $2n=36$, S. faberi), キンエノコロ(一年生, $2n=36$, S. glauca), コツブキンエノコロ(一年生, $2n=72$, S. palide-fusca), フシネキンエノコロ(多年生, $2n=72$, S. gracilis), イヌアワ(多年生, $2n=38$, S. chondrachne), ザラツキエノコログサ(一年生, S. verticillata), ササキビ(多年生, $2n=36\sim54$, S. palmifolia), コササキビ(多年生, $2n=72$, S. plicata) などが現在分布している。

アワとエノコログサとは形態的によく類似しており，古くからエノコログサがアワの野生祖先種であろうと考えられてきた。木原・岸本(1942)は両種を交配して，雑種第一代(F_1)が花粉母細胞の減数分裂第一分裂中期に正常な染色体対合を示し，正常な稔性を示すことなどから，エノコログサがアワの野生祖先種であることを証明した。両種は生物学的には同一種と考えられるため，de Wet et al.(1979)はアワとエノコログサを別種ではなく同一種の亜種，すなわちアワを S. italica subsp. italica, エノコログサを S. italica subsp. viridis と位置づけている。

オオエノコロ S. x pycnocoma と呼ばれているのは一般にエノコログサとアワの雑種あるいは雑種由来の植物とされているが，必ずしもそう単純ではない。小林(1988)は日本各地の伝統的アワ栽培地域で広範なフィールドワークを行ない，アワに似た大型の穂をもつエノコログサがアワ畑のなかで作物擬態型(crop mimicry)の随伴雑草として独自の適応をとげているとした。

アワとエノコログサのあいだでは自然交配による雑種形成は珍しくはない。オオエノコロとされているものには自然雑種そのものやあまり世代をへていない後代もあるだろうが，アワ畑の随伴雑草として確立したものもある。

エノコログサ以外のエノコログサ属植物は食用作物として栽培化されなかったのだろうか。著者は南インドで，キンエノコロそっくりの非脱粒性の雑穀が栽培されているのを見た(河瀬，1991)。キビ属の栽培植物サマイ *Panicum sumatrense* の畑に雑草のキンエノコロが生えているように見えたのだが，農家の話を聞いて確認するとれっきとした栽培種であった。

新大陸の初期農耕においてはエノコログサ属植物が大きな役割を果たしていたとされる。メキシコのタマウリパスではトウモロコシの栽培が広がる前の紀元前4000〜3500年にかけての初期農耕時代にエノコログサ属植物が主要な，そしておそらく唯一の穀類として食用とされ，その後1500年間にわたって栽培化が進み，粒が大きくなっている(Callen, 1967)。同じメキシコのテワカン渓谷でも紀元前5500年ごろからエノコログサ属植物が食用利用されていたが，紀元前4500年ごろにトウモロコシ栽培が始まったためここではエノコログサ属植物は主要な穀類とはならず，粒の大きさも変化しなかったようである。タマウリパスで栽培化されたのがどの種であったかは定かでないが，テワカン渓谷に近いプエブラでは3種類の多年生種(*S. geniculata*, *S. macrostachya*, および *S. leucophila*)と2種類の一年生種(*S. grisebachii* と *S. adhaerans*)とが採集・利用されていた記録がある。

野生のエノコログサ属植物の種子は世界各地で採集され食用とされている。かわった利用法として，ニューギニアではササキビ類の若芽(シュート)を食用としている。食用以外では，収穫後のアワの稈が家畜のよい飼料であることはよく知られているが，アフリカ原産の *S. sphacelata* や *S. porphyrantha* などは家畜の飼料としてオーストラリアなどで利用されている。

3. ユーラシア各地のアワの遺伝的多様性

日本やヨーロッパ諸国ではほとんど利用されない作物(less utilized crop)となってしまったアワであるが，ユーラシア各地から収集された在来品種はひじょうに多様である。

アワは古くは穂の形状に基づいて2亜種あるいは3亜種に分類され，さら

に穂の梗毛の長さや色，頴果の色によって多数の変種に分類されていた。このような人為的分類は作物品種の識別には便利だが，色や外観の形質は人為選択の対象となりやすく系譜とはかかわりなく進化することがある。また，植物体の外観には環境の影響を受けやすいものもあり，栽培地や栽培方法をかえると特性が大きく変化することもある。人為選択にかかりやすい形質の研究は人間と栽培植物との関係を考えるうえで重要であるが，進化の本質や遺伝的分化を解明するためには形態形質に基づく人為的分類から離れて，アワの多様性とむきあう必要がある。ここでは直接的には人為選択の影響を受けないと考えられる品種間雑種にみられる雑種不稔性やDNAの多型を述べ，その後で目に見える特徴について簡単に触れたい。

品種間雑種にみられる雑種不稔性

アワの多様性や地域による変異には，栽培の長い歴史が反映していると考えられる。地方品種群の分化を明瞭に示すのが品種間雑種にみられる雑種不稔性である。

相互に交配すると雑種不稔性を生じる品種をテスターとして選び(テスターA，B，C，D)その花粉をユーラシア各地の117の在来品種に人工的に交配させた。

在来品種の自殖系統は正常な花粉稔性(約90％程度)を示すのに対し，雑種第一代(F_1)は組合せによってさまざまな程度の不稔性を示す*。花粉稔性に比べ種子稔性はばらつきが大きくよい指標ではない。75％以上の花粉稔性であれば稔性，75％以下であれば部分不稔性と判断した。それに基づいてA型，B型，C型，D型，AC型，BC型と，これら以外の型と考えられるX型に分類した(Kawase and Sakamoto, 1987；河瀬・福永, 1999)。つまり，テスターA，B，CおよびDとの雑種だけが稔性であればそれぞれA型，B型，C型およびD型とした。Aとの雑種もCとの雑種も稔性を示す在来品種はAC型，BとCとの雑種もCとの雑種も稔性であればBC型である。

F_1雑種の部分不稔性の遺伝的支配はまだよくわかっていないが，F_1雑種の花粉母細胞の減数分裂第一分裂中期には正常な二価染色体が形成されるの

---

*F_1個体の花粉はグリセリン・カーミン溶液で染色し，各個体1000粒以上の花粉を観察した。

で，転座や逆位のような染色体の大きな構造変化による不稔性ではない。A型，B型，C型については相反交雑を行なってもほぼ同程度の不稔性がみられることから細胞質雄性不稔の可能性も低い。完全な不稔(稔性 0％)はないこと，同じ交配組合せであれば同じ程度の不稔性であること，雑種の後代では高稔性の個体が多数分離することなどを考慮すると劣性の補足遺伝子の関与が考えられる。D型では相反交雑で稔性が多少異なっており，ほかの要因も考えられる。1対の劣性補足遺伝子を仮定すると F_1 個体では 1/4 つまり 25％の花粉が不稔となるので 75％の花粉稔性が期待できる(図1)。このような劣性補足遺伝子の組合せが2セット，3セットあるいは4セットと増えれば期待される F_1 個体の花粉稔性はそれぞれ約 56.3，42.2，31.6％となる。不稔のすべてがこのような遺伝子システムで説明できるかどうかわからないが，高い不稔性を示す組合せの品種は互いに系譜が異なる，つまり長いあいだ遺伝子のやりとりが少なかったと考えてもよい。

そこで，雑種不稔が劣性補足遺伝子の組合せにより生じ，X型を除いてそれぞれの型は1種類の遺伝子型をもち A‐B 間には3セット，A‐C 間には2セット，B‐C 間には2セットの劣性補足遺伝子の組合せがある(図2)とすると，それぞれの花粉不稔性の期待値が得られる。仮定から得られる期待値(図2)とこれまでの雑種不稔性の結果(図3)を比較するとよく一致しているようにみえる。稔性は環境の影響も受けるし，想定している不稔遺伝子以外の遺伝子も関与するので，正常個体の稔性が100％ではなく多少低下するのと同様に雑種の稔性も期待値より低くなるとすると，この値は仮説を支持している。

高い不稔性を示す組合せの品種は互いに遺伝的に遠縁であるとすれば，AC 型と BC 型は，A型，B型，C型，D型に比べ遺伝的に分化があまり進んでいないと推測できる。不稔の遺伝的背景が優性から劣性への突然変異のみによるとすると AC 型から A型，BC 型から B型は少ない突然変異で生

図1　劣性補足遺伝子によって生じる花粉不稔性の模式図

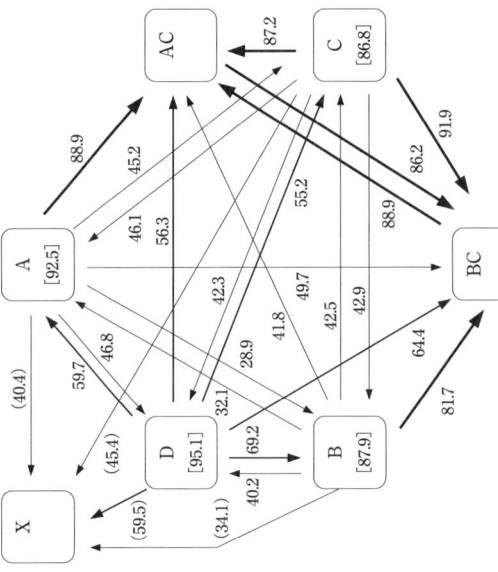

図2 複数セットの劣性補足遺伝子によってのみ雑種不稔性が生じると仮定した場合に考えられる遺伝子型と交配組合せ、雑種不稔性が生じない交配組合せで期待される花粉稔性の例。→：相互に1セットの劣性補足遺伝子が異なる、⇒：相互に2セットの劣性補足遺伝子が異なる、⇢：相互に3セットの劣性補足遺伝子が異なる

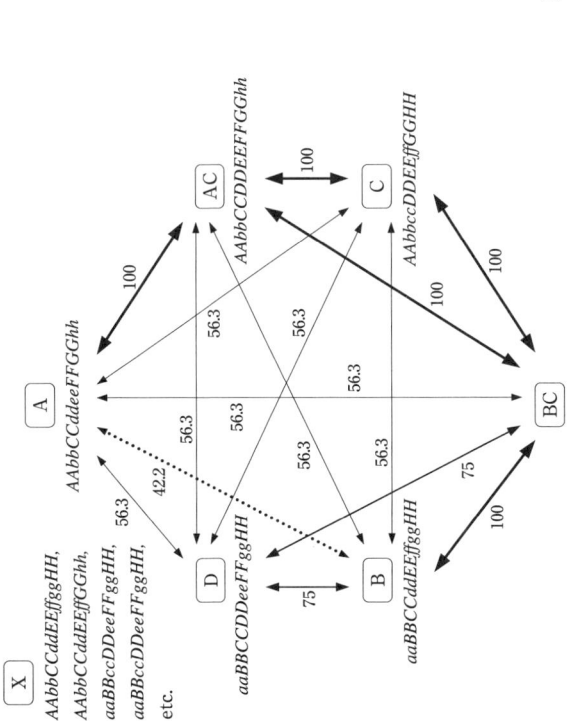

図3 アブラ品種間雑種の雑種不稔性の概略図。数値は花粉稔性(%)で平均値。ただし、X型のかかわった交配の種類の花粉稔性は組合せによってばらつきが大きいため( )でくくった。正常な花粉稔性(>75%)を示す組合せは太線で、きわめて低い花粉稔性(<50%)は細線で示した。矢印の向きは花粉親→子房親。調査した組合せのみを表示した。[ ]内はA型、B型、C型あるいはD型どうしの雑種の花粉稔性の平均値。D型の関与した交配では相反交雑で数値が異なる。

じるが，D型やC型ではさらに多くの突然変異が生じたことになる．このような複雑な遺伝様式が確立するには長い年月をかけた突然変異の蓄積や遺伝的浮動が必要であろう．野生祖先種のエノコログサとアワの雑種でも組合せによって雑種不稔がみられるので，稔性に関する遺伝的多様性は野生種の段階ですでにできていたのかもしれない．

　雑種不稔性を基にしたそれぞれの型の分布を見ると(図4)(河瀬・福永，1999)，A型は主に東アジアに集中しており，日本，韓国，中国の系統に高い頻度で見られ，これらの地域のアワが互いに密接な関係にある．B型は台湾本島と日本の南西諸島に集中している．C型はヨーロッパから南アジアにかけて多く分布している．D型は台湾の蘭嶼とフィリピンのバタン諸島にほとんど集中して分布しているが，中国の雲南省やパキスタン北部山地の品種にも見られる．X型は各地に点在している．遺伝的により未分化と考えているAC型は当初アフガニスタンの品種に発見されたが，その後ブルガリア，ウクライナ，モンゴル，そして日本にも分布することがわかった．BC型はインドに多く見られるが，パキスタン，ミャンマー，フィリピンにもある．

　図4からわかるように各地域のアワは明らかにそれぞれの地域独特の地方品種群を形成している．東アジアのA型，台湾本島のB型，蘭嶼・バタン諸島のD型，インドのBC型，アフガニスタンのAC型などは，永年栽培されてきた地方品種群のまとまりを暗示している．C型のように広い分布を示すものは単純にひとくくりにはできないが，少なくともヨーロッパのC型の品種は形態的にも互いによく似ている．

　これらの地方品種群は，アイソザイム変異，頴果のフェノール着色反応性，DNA多型，形態的特徴などの地理的分布ともいくつかの点で符合している(河瀬，1994)．

　アワの栽培化が単一の起源をもつとするとAC型とBC型の分布する中央アジアからアフガニスタン，インドにかけての地域でアワが栽培化され，その後遺伝的に分化しながら東西に伝播していった可能性を仮定できよう(Kawase and Sakamoto, 1987)．ただし，アワが多元的に起源したのであれば，野生祖先種エノコログサにすでにできていた稔性に関する遺伝的多様性と地理的分布を反映しているのかもしれない．

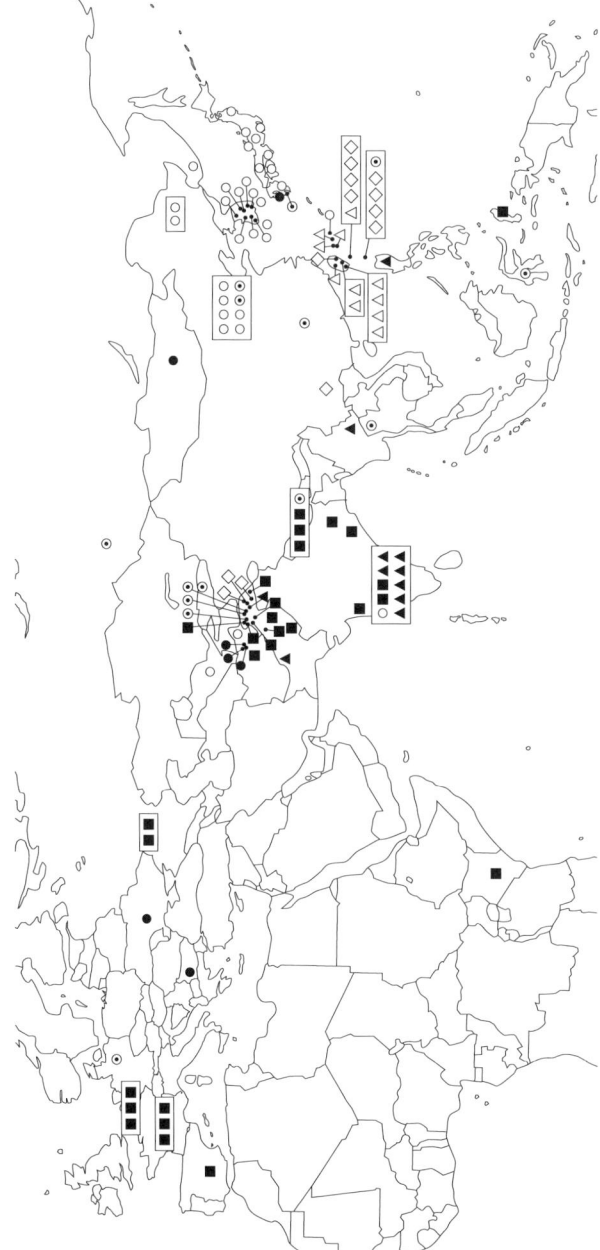

図4 品種間雑種の花粉部分不稔性によって分類されたA型(○),B型(△),C型(■),D型(◇),AC型(●),BC型(▲)およびX型(⊙)の分布(河瀬・福永,1999より)

DNAレベルの変異

作物の遺伝的分化を考察するうえで最近よく利用されるのがDNAの多型である。アワについてはまだ緒についたばかりであるが，いくつかの知見を紹介する。

リボゾームRNA遺伝子(rDNA)

細胞のなかでタンパク質合成に重要な役割を果たしているリボゾームは大小ふたつのサブユニットからなり，数種のリボゾームRNA(rRNA)と多数のタンパク質からできている。rRNAをコードしている遺伝子rDNAの遺伝的多型は生物の系統分化の研究によく利用されている。高等植物のrDNAは3種類のrRNAをコードする領域が繰り返し単位になり，これがIGS(遺伝子間のスペーサー)を介して多数繰り返し並んでいる。Fukunaga et al.(1997)はアワのrDNAをクローニングし，ほかの禾穀類とよく似た構造をもっていることを明らかにした(図5)。また，ヨーロッパやアジアの117品種についてrDNAのRFLP(restriction fragment length polymorphism：制限酵素断片長多型)分析を行ない，IGS領域を含む領域の長さの多型に基づいて5型(I型〜V型)に分類した。5型のうちI〜III型が基本的な型である。IV型とV型は2種の繰り返し単位をあわせもつ希な型で，IV型はI型とIII型の繰り返し単位をあわせもつ。I型は日本からヨーロッパまでユーラシアの温帯地域に，II型は台湾本島，蘭嶼，フィリピンのバタン諸島などに，III型は主に南アジアに分布している。

複数のプローブを用いたRFLP

RFLPはDNA断片の挿入，欠失，制限酵素認識部位(制限サイト)の点突然変異など，さまざまな要因で生じる。そのため多数のマーカー遺伝子座についてRFLP情報を知ることによってアワの遺伝的分化を解析できる。このような考えにそってFukunaga et al.(2002)は各染色体に散らばった16個のDNAマーカーを選び，ユーラシア各地の62品種のRFLPを調査しクラスター分析を行なった。NJ法による解析結果(図6)には，地理的分布に特徴をもつ5個のクラスターが認められる。クラスターIとIIは主に東アジアの在来品種である。クラスターIIIは熱帯・亜熱帯地域，クラスターIVには東アジアおよび南アジアのいくつかの在来品種が混在している。クラスターVはアフガニスタン，中央アジア，ヨーロッパといったユーラシア大陸西部の在来品種からなっている。これらのクラスターの分布は，先に

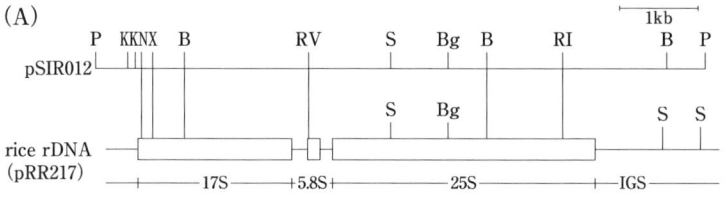

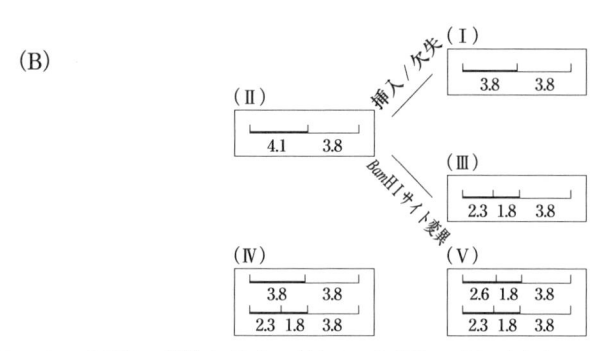

(A)

(B)

図5 アワrDNAの構造と分化。(A)アワ(pSIR 012)とイネ(pRR 217)のrDNAの制限酵素地図の比較(Fukunaga et al., 1997より)。(B)制限酵素 BamH I を用いた RFLP 分析で明らかとなったアワ rDNA の繰り返し単位の変異。I 型～III 型が基本的な型で，IV 型と V 型はふたつの繰り返し単位を合せもつ。太線は IGS を含む領域。

述べた雑種花粉稔性に基づく地方品種群の分布とも完全にではないがおおむね対応している。

胚乳デンプンのウルチ・モチ性と Wx 遺伝子

イネなどと同様にアワの胚乳デンプンにはアミロースを 20～35％含むウルチ性品種とアミロースを含まないモチ性品種があり，さらに数％から 10 数％含む中間型品種もある。東アジアにはウルチ性とモチ性の両者があるが，インド以西にはウルチ性のみが分布する。中間型は南西諸島から東南アジア島嶼部にかけて分布している(阪本，1986)。野生祖先種のエノコログサはウルチ性であり，東アジアの人々はモチ性の自然突然変異体を選びだしてモチ性品種をつくりあげたと考えられる。アミロースの生合成は Wx タンパク質と呼ばれるアミロース合成酵素が担っているが，Wx タンパク質の量はウルチ性品種には多く，中間型品種には少なく，モチ性品種では検出できない(Afzal et al., 1996)。

アワ Wx タンパク質の構造遺伝子(*Wx* gene)の分子レベルの研究は始

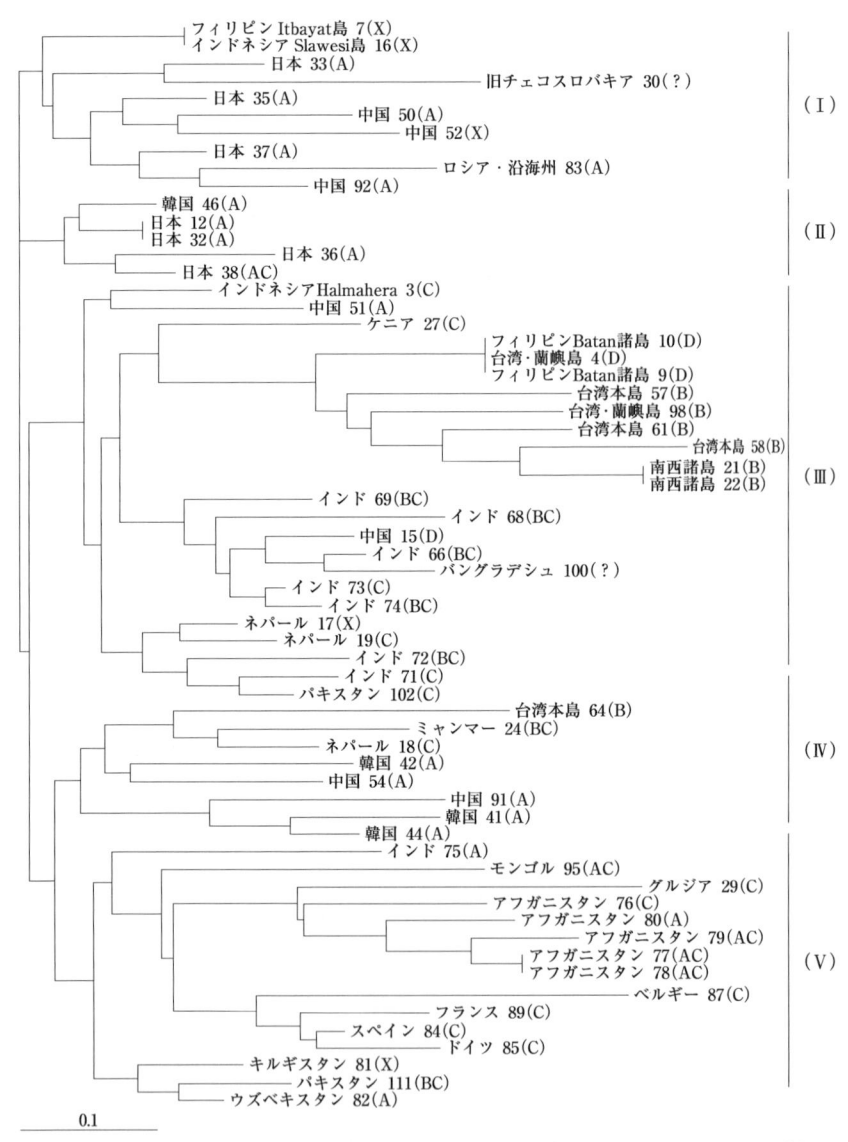

図6 RFLPによるアワ在来品種のクラスター分析（Fukunaga et al., 2002より改変）

まったばかりでどのような突然変異でモチ性が生じたのかはまだ明らかではない。福永ほか(1998)は Wx gene の部分的配列を PCR 増幅し品種間で比較し，フィリピン，ハルマヘラ島，バングラデシュのウルチ性の4品種が第12イントロンに 436 bp の挿入配列をもつことを見出した。Wx gene に同じ配列の変異をもつこれらの品種は過去に遡ると共通の系譜につながると考えられる。

各地域のアワの形態的特徴とその分布

アワ地方品種群は目に見える形質ではどのような特徴を備えているのだろうか。

ユーラシア各地のアワを日本において同一環境で栽培すると，出穂日数にひじょうに大きな変異がみられる。ヨーロッパや中央アジアのアワは出穂日数が短く，東南アジアのものは長い。日本の系統は両者の中間に位置するが，変異の幅は大きい。アワは短日植物であるが，その日長反応性には複雑な変異がみられ，地域性がある (Takei and Sakamoto, 1987)。主稈出葉数，稈長や穂長も日本で栽培すると出穂日数におおむね対応している。しかし，日本で栽培したときのこのような外観的特徴は必ずしも現地でのそれと同じではない。

分蘖特性* をみると，日本を含め東アジアの在来品種の多くは非分蘖型かあるいは 1，2 本の一次分蘖しかでず，高次分蘖も見られないのに対し，中央アジアからヨーロッパの在来品種の多くは主稈の多くの節から一次分蘖を発生し，また二次や三次の分蘖も見られる (Ochiai, 1996)。とくにアフガニスタンやパキスタン北西部には一見エノコログサのような極端な分蘖型のアワが分布する。この特徴は現地でも日本で栽培してもあまりかわらない。南アジアから東南アジアにかけては多様性が高く，多数の分蘖を生ずるものも，少数の分蘖を示すものも，非分蘖型も見られる。分蘖型の少ない日本でも，四国山地などには「シモカツギ型」と呼ばれる極晩生分蘖型のアワが分布している (阪本，1979)。形態や生理形質では各地方品種群ごとに大まかな傾向

---

*茎の節から枝分かれすることを分蘖という。主稈からの枝分かれを一次分蘖，一次分蘖からの枝分かれを二次分蘖，というように呼ぶ。アワでは主稈のみでまったく分蘖しないものもあり，非分蘖型という。

が確認されるが，シモカツギ群のように例外的な変異も見出される。

　アワの穎果はエノコログサに比べればかくだんに大きいのだが，その大きさや形は各品種に比較的安定した形質である(Fukunaga et al., 1997)。穎果の長幅積を大きさの，長幅比を形の指標と考えると，大きさでは東南アジアのアワが小さく，中央アジアからヨーロッパにかけては大きい(図7)。日本と台湾本島には小さいものから中間的な大きさまで分布し，韓国は中間的，中国ではやや大きなものが多い。形では，日本・韓国・台湾・ブータン・ネパール・パキスタン北東部，ヨーロッパ西部に比較的まるいものが多く分布する。ユーラシア全域のうちインドには長幅積，長幅比ともに多様性が高い。

　日本では，収穫後次期の栽培のための穎果を穂のまま保管，あるいは穂で

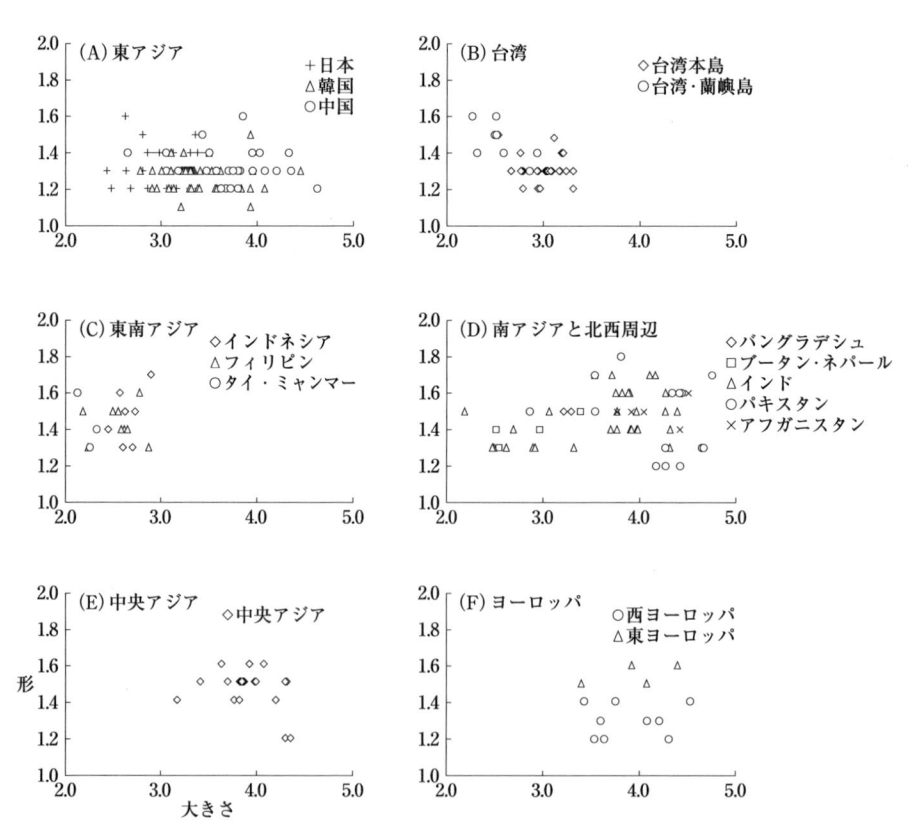

図7 ユーラシア各地のアワ在来品種の穎果の形(長幅比)と大きさ(長幅積)の変異 (Fukunaga et al., 1997 より)

選んで穎果を保管する。それに対し，インドやパキスタンでは収穫後，脱穀・風選したものから次期の栽培のための穎果を取り分けている。日本など東アジアでは大きい穂をもち，その結果あまり分蘖しない，イネでいえばいわゆる穂重型の草型が選ばれてきた。それに対し，風選は不稔穎果（シイナ）や実入りの悪い軽い穎果を飛ばして除く作業であり，インド以西では，長い年月のあいだ，大きい穂ではなく大きく重い穎果への無意識の人為選択がより強く加わってきたと推測される。

4．アワの遺伝的多様性と分化

今まで述べてきたことを総合して考えると，これまでよくわかっていなかったアワの作物進化あるいは系譜がかなり明瞭になってくる。アワの起源が一元的かあるいは多元的か，そして地理的起源がどこなのかについてはいまだに議論が分かれるところである。各地に独特の地方品種群が成立しているが，多元説を積極的に支持する証拠はない。

歴史時代以前から日本人の生活を支え，日本農耕文化の基層の形成に重要な役割を果たしてきたアワは韓国や中国北部などのアワと近縁で，共通の系譜に連なるものである。これはアワが主に朝鮮半島を通じて日本にもたらされたことを示している。そして日本のアワは他地域，とくに南アジアやヨーロッパのアワとはさまざまな点で大きく異なっている。また，日本のなかでも南西諸島には系譜を異にするアワも存在し，それは台湾本島のアワに近い。いっぽう，中国のアワは雑種不稔では同じA型であってもDNAでは多型的であるなど多様性が高い。とくに中国のアワについてはこれから地域ごとに詳しく調査していく必要があろう。

第3章 雑穀の祖先，イネ科雑草の種子を食べる
採集・調整と調理・栄養

松本初子・山口裕文

　「貧乏な人の食べ物」と雑穀や野生のイネ科植物の種子は外国の書物に紹介されている．飽食の国・日本でも「雑草を食べる」というと不思議そうに思われたり，拒絶反応を起こす人もいる．しかし，その一方で健康食品や自然食品を扱う店には「小麦のふすま」，「胚芽」，「カラスムギ」，「オオバコ」などのはいったクッキーやタブレットなどが並んでおり，忘れられていた赤もち米やいろいろな雑穀もポピュラーに使われるようになってきている．このような風潮を考えると「身近な雑草を食べる」のも，もっと一般的であってもよいと思う．

　春の七草や摘み菜など野草や雑草の茎や葉を食べるのはよく知られているので，ここではイネ科雑草の種子に注目してみよう．イネ科雑草は，普通，大きな群落をつくる場合が多く，春から秋にかけては，たえずたわわに実っている穂を見ることができる．その光景は，記録的な冷夏でも猛暑の夏でも同様である．日本ではこの豊富なイネ科雑草は邪魔者扱いされても資源として見られるのはほとんどない．しかし，私たちの祖先は，イネ科植物の草原で種子を集め，利用することによって立派な穀物をつくってきた．イネやムギも，そしてヒエやアワの雑穀の仲間もそうである．本章では，イネ科雑草を原始的な穀物と仮定して，これらの種子の採集・調整方法と栄養価を調べ，その有用性を穀物と比較してみよう．

1. 種子を集めて粉にする

近畿地方にはイネ科植物が空き地や畑，公園などに生えている。このうち大きな群落をつくっていて，種子が大きい7種(イヌムギ *Bromus catharticus*，カラスムギ *Avena fatua*，カモジグサ *Agropyron tsukushiense* var. *transiens*，チカラシバ *Pennisetum alopecuroides*，セイバンモロコシ *Sorghum halepense*，キンエノコロ *Setaria glauca*，アキノエノコログサ *Setaria faberii*)について，種子を集めて，調整した。

採 集

雑草の種子は，同時に熟すのではなく，徐々に熟し，熟した種子から順に落ちる自然脱粒性をもっている。このために雑草や野生のイネ科植物の種子を採集するには穂の上部が熟したときに穂摘みするか，一般にはシードビーターと呼ばれる「はたき」によって「ざる」に種子を叩き落とす(中尾，1966)。イネ科植物の野生種の種子は，普通，小穂単位か小花単位で脱粒し，散布される。植物学的に厳密な意味での種子は穎果と呼ばれる果実のうちに隠れており，外から見ることはできない。食用とする穀物の種子は普通，この穎果を意味する。栽培化されたイネやムギでは株元や穂ごと刈り取っても粒が落ちないので切り取って集めるが，バラバラになってしまう雑草の種子の採集ではひとくふうがいる。イヌムギやカラスムギ，カモジグサは小花単位で脱粒し，エノコログサ(キンエノコロとアキノエノコログサ)やセイバンモロコシは，小穂単位で脱粒する。穂ごとに種子の実りにまとまりのよいイヌムギやカラスムギ，カモジグサは，穂摘みで集めるのがよく，種子がこぼれやすいエノコログサやセイバンモロコシは，はたきがよい(図1)。穂軸から離れやすいチカラシバの小穂は穂を手で軽くしごく。イネ科雑草の種子を包んでいる穎や小穂には細い毛や長い刺毛がついているので採集には種子や小穂を扱いやすいゴム手袋をしておくとよい。

脱 穀

栽培化のすすんだ穀物では成熟しても小穂や小花が穂から離れないので，収穫(採集)のあと脱穀と籾すりの作業によって穎果(玄米)を選びだす。穀物

図1 イネ科雑草の種子の収穫から精製まで(河井, 1996を改変)

では，昔は足踏み脱穀機や千羽こきを使ったり，強い力で穂を板やざるに打ちつけて脱穀していた。東南アジアでは今もこのような風景が見られる。雑草や野生のイネ科植物は，ほとんどの場合自然脱粒性をもっているので，脱穀のために特別の方法をとる必要はない。穂摘みした場合でも，新聞紙の上や紙袋のなかで小穂を乾燥させるだけで脱穀は完了する。イヌムギは足で穂を踏むと小穂のなかの小花のひとつひとつがきれいに分離するので後の作業は楽になる（図1）。回収率は穀物と比べて悪いのは当然である（表1）。

モミすり（玄米にする）

モミ（籾）すりは，穎果の外についた殻（穎）を外す作業である。イネや皮ムギなど，普通，穀物ではモミすりした後，唐箕やざるで風選して殻やごみを飛ばし，なかの穎果だけを選り分ける。裸オオムギでは，モロコシやトウジンビエと同じように，殻と穎果が離れているのでモミすりはしない。エノコログサ以外の雑草や雑穀では粒（小穂）を家庭用ミキサーに2～3分かけるとモミすりできる。このとき，水をいれて湿らした状態にするとセイバンモロコシやチカラシバでは精白も同時にできる。セイバンモロコシやチカラシバでは採集してから時間がたつと果皮の部分が堅くなるので精白できない。ミキサーにかけてモミすりが終わったらモミがらと穎果部分を水にいれる。よく熟した穎果は水に沈むので，モミがらを含む上澄みを捨てる作業を何度か繰り返す。水につけずに選り分けるには，ゆるい風のあるところで床に新聞紙などを敷いて高い所から落として風選する（図1）。

エノコログサの場合，粒をミキサーにかけると粉になってしまうので，擂鉢と擂こぎを用いてモミすりし，水選するのがよい。穂摘みした場合は未熟種子を多く含み，歩留りが悪くなるので，モミすりをせず，モミのまま製粉するほうがよい。

製粉・保存

雑草の種子の製粉についてはモロコシ（タカキビ）*Sorghum bicolor* やトウジンビエ *Pennisetum glaucum*，カナリークサヨシ *Phalaris canariensis* など雑穀とも比較してみる。調整のすんだ種子を食べるには粒のまま食べるか，粉にして食べる。使用直前に粉にするのが普通である。一般には唐臼や石臼で製粉するが，現在，入手しやすい簡易製粉機（Cycloteec　1093　Sample

表1 雑草と栽培植物の種子の特徴および製粉の歩留り（河井，1996を改変）

	採集場所	採集時期	1000粒重(g)	長径(mm)	短径(mm)	長径×短径(mm²)	歩留り(%)	典拠
イヌムギ	奈良市	5月	7.71(0.22)	6.01(0.29)	1.75(0.15)	10.24	57	
カモジグサ	藤井寺市	5月	3.29(0.11)	4.41(0.30)	1.40(0.10)	6.17	25	
カラスムギ	奈良市	5月	14.53(0.58)	6.56(0.50)	2.07(0.21)	13.59	23	
カラスムギ	堺市	5月	10.97(0.54)	6.46(0.51)	1.81(0.20)	11.65	18	
エンバク	—	—	14.4〜22.7	—	—	—	—	小原, 1981
ライムギ	—	—	27	7.2〜8.7	2.0〜2.8	—	—	小原, 1981
キンエノコロ(殻つき)	奈良市	10月	1.32(0.13)	2.28(0.10)	1.54(0.08)	4.45	12	
キンエノコロ	奈良市	10月	0.99(0.02)	1.94(0.09)	1.27(0.04)	2.46	75	
アキノエノコログサ(殻つき)	奈良市	10月	1.91(0.54)	2.97(0.11)	1.56(0.08)	4.63	27	
アキノエノコログサ	奈良市	10月	1.74(0.03)	1.97(0.12)	1.39(0.06)	2.74	91	
アワ	—	—	2	2〜3	1.2〜1.5	3	—	農文協, 1981
チカラシバ	奈良市	11月	4.81(0.07)	3.77(0.18)	1.72(0.15)	6.48	45	
トウジンビエ	—	—	3〜15	4	2	—	—	農文協, 1981
セイバンモロコシ	北葛飾郡	11月	3.18(0.11)	2.82(0.19)	1.67(0.11)	4.71	46	
モロコシ	—	—	11.6〜59.2	4〜5.5	3〜4	—	—	農文協, 1981
カナリークサヨシ(購入)	—	—	5.34(0.11)	3.82(0.23)	1.78(0.13)	6.8	56	

( )内の数字は標準偏差
農文協：農山村文化協会

Mill)を用いてもよい。製粉が終わったら，製粉機に付属の密閉容器か市販のプラスチック製密閉容器を用いて保存する。

　雑草の種子では粒の大きさにかかわらず穎(殻)のついた収穫物で製粉歩留りがよくない(表1)。一般に，雑草種子の重量やサイズは同じ属の栽培種の種子より小さいが，アワのような小粒の雑穀の野生種では栽培種と比べてもさほど小さくなく，十分収穫に耐えられる。製粉の歩留りは，穎果のみを使うと一般によくなるが，表面に毛や桿毛をつけた種子では悪くなる。チカラシバ，セイバンモロコシ，イヌムギでは歩留りも高く，種子を大量に集めるのもそれほど難しくはない。粒は，一般に栽培種で近縁の雑草より大きくなるが，キンエノコロなどの雑草では，栽培種とあまりかわらず，大きい粒ほど製粉の効率はよいのが普通である。

2. 雑草種子の食べ方(調理の方法)

　イネ科の穀物は，コメのように粒食とするか，コムギのように粉にして食べるのが普通である。つぎに，雑草の種子の食べ方のいくつかを紹介しよう。

イヌムギ

　粒を水にいれて煮ても柔らかくならない。煮た粒を擂鉢で摺りつぶして，団子にしてもまずく，イヌムギは粒食にはむかない。製粉したものは，小麦粉と混ぜるとスイトンやクレープなどにできる。完成品は，うす茶色にはなるが，味にはとくにくせはない。

カラスムギ

　オートミール(マカラスムギ)と同様に利用できる。カラスムギでは殻(穎)の基部に絹状の毛がついているだけでなく，殻の外側に毛をつける場合がある。それだけでなく殻をとった種子には細かい毛が生えている。体がかゆくなったり，ほこりの原因となるので，モミすりのとき，これらの毛をとばさないくふうが必要である。毛をとるには，フライパンで炒ってもよい。

カモジグサ

　種子を煮て粒食できる。白米と混ぜて炊くと，色素が抜けて白米に移るの

で赤飯ができる。ウルチ米：モチ米：カモジグサを2：1：1の割合にして，通常のご飯より水をやや多めにいれて炊くとおいしくなる。

キンエノコロとアキノエノコログサ

アワと同様に粒食でも粉食でも利用できる。モミ殻は，ごま炒り器で炒った後，擂鉢で摺ると取れやすい。

チカラシバ

収穫直後は柔らかく，ミキサーによる精白も容易であり，そのまま粒食できる。収穫後1年以上へたものは，ミキサーでは精白できない。古い種子は，ごま炒り器で炒ると，ポップコーンのようにはじける。ポップは塩をかけて美味しく食べられる。しかし，収穫直後の種子は，はじけにくい。ポップにするには，種子をよく乾燥させる必要がある。

セイバンモロコシ

モロコシ（タカキビ）と同様に赤飯などに利用できそうである。製粉された市販のモロコシをスイトンにしたところ苦くて食べられなかった。モロコシと同様に，水に晒して苦みを取るか，ミキサーで精白するなどのくふうがいる。

雑草の種子を食べるのに，もっとも問題となるのは収穫とモミすりの作業である。ハサミやミキサーを上手に使えば作業は比較的簡単であるが，このような道具がない時代の人はたいへんであったと思われる。

3. 栄養

このようにして食べられる雑草の種子には栄養のうえではどのような特徴があるのだろうか。雑穀や穀物とあわせて検討する。

栄養価

雑草と穀物の種子に含まれる水分，粗タンパク，粗脂肪，粗繊維，粗灰分，可溶性無機窒素物をみると(表2)，栄養組成は，イヌムギでは軟質コムギに，

表 2　雑草と栽培植物の種子における栄養組成（風乾量%）(河井，1996を改変)

	水分	粗タンパク	粗脂肪	粗繊維	粗灰分	NFE	典拠
イヌムギ	10.6±0.3	10.5±1.8	1.5±0.1	2.5±0.5	3.8±0.8	71.1	
カモジグサ	10.3±0.1	17.6±0.8	2.1±0.2	3.0±0.2	2.2±0.1	64.8	
軟質コムギ（白色，秋播）	11.0	10.1	1.7	2.3	1.6	73.3	NRC
硬質コムギ（赤色，春播）	12.0	15.1	1.8	2.6	1.7	66.8	NRC
ライムギ	12.0	12.1	1.5	2.2	1.7	70.5	NRC
オオムギ	12.0	11.9	1.8	5.0	2.3	67.0	NRC
カラスムギ（奈良産）	10.1±0.1	16.2±1.3	11.0±1.9	1.7±0.1	4.2±0.1	56.8	
カラスムギ（堺産）	9.5±0.2	19.8±0.3	9.6±0.1	1.4±0.1	3.0±0.1	56.7	
エンバク	11.0	11.8	4.8	10.8	3.0	58.6	NRC
エンバク（ひき割り）	10.0	15.9	6.2	2.5	2.2	63.2	NRC
キンエノコロ（殻つき）	10.0±0.3	14.2±0.5	7.5±0.1	17.7±0.4	9.3±0.1	41.2	
アキノエノコログサ（殻つき）	10.2±0.5	13.5±0.1	5.3±0.2	12.6±1.0	7.0±0.1	51.4	
アワ	11.0	12.0	4.1	8.3	3.6	61.0	NRC
アワ（殻つき）	10.2	3.1	0.9	34.5	10.1	41.2	小原，1981
セイバンモロコシ	11.1±0.3	12.8±0.6	4.1±0.1	2.4±0.1	1.8±0.1	67.7	
モロコシ（タカキビ）	11.2±0.1	15.6±0.6	3.9±0.1	1.1±0.1	1.6±0.0	66.7	
モロコシ（ソルガム）	10.0	11.2	2.8	2.3	1.8	71.9	NRC
チカラシバ	10.6±0.3	25.2±0.1	4.6±0.1	1.3±0.2	2.1±0.2	56.4	
カナリークサヨシ	11.0±0.1	15.2±1.3	7.5±0.0	1.3±0.2	2.3±0.2	62.6	

NRC：National Reserch Council (1992)
NFE（可溶性無機窒素物）：各成分含量の合計を全量 (100%) から差し引いたもの
分析方法：水分：135°C 2時間乾燥法，粗タンパク：ケルダール法（係数 6.25），粗脂肪：ソックスレー脂肪抽出装置を用いエーテルで 16 時間抽出，粗繊維：硫酸と水酸化ナトリウム水溶液で処理した試料からその粗灰分量を減じたもの，粗灰分：炭化後 600°Cで 2 時間灰化

カモジグサでは硬質コムギに近い。また，カラスムギでは挽き割りエンバク（おそらくオートミール用）に近かった。キンエノコロとアキノエノコログサでは種子をモミすりしなかったので，粗灰分と粗繊維がアワより多かった。アワ籾の組成の大部分は粗灰分と粗繊維であるとされる（小原，1981），エノコログサ属植物の種子をモミすりすると，栄養組成はもっとアワに近くなるだろう。チカラシバの種子は，小鳥の餌として市販されているカナリークサヨシの果実に外観がよく似ているが，姿とは違って，カナリークサヨシより粗タンパクが多く，高タンパクであった。

　これらの雑草種子の栄養組成の違いを，表2（一部追加）をもとに穀物と併せて総合的に評価すると，興味深いことがわかる（図2）。総合評価の方法である主成分分析の図は全体のばらつきの85％ほどを示している。第一主成分(Z_1)には粗繊維と粗灰分含量が反映され，第二主成分(Z_2)には粗タンパクと粗脂肪含量が主に示されているので，図の右上にあるほど粗繊維，粗灰分，粗タンパク，粗脂肪がともに多くなる。栽培化された穀物では粗繊維と粗灰分は，互いによく似た変化を示し，このふたつの成分は粗タンパクと粗

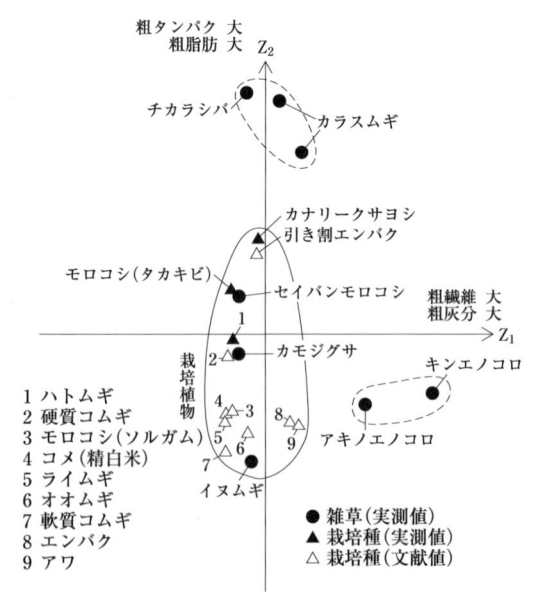

図2　イネ科植物種子の栄養組成の関係（河井，1996を改変）。
　　　第一主成分の寄与率：50％，第二主成分の寄与率35％

脂肪とはあまり関係しない。

　この図を見るとオオムギ，コムギ，ライムギ，コメといった主要穀類はすべて第三象限に位置している。これらの特徴は，低タンパク，低脂肪で，繊維，灰分が少ない，言い換えると炭水化物が多いことを意味する。雑草で第三象限に位置するのはイヌムギとカモジグサである。いずれも粒が大きい特徴をもっている。チカラシバとカラスムギの種子は，タンパク含量が多いので，タンパク源ともなるだろう。とくにチカラシバは食べ方も簡単で味もよい。雑草と近縁の栽培植物を比較すると，キンエノコロ，アキノエノコログサとアワでは第一主成分で，カラスムギとエンバク，カモジグサとコムギオオムギ類では第二主成分での大きな変化がみられる。栽培植物になるにつれ灰分や繊維分が少なくなり，低タンパクで低脂肪となるのは一般的傾向のようである。

　ネイティブ・アメリカンはフロリダの低湿地でマコモの群落に丸木舟をいれて，実ったアメリカマコモの種子を船のなかに叩き落として利用するという。インドやアフリカの低湿地でもイネやヒエの仲間が同じようにして集められて利用されている。野生のイネ科植物の種子は集めさえすれば利用できるのだ。栄養の成分からみると，穀物を栽培せず，野生植物の種子を採取していた古代の人々は，タンパク質や脂肪，繊維の多い，炭水化物の少ない穀類を食べていたと推定される。でもそれは，胚芽もビタミンも多い，バランスのとれた食事だったのではなかったのだろうか。作物の栽培が始まった後，人の好みに合うものを選んでゆくにつれ，精製の技術も発展して，穀物はさらに炭水化物の含量を多くさせたと推定される。精白の技術ができた江戸時代以降に「かっけ」が増えたのもよく知られている。このように，炭水化物の多い「おいしい」主穀の探求が本当の豊かさや健康にはつながらないことに関しては，一考の余地があろう。調理方法をくふうすれば，雑草の種子は味もよく，十分食料になる。いたる所に生えているイネ科雑草も天然資源として利用するといろいろな可能性があるものである。

第4章 雑穀のアミノ酸組成と脂肪酸組成

平　宏和

　人類にとって重要な食糧であり，また，家畜の飼料でもある穀類は，イネ科植物の種子(穎果)である。穀類作物は，環境適応性に富み，投入する労力と施肥量に比べて収量が高い。また，種子は栄養価が高く，水分含量が低いので貯蔵性に富み，輸送などの取扱いが容易である。このような理由により，穀類作物は古くより栽培されてきた。

　穀類作物をイネ科植物の系統分類の関係よりみると(図1)，イネ *Oryza*

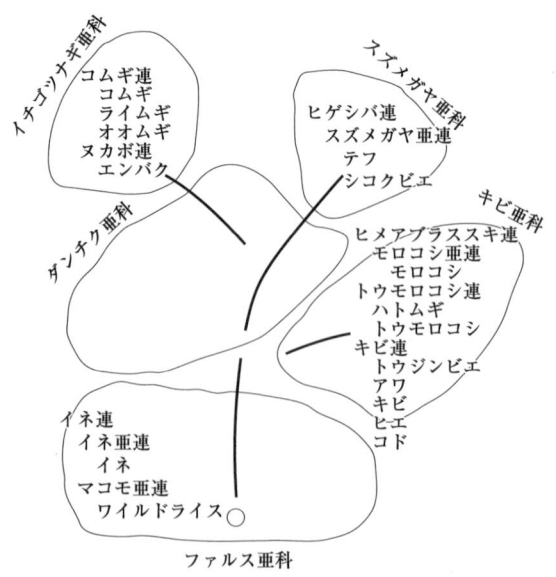

図1　イネ科の系統樹と穀類作物(館岡，1959 をもとに作成)

sativa およびワイルドライス(アメリカマコモ) Zizania aquatica は，ファルス亜科に，コムギ Triticum aestivum，ライムギ Secale cereale，オオムギ Hordeum vulgare およびエンバク Avena sativa は，イチゴツナギ亜科に，テフ Eragrostis tef およびシコクビエ Eleusine coracana は，スズメガヤ亜科に，トウジンビエ Pennisetum americanum，アワ Setaria italica，キビ Panicum miliaceum，ヒエ Echinochloa utilis，コド Paspalum scrobiculatum，モロコシ Sorghum bicolor，ハトムギ Coix lacryma-jobi var. ma-yuen およびトウモロコシ Zea mays は，キビ亜科にそれぞれ属している(館岡，1959)。

　これらの穀類のうち雑穀といわれるものは，主穀のコメ，コムギ，オオムギを除いた穀類，またアワ，キビ，ヒエなど小さな種子の穀類(これらはイネ科のスズメガヤ亜科とキビ亜科に属する)などと定義されている。

　本章では筆者が研究してきた穀類の化学成分組成の面から雑穀を考えることにする。アミノ酸組成に関してはキビ亜科穀類，脂肪酸組成ではスズメガヤ亜科およびキビ亜科穀類とさらにアワを取り上げ，それら成分の特徴と変動を検討する。なお，穀類のそれぞれの試料は，すべて穎(籾殻)を除いた穎果である。

1. 雑穀のアミノ酸組成

イネ科の分類とアミノ酸組成

　雑穀(アワ，キビ，ヒエ，モロコシ，ハトムギ，トウモロコシ)の化学成分組成をコメ，コムギおよびオオムギとともにみると(表1)，これらの穀類(主として精白製品)は100gあたり，水分12〜15g，タンパク質6〜14g，炭水化物(主としてデンプン)70〜78g，脂質1〜5gが含まれる。したがって穀類は栄養成分から，デンプンを主体とし，タンパク質を多く含む食品である。これは穀類を主食とする国では，穀類が重要なエネルギー源であると同時にタンパク質源となっていることを意味する。また，飼料として穀類を利用する場合も同様である。

　タンパク質を質的に栄養評価するには，そのアミノ酸組成をみる必要がある。雑穀とその対照としてコメ，コムギおよびオオムギのアミノ酸組成をみると(表2)，これらの穀類はコメ型(コメ)，ムギ型(コムギ，オオムギ)およ

表1 穀類の化学成分組成(科学技術庁資源調査会,2000より)

穀類名	水分	タンパク質	脂質	炭水化物	灰分
コメ(精白米)	15.5	6.1	0.9	77.1	0.4
コムギ(強力1等粉)	14.5	11.7	1.8	71.6	0.4
オオムギ(押麦)	14.0	6.2	1.3	77.8	0.7
アワ(精白粒)	12.5	10.5	2.7	73.1	1.2
キビ(精白粒)	14.0	10.6	1.7	73.1	0.6
ヒエ(精白粒)	13.1	9.7	3.7	72.4	1.1
モロコシ(精白粒)	12.5	9.5	2.6	74.1	1.3
ハトムギ(精白粒)	13.0	13.3	1.3	72.2	0.2
トウモロコシ(玄穀)	14.5	8.6	5.0	70.6	1.3

数値:100gあたりg

表2 穀類のアミノ酸組成(平,1962aをもとに作成)

アミノ酸	コメ	コムギ	オオムギ	トウジンビエ	アワ	キビ	ヒエ	モロコシ	トウモロコシ
グリシン	4.4	4.1	3.8	3.5	2.8	2.5	2.4	2.8	3.8
アラニン	6.6	3.1	4.3	7.7	8.9	12.1	10.1	10.7	7.5
バリン	6.5	4.3	5.4	6.4	5.5	5.2	6.2	5.3	5.2
イソロイシン	4.5	3.9	3.7	5.6	3.9	4.1	4.6	4.2	3.9
ロイシン	7.6	6.2	7.1	10.2	11.9	12.1	11.6	13.4	12.7
アスパラギン酸	8.0	4.9	5.6	7.1	6.8	6.3	6.1	6.4	6.1
グルタミン酸	16.0	29.7	22.4	20.6	19.9	22.2	24.0	23.3	18.1
リジン	4.2	3.1	4.3	2.9	2.2	2.2	1.7	2.0	3.4
アルギニン	5.6	5.3	4.2	4.5	2.7	3.2	3.7	3.6	4.5
ヒスチジン	2.2	2.0	2.0	1.9	2.1	2.1	1.9	2.0	2.4
フェニルアラニン	3.9	4.4	4.1	3.7	4.9	4.9	5.8	4.5	4.4
チロシン	2.5	2.0	2.7	1.7	2.2	2.6	2.4	2.7	2.4
プロリン	6.2	12.4	14.3	14.2	10.8	10.4	10.1	13.0	11.9
トリプトファン	1.3	1.3	1.4	1.4	1.7	1.3	1.0	2.0	0.7
メチオニン	2.5	1.8	1.6	1.8	2.8	2.8	1.8	1.7	2.0
シスチン	1.1	1.3	1.9	0.7	1.4	1.8	2.8	1.1	2.0
セリン	3.9	5.3	4.5	4.2	5.8	7.0	5.7	5.5	5.2
スレオニン	4.0	3.4	4.3	4.8	4.4	4.0	3.7	3.9	4.2

数値:タンパク質100gあたりg

びキビ型(トウジンビエ,アワ,キビ,ヒエ,モロコシ,トウモロコシ)に大別できる(平,1962a)。

　コメ型のアミノ酸組成では,アスパラギン酸含量が高く,グルタミン酸およびプロリン含量が低い傾向にある。これに対し,キビ型のアミノ酸組成では,アラニンおよびロイシン含量がとくに高く,リジンが低い傾向にあり,

ほかの穀類に比べアラニンは2～4倍,ロイシンは2倍前後,リジンは1/2前後の含量を示している。一般に穀類の必須アミノ酸のうち,もっとも不足するアミノ酸(制限アミノ酸)としてリジンがあげられるが,キビ型ではほかの穀類よりさらにリジンが不足している。

このようなアミノ酸組成の特徴は,野生のイネ科植物の種子についても認められる。ファルス亜科の6種はコメ型の特徴を,イチゴツナギ亜科の23種はムギ型,キビ亜科の16種はキビ型の特徴を示す(平,1962a,1963,1966)。したがって,キビ型雑穀のアミノ酸組成は,キビ亜科植物の種子に共通した特徴である。

アミノ酸組成と分画タンパク質

穀類のタンパク質は,その分画タンパク質として,アルブミン(水可溶性タンパク質),グロブリン(中性塩可溶性タンパク質),グルテリン(希酸・希アルカリ可溶性タンパク質)およびプロラミン(70～80%アルコール可溶性タンパク質)の4種類からなっている。全タンパク質中の分画タンパク質の割合をみると,コメ型穀類ではグルテリンが約80%含まれるのに対し,ムギ型およびキビ型穀類ではグルテリンとプロラミンがそれぞれ約40%含まれ,ふたつの分画タンパク質が全タンパク質の約80%を占めている。そのため,コメ型穀類のアミノ酸組成はグルテリンの影響を,ムギ型およびキビ型穀類のアミノ酸組成はグルテリンとプロラミンのアミノ酸組成の影響を受けていることになる。

コメ型穀類(コメ),ムギ型穀類(コムギ,オオムギ)およびキビ型穀類(アワ,ヒエ)のグルテリンとプロラミンのアミノ酸組成をみると(表3),グルテリンでは,プロラミンに比べ,グリシンと塩基性アミノ酸(リジン,アルギニン,ヒスチジン)の含量が高い傾向にある(平,1962b)。

一方,分画タンパク質ごとにキビ型穀類とムギ型穀類のアミノ酸組成をみると,グルテリンではキビ型穀類のグルタミン酸の含量が低いが,キビ型とムギ型穀類のあいだにはあまり違いがみられない。これに対し,プロラミンではキビ型穀類のアラニンの含量が6倍前後,ロイシンとアスパラギン酸の含量が2倍前後と高く,グルタミン酸とプロリンが1/1.5～1/2前後,またシスチンの含量も低い傾向を示し,多くのアミノ酸の含量に違いがみられる。したがってムギ型穀類とキビ型穀類の穀粒のあいだにみられるアミノ酸組成

表3 穀類の分画タンパク質のアミノ酸組成(平, 1962b をもとに作成)

アミノ酸	プロラミン					グルテリン				
	コメ型	ムギ型		キビ型		コメ型	ムギ型		キビ型	
	コメ	コムギ	オオムギ	アワ	ヒエ	コメ	コムギ	オオムギ	アワ	ヒエ
グリシン	4.2	2.0	1.5	1.6	1.6	4.1	4.4	4.3	4.4	4.3
アラニン	8.0	2.3	1.9	12.7	12.7	5.4	5.0	5.5	8.1	8.9
バリン	7.2	4.5	4.5	5.4	6.6	6.4	6.4	7.5	6.6	7.5
イソロイシン	6.6	6.0	6.0	6.5	6.9	5.8	5.9	6.4	6.7	7.1
ロイシン	16.9	8.1	7.9	20.0	13.7	9.3	8.8	10.1	11.6	10.1
アスパラギン酸	10.2	2.9	2.4	7.4	6.3	7.6	7.3	8.8	12.2	10.2
グルタミン酸	22.6	40.3	40.5	25.4	27.3	15.7	25.5	20.9	13.7	14.5
リジン	0.4	0.9	0.7	0.3	0.4	4.0	4.4	4.7	7.0	6.1
アルギニン	2.9	3.0	3.1	1.9	2.0	7.5	5.7	6.7	6.1	7.5
ヒスチジン	1.3	2.1	1.7	1.9	1.7	2.2	2.4	3.4	2.5	2.9
フェニルアラニン	6.4	5.8	6.5	6.3	6.5	5.6	5.6	5.0	5.6	6.3
チロシン	4.5	3.1	2.7	3.4	4.4	3.8	3.8	3.6	4.4	4.4
プロリン	11.9	23.3	29.6	14.7	12.5	5.4	10.1	9.8	7.2	7.8
トリプトファン	1.0	0.7	1.1	2.3	1.1	1.2	1.5	1.7	2.3	1.7
メチオニン	1.3	1.9	1.9	2.4	2.5	1.9	2.6	2.6	3.8	3.7
シスチン	0.6	2.0	2.1	0.9	0.6	0.5	0.7	0.9	0.7	0.7
セリン	5.6	5.8	4.5	4.3	5.8	4.8	5.2	5.0	5.6	5.0
スレオニン	3.1	2.6	2.9	4.5	4.2	4.1	4.2	5.4	5.5	5.5

数値:タンパク質100gあたりg

の違いは,主としてプロラミンのアミノ酸組成が異なるためである。

コメ型穀類のプロラミンのアミノ酸組成はキビ型穀類とほぼ同様であるが,穀粒のアミノ酸組成におけるコメ型の特徴は,前述のように主要分画タンパク質がグルテリンであるためである。

つぎに,穀粒のアミノ酸組成と全タンパク質中の分画タンパク質構成比率をイネ科植物の系統と関連づけてみると(図1),原始的と考えられているファルス亜科の穀類は主要分画タンパク質がグルテリンであるためコメ型のアミノ酸組成を示す。キビ亜科の進化過程とダンチク亜科をへて放散分化したイチゴツナギ亜科への進化過程では,いずれもプロラミンの比率が増加し,主要分画タンパク質としてほぼ共通したアミノ酸組成のグルテリンと亜科により特徴のあるアミノ酸組成のプロラミンをもつようになった。その結果として,亜科として特徴あるムギ型とキビ型穀粒のアミノ酸組成を示すようになったものと思われる。キビ亜科の穀類では,コメとプロラミンのアミノ酸組成の特徴が似ていることから,進化過程でファルス亜科のアミノ酸組成を

示すプロラミンが増加したと想定される．なお，イネ科植物においてほかの亜科に比べ不均一な集まりと考えられているダンチク亜科の野生種(9種)の種子では，コメ型，キビ型のアミノ酸組成のほか，これら両型の中間的と考えられるアミノ酸型の3種類がみられている(平，1963，1966)．

アミノ酸組成の変動

必須アミノ酸のリジン含量について，ひとつの穀類のなかで，タンパク質含量とタンパク質中のリジン含量とのあいだに負の相関を示すことが知られており，雑穀についてもアワで同様の傾向がみられる(Taira, 1968)．これはタンパク質の含量の増加にともなって，リジン含量の少ないプロラミンの比率が増加するからである．

したがって，プロラミンを多く含むムギ型およびキビ型穀類においては，窒素施肥などによってタンパク質含量を高めても，そのアミノ酸組成を改善(高リジン含量)できないことになる．一般的に高タンパク質品種においても同様である．トウモロコシでは，タンパク質量が低くなくてもプロラミンの比率を減少させたリジン含量の高い品種も見つかっている．このような高リジン含量を目的とした品種改良は，全タンパク質におけるプロラミン比率を減少させる成分育種にあたり，ムギ型とキビ型穀類では原始的なコメ型への改良を指向しているといえよう．

2. 雑穀の脂質含量と脂肪酸組成

イネ科の分類と脂質含量および脂肪酸組成

穀類は脂質の含量が少なく，精白や製粉などの加工工程で脂質の多い穀粒の表層部や胚芽が除かれ，さらに脂質の含量が低下するので，脂質含量と脂肪酸組成は栄養の面ではあまり重要ではない．しかし，貯蔵の面では，脂肪酸，とくにリノール酸の酸化が穀粒の品質劣化に影響する．一方，穀類の加工過程で得られるコメ糠やトウモロコシの胚芽などは食用油の原料となり，食用油の栄養面からは脂肪酸組成が，加工利用面からはリノール酸の酸化が問題となる．

穀類の脂質含量と脂肪酸組成についてイネ科植物の亜科の分類との関係を，ファルス亜科の3種，イチゴツナギ亜科の7種，スズメガヤ亜科の2種とキ

ビ亜科の8種について調べると，いくつかの傾向がみられる(平，1989)。そのうちスズメガヤ亜科およびキビ亜科の雑穀と，対照としてのファルス亜科のコメとワイルドライスおよびイチゴツナギ亜科のコムギとオオムギについての成分値を表4に示した。コメでは日本型，インド型，ジャワ型のあいだに脂肪酸組成に違いがあるが(Taira et al., 1988)，ここでは日本型の成分値のみを示している。

スズメガヤ亜科およびキビ亜科穀類の脂質含量(乾物中%)は，3〜9%とほかの亜科穀類に比べ2倍以上の高い傾向にある。一般にキビ亜科およびスズメガヤ亜科植物の種子では胚芽が大きく，胚芽は脂質含量が高い。このことが両亜科穀類の高脂質含量をもたらしたとも考えられるが，キビ亜科穀類ではキビ以外の精白粒でも高脂質含量であり(表1)，胚乳部も脂質含量が高いことを示している。コメでは，同じ品種の場合は登熟時の高温によって脂質含量が高くなるので(平ほか，1979)，雑穀の脂質含量も登熟時の気温に影響され変動するものと思われる。

穀類の脂肪酸組成をみると(表4)，オレイン酸とリノール酸が主要な脂肪酸で，両者で全体の80%前後を占めている。ミリスチン酸はキビ亜科ではほとんど含まれず，ステアリン酸はスズメガヤ亜科のテフ，キビ亜科のトウジンビエ，アワ(A型)とコドではほかの穀類の2倍から3倍含まれている(アワのA型とB型については後述)。ファルス亜科ではミリスチン酸およびリグノセリン酸の含量が高く，リノール酸の含量が低い。イチゴツナギ亜科ではエイコセン酸の含量が高い傾向を示す。このように，脂肪酸組成には，亜科の違いと関連して異なる含量を示す脂肪酸がみられる。

モチ・ウルチ性と脂質含量および脂肪酸組成

穀粒デンプンがウルチとモチ性を示す穀類として，コメ，オオムギ，アワ，キビ，モロコシ，ハトムギ，トウモロコシなどが知られている。コメのモチ品種とウルチ品種には，脂質含量と脂肪酸組成について明らかな違いが認められる(平・平岩，1982)。日本のアワについて，モチ品種(23品種)およびウルチ品種(31品種)の脂質含量および脂肪酸組成を検討すると，両品種のあいだに違いがみられる(Taira, 1984)。モチ品種はウルチ品種に比べ，コメと同様に脂質およびパルミチン酸の含量が高いが，一方，ステアリン酸ではコメと異なり低い含量を示す。

表 4 穀類の分類と脂質含量および脂肪酸組成 (平, 1989 をもとに作成)

穀 類	脂質	ミリスチン酸	パルミチン酸	パルミトレイン酸	ステアリン酸	オレイン酸	リノール酸	リノレン酸	アラキジン酸	エイコセン酸	ベヘン酸	リグノセリン酸
ファルス亜科												
コメ (日本型)	2.4	0.3	17.3	0.3	2.0	40.4	36.0	1.4	0.7	0.6	0.4	0.8
ワイルドライス	1.0	0.7	24.3	0.8	2.3	30.3	27.8	9.5	1.0	1.1	1.2	1.0
イチゴツナギ亜科												
コムギ	2.2	0.1	18.4	0.2	1.2	18.4	55.8	3.9	0.2	1.3	0.2	0.2
オオムギ	2.6	0.1	22.1	0.1	1.1	16.9	53.5	4.5	0.2	1.2	0.2	0.2
スズメガヤ亜科												
テフ	3.7	0.1	15.3	0.3	4.8	27.2	44.1	5.2	1.2	0.7	0.6	0.6
シコクビエ	3.0	0.1	17.0	0.3	2.0	37.7	39.5	2.0	0.5	0.5	0.2	0.2
キビ亜科												
トウジンビエ	5.8	0.1	16.3	0.5	5.1	30.3	43.3	2.5	1.1	0.3	0.3	0.2
アワ (A型)	4.3	0.0	7.0	0.1	5.3	14.2	67.5	2.7	1.6	0.6	0.8	0.2
(B型)	4.6	0.0	7.6	0.2	1.2	18.8	68.0	2.3	0.6	0.6	0.5	0.2
キビ	3.8	0.0	9.9	0.3	1.5	24.6	60.5	1.3	0.6	0.5	0.4	0.3
ヒエ	5.7	0.0	9.8	0.2	1.4	28.1	58.4	0.9	0.4	0.5	0.2	0.2
コド	4.4	0.1	15.3	0.2	3.2	32.6	45.6	0.9	1.0	0.5	0.4	0.3
モロコシ	4.5	0.0	13.5	0.2	1.9	30.4	51.0	1.6	0.5	0.4	0.3	0.3
ハトムギ	8.7	0.0	12.4	0.3	1.9	49.6	34.1	0.5	0.5	0.4	0.1	0.1
トウモロコシ	4.5	0.0	12.7	0.1	1.8	29.5	53.4	1.2	0.5	0.4	0.1	0.2

数値は, 脂質：乾物中%, 脂肪酸：全脂肪酸に対する重量%

この結果をみると、穀類のモチ品種はウルチ品種に比べ、脂質は高い含量を示すが、脂肪酸組成では亜科や種によって異なる。この一般的な傾向については、さらに検討が必要である。

脂肪酸組成の変動

穀類の脂肪酸組成は、品種間でも同一品種内でも変動する。一般に作物種子の脂肪酸組成は登熟時の気温の影響を受け、穀類では登熟気温とオレイン酸含量のあいだには正の相関、リノール酸含量のあいだには負の相関が認められる。したがって、品種の早晩性や栽培年度、栽培時期によって脂肪酸組成は変動する。

穀類の主要脂肪酸であるオレイン酸とリノール酸は、互いに高い負の相関を示すことが知られており、雑穀では、アワ(Taira, 1984；平ほか, 1986)、ヒエ(平, 1983)、モロコシ(平, 1984)、ハトムギ(平ほか, 1985)などで顕著である。

3. アワの在来品種と脂肪酸組成

日本のアワの脂質含量と脂肪酸組成には、モチ品種とウルチ品種の違いのほかに、ふたつの型(A型、B型)がみられる(表4)。

A型とB型の主な違いは、ステアリン酸とアラキジン酸に認められる。最も差の大きいステアリン酸について日本産在来品種の平均値をみると、ウルチ品種では、A型($n=23$)は5.64%、B型($n=8$)は1.59%で、A型はB型より3.5倍の高い含量を示す。モチ品種では、A型($n=21$)は4.82%、B型($n=2$)は1.05%で、A型はB型より4.6倍の高い含量を示す。ステアリン酸含量の変異分布は、非連続で両型に完全に分かれ、両型は容易に識別できる(Taira, 1984)。

これらについてA型とB型の割合をみると、A型はB型より多く、ウルチ品種では全体の74%、モチ品種では全体の91%を占めている。さらに日本のウルチ32品種とモチ10品種を調査すると、A型はウルチ品種で75%、モチ品種で70%を示し(平ほか, 1986)、日本の品種はA型が多い。

アワの祖先野生種は、エノコログサ *Setaria viridis* であることが細胞遺伝学的に証明されている(木原・岸本, 1942)。日本各地より採取した約30試

料のエノコログサ種子の脂肪酸組成をみると,すべてB型である.A型が古い脂肪酸型であるB型より分化したと仮定すると,日本の品種は新しい型が多く存在していることになる.

アワの起源地は,古くより中国北部といわれているが,一方,「中央アジア-アフガニスタン-インド西北部を含む地域」とする阪本の仮説が発表されている(Sakamoto, 1987).B型が祖先的であるとすると,栽培起源地に近づくほど,A型の割合が減少し,B型すなわちエノコログサ型の割合が増加すると予想される.そこで,京都大学が世界16カ国より採集したアワを中心に,約150試料について,その脂肪酸組成を調査した(平,1989).

これらの脂肪酸組成をみると,A型とB型のほかに新たに両型の突然変異と考えられる高オレイン酸・低リノール酸含量で,かつA型とB型の特徴を示す品種がバングラデシュ,フィリピン,台湾および日本の南西諸島に認められる.したがってアワの脂肪酸組成型は,ウルチ品種の標準型(NA型,NB型)と高オレイン酸・低リノール酸型(NAO型,NBO型)およびモチ品種の標準型(WA型,WB型)と高オレイン酸・低リノール酸型(WAO型,WBO型)の8型に識別できる(表5).

A型グループ(NA型,NAO型,WA型,WAO型)とB型グループ(NB型,NBO型,WB型,WBO型)の地域分布を見ると(図2),B型グループは全地域に見られるが,A型グループは,中国,韓国および日本にのみ認められ,中国大陸部,韓国および日本(本州,四国,九州)では,それぞれ全品種の2/3以上を占めている.

表5 アワ(モチ種,ウルチ種)の脂肪酸組成(平,1989より)

組成型(試料数)	パルミチン酸	パルミトレイン酸	ステアリン酸	オレイン酸	リノール酸	リノレン酸	アラキジン酸	エイコセン酸	ベヘン酸	リグノセリン酸
ウルチ品種										
NA 型 ($n=26$)	7.7	0.1	6.3	15.4	64.4	2.8	1.9	0.6	0.8	0.3
NB 型 ($n=50$)	7.3	0.2	1.5	20.3	66.4	2.1	0.7	0.7	0.6	0.3
NAO 型 ($n=1$)	8.6	0.1	6.3	29.4	49.2	1.6	2.6	0.8	1.1	0.4
NBO 型 ($n=8$)	6.6	0.2	1.4	43.7	43.3	2.0	1.0	0.9	0.8	0.3
モチ品種										
WA 型 ($n=38$)	8.8	0.1	5.8	14.6	64.1	2.8	2.0	0.6	0.8	0.3
WB 型 ($n=18$)	8.6	0.2	1.5	19.0	65.5	2.7	0.9	0.7	0.7	0.3
WAO 型 ($n=4$)	8.9	0.1	5.3	33.3	45.7	2.9	2.1	0.7	1.0	0.3
WBO 型 ($n=2$)	8.6	0.2	1.6	36.2	48.0	2.5	1.0	0.9	0.9	0.4

数値:全脂肪酸に対する重量%

50　第Ⅰ部　雑穀とは何か

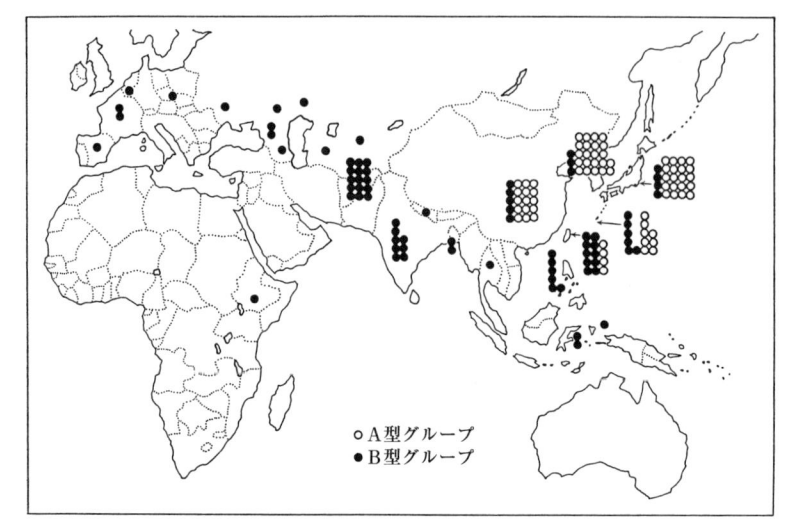

図2　アワの脂肪酸組成型における地理的分布(平, 1989より)

　これらの結果から, アワはNA型, NB型, WA型, WB型の4型のみられる中国大陸部, 韓国および日本(南西諸島を除く)の地域品種群, NB型のみみられるヨーロッパ-東南アジアの地域品種群, NA型, NB型, NAO型, NBO型, WA型, WB型, WAO型とWBO型の8型がみられるフィリピン, 台湾, 南西諸島の地域品種群の3品種群に大別できる。
　阪本の仮説(Sakamoto, 1987)に従ってアワの伝播を脂肪酸組成型よりみると, 中央アジア-アフガニスタン-インド西北部を含む地域に起源したB型アワは, ヨーロッパと東南アジアおよび東アジアへ伝わった。中国にはいったB型アワからA型のアワが分化し, これが東アジアのアワの主流となり朝鮮や日本に伝わったと推定できる。台湾では, 東部のアワは9試料中8試料がB型グループであり, 西部では5試料中4試料がA型グループであるので, 東部のアワは南方のフィリピンから, 西部のアワは中国大陸から影響を受けたものと思われる。

　雑穀についてほかの穀類とともに, アミノ酸組成と脂質, 脂肪酸組成の特徴と変動をみてきた。アミノ酸組成は, 品種あるいは施肥によるタンパク質含量の変動に影響されるが, 亜科の違いと明らかな関連を示し, イネ科のなかでの分化過程を示していると推定される。系統進化の過程で増加したプロ

ラミンは，特徴あるキビ亜科のキビ型とイチゴツナギ亜科のムギ型のアミノ酸組成をもたらし，栄養面では必須アミノ酸のリジン含量の低下となった。しかしムギ型のコムギでは，小麦粉に水を加えこねることによりプロラミンとグルテリンから形成されるグルテンは，パンなどの加工に重要な役割を果たしている。

脂質含量と脂肪酸組成は，登熟時の気温の影響を受けるが，やはりイネ科植物の系統との関連を示した。アワではモチ品種とウルチ品種のあいだの違いとともに，形態や生理的特徴で区別できない品種のあいだに脂肪酸組成に違いのある8種の脂肪酸組成型が見出され，これら脂肪酸組成型の地理的分布はアワの伝播を解説するものであった。

このような雑穀を含めた穀類の化学成分組成の変動に関与する要因は，成分により必ずしも同じではないが，穀類の歴史にかかわるものがみられる。穀類の化学成分組成とその変動要因については，よくわかっていないことも多い。今後，これらの究明を期待したい。

第5章 先史時代の雑穀：ヒエとアズキの考古植物学

吉崎昌一

　考古学では，いつ，どの地方で栽培行為が行なわれたのか，また，雑穀類については，どのような発掘の出現パターンを見せるのかが，話題となっていた。これまで農耕の開始期として常識であった弥生文化より以前の縄文文化のなかに，どの程度の農耕の行為が認められるのか，あるいはその栽培植物の種類は何であったのか，という問題は，いつも考古学者の頭を悩ませ続けていたからである。考古学の立場から，集落の立地や土器・石器などの研究を通じて縄文農耕の存在を考えた研究者は少なくない。また，イネよりも原始的で粗放な栽培に耐えうるヒエ，アワ，キビ，イモなどが縄文農耕探索のターゲットになっていたことは，民族学からの示唆もあって当然であったろう。しかし，考古学からの実物資料の検出という実証的なアプローチが進む以前に，民族学や栽培植物学あるいは遺伝子解析などの領域からの見解の提示がめざましく，この問題にかかわる考古学からの資料の提出が遅れがちであったことも否めない。

1. フローテーション法と年代推定

　考古学でこの問題を論じるには信頼度の高い適切な資料を提示しなければならない。そのため，出土資料を検討する際には，発掘の精度の確保が避けて通れない。通常の発掘手法で，必要とする資料が十分に獲得できているのかどうかが難しいのである。泥炭遺跡などで実施されているように，遺跡の土壌を柱状に堀りとって，そこに含まれる植物遺体を細かく抽出するならよいかもしれない。しかし，大部分の発掘では，移植ゴテや竹ベラで遺物包含

層を薄くはいでいく手法が採用されている。この方法では炭化した泥まみれの植物種子を肉眼で検出するのは至難である。また，微細な遺物を検出するために土壌を篩(ふるい)のなかにいれ水洗することもよく行なわれている。しかし，通常の発掘調査で検出の作業に利用される篩のメッシュサイズは5mm程度であるから，多くの微細な種子が流れ落ちて回収できない場合が多い。

多量の土壌のなかから種子を抽出するのに最も効果的なのは，水中で土壌を撹拌し，炭化して多孔質になった種子を水面に浮かせ，これを0.5mmくらいの小さなメッシュの篩でこしとる方法である*。この方法は浮遊水洗選別法(flotation法)といわれ，考古植物学の分野では近年広く利用されている(Pearsall, 1989)。

もうひとつの精度の問題は，扱う植物遺体の年代である。遺物を含む文化層は，しばしば地震にともなう断層の発生，木の根の生長，風倒木の発生，後世の人間活動などによって撹乱を受けている。我々が扱った例でも，発掘資料の半数は考古学的な推定年代と放射性同位体年代測定法(^{14}C法)による年代とが一致しないことが多かった。たとえば，西暦3世紀代として提供されたイネ科植物の種子が，^{14}C法による年代測定の結果，現生のものと判断されたり，縄文時代中期の確実な遺構から抽出された栽培植物の年代が，平安時代と測定されたことさえある。遺跡の文化層は撹乱を受けている場合が多いので，重要な資料については実物を用いてAMS法(^{14}C法のひとつ)のような精度の高い方法で精密な年代測定を実施し，クロスチェックする必要がある。

このような点をふまえた近代的方法を採用して得られた信頼性の高い植物遺体の発掘資料から植物利用の歴史的な変遷をまとめると，北海道と本州における先史時代の実態が明らかとなってくる(図1, 2)。本州では縄文後晩期からの水田耕作の影響がみられ，北海道では擦文文化期からの水田耕作とそれに先立つ続縄文期のオオムギを主とする畑作と古くからのヒエ属植物の利用が明らかとなる。先史時代における北海道でのヒエ属植物の発掘とともに，本州ではアズキの発掘が顕著に見られる。本章では，考古植物学の立場

---

* メッシュサイズは，アワなどの大きさを考えて決めてある。0.5mmの目ならば，タバコなど特殊な微細種子を除き流失することがない。遺跡間の出土種子組成を比較する際にもメッシュサイズを統一しておく必要がある。

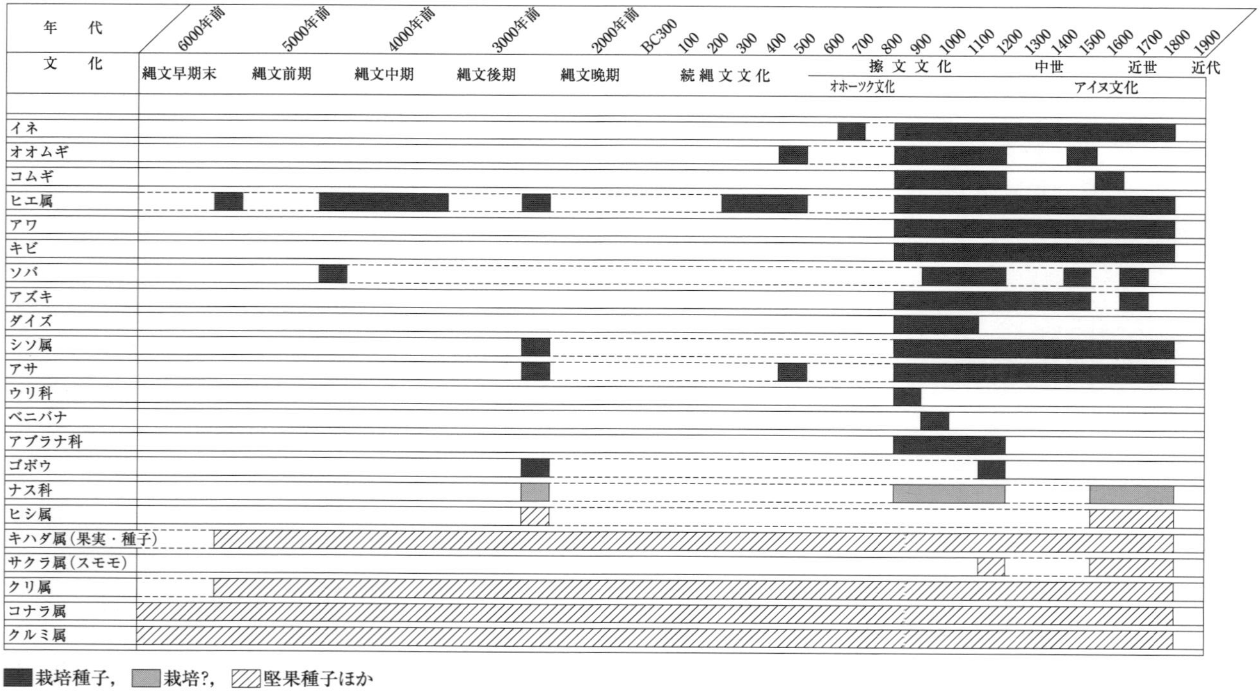

図 1 北海道における栽培植物の種子および堅果類の出現

■ 栽培種子, ■ 栽培?, ▨ 堅果種子ほか

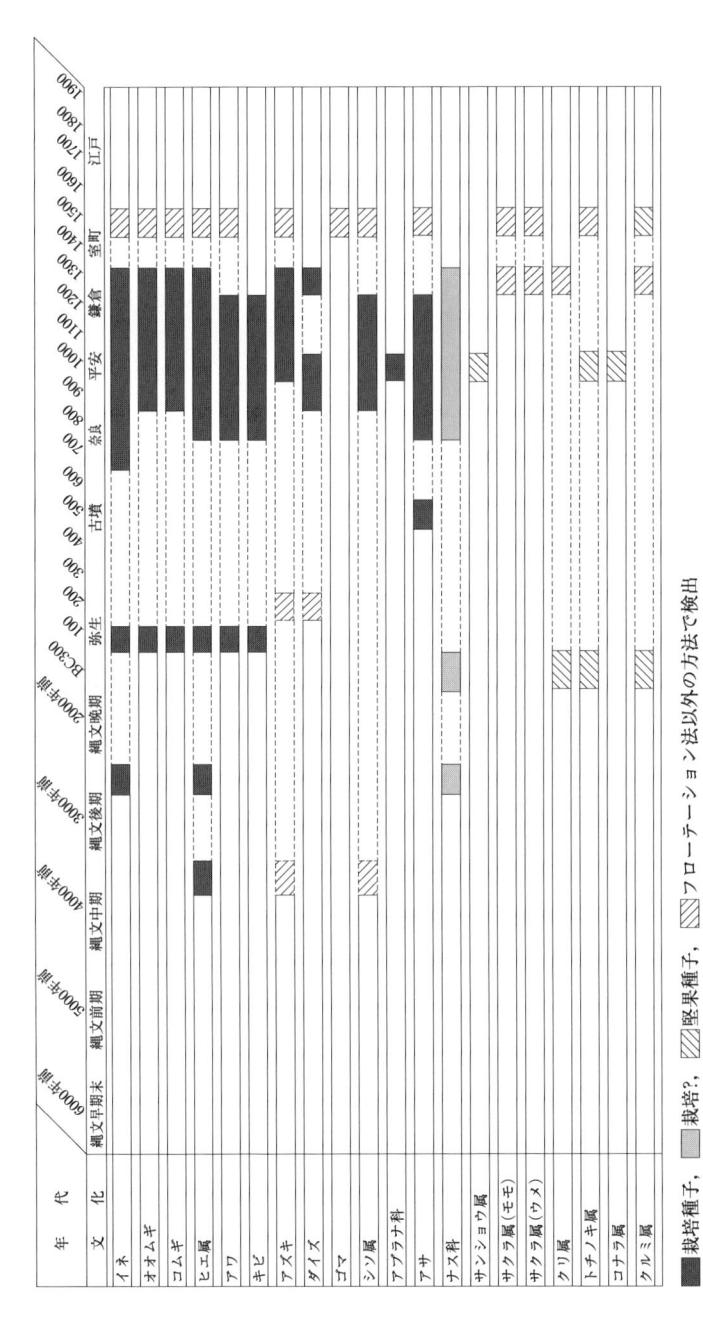

図 2 本州（岡山県・青森県・岩手県）における栽培植物の種子および堅果類の出現

■ 栽培種子，■ 栽培?，▨ 堅果種子，▨ フローテーション法以外の方法で検出

からヒエとアズキにかかわる話題を紹介したい。

2. ヒエの発掘

縄文農耕におけるヒエ

　縄文時代に雑穀栽培が存在していたかどうかについては，研究者の希望的予測もまじえて，長いあいだ論議があった。偶然に小型の種子が検出されると，それがアワやヒエではないかと期待されたことも多かった。しかし，走査型電子顕微鏡を利用した詳細な検討によって，こうした小型粒状の種子の大部分は，イネ科植物ではなく，エゴマやシソの仲間の種子であると示されることが多かった（松谷，1988）。

　日本列島に面するアジアの大陸部では，古くから植物栽培と家畜の飼養が認められている。たとえば，南中国ではイネが1万年以上も以前から栽培されていたことが明らかになりつつある。このような遺跡を実地に調査した藤原宏志氏によると，イネを含む先史時代の層準からは，イネ以外のイネ科雑穀のものらしい穎の一部が検出される例があるという。

　中国東北部の新石器時代遺跡から出土するイネ科雑穀では，当初はアワが主体を占め，やや時間が遅れてキビが出現するとされる（ハーラン，1984）。海を隔てて東日本に面するロシア沿海州地方でのこれまでの調査では，鉄器時代の初期にあたる紀元前1000年ころから確実な栽培植物の種子が検出されている。この地域では，まずオオムギとアワが出現し，続いてコムギやキビなどが現われている（加藤，1983；山田，1993；Yanushevich et al., 1990）。

　その成立以来，縄文文化が完全に孤立して発展してきたのなら話は別であるが，実際，縄文以前の細石刃文化は，確実に東アジアの中石器時代の遺物のネットのなかに位置づけられるし，その後の土器使用の開始期についても大陸との関連を考えなければならない。さらに，ヒョウタン，アサ，ウルシ，イネなど栽培植物の出現の実態や，石器製作技術およびある種の装飾品などを通してみると，明らかに縄文文化は決して孤立の様相を示してはいない。こうした文化要素のひとつひとつは単独で日本列島に流入したのではなく，複数の要素からなるコンプレクスとして渡来してきたのに違いない。ヒトも数の多寡は別にして，そのコンプレクスのひとつの要素であったろう。こう考えると，東アジアで開始されていた植物栽培の技術や行為の一部が日本へ

古くから到来していた可能性はきわめて高いのである。イネやアワ，キビ，オオムギ，マメなどはそのときの栽培植物の有力な候補としてあげられるだろう。その点，ヒエも渡来したと考えると問題が残る。なぜなら，東アジア大陸部での先史時代の遺跡には今のところ栽培種としてのヒエに関する明確な証拠が見つからないからである（阪本，1988）。縄文人は広範な植物質資源を食料として利用していたし，さらに重要なことは，各地の遺跡から検出されているエゴマ，シソ，ヒョウタン，アサなどを見てもわかるように彼らは明らかに植物を栽培するという営みを理解していた。こうした背景のなかで，環境の撹乱が日常的に見られる集落の周囲に群生していたイヌビエ（ヒエの祖先種）を採取し，食料の一部として供用していた可能性があろう。この行動がやがてヒエの栽培化につながっていったことは十分に考えられる。

中野B遺跡

中野B遺跡は，北海道函館市中野町周辺に広がる遺跡である。函館空港拡張整備工事のため，北海道埋蔵文化財センターが平成3年度から8年度にかけて発掘調査し，平成9年度と10年度にわたり整理作業が続けられた。縄文時代早期後半の多数の竪穴住居からなる集落遺構が検出されているが，伴出する土器型式から，住吉町式とムシリ式土器の時代とみられる。第263号土壙（P-263）から得られた^{14}C測定では7980±110年前と報告されている。平成4年と5年に行なわれた予備的な調査において検出された第45号竪穴住居（H-45）と第47竪穴住居（H-47）の床面からは炭化したヒエ属種子が各1点発見されている。その後，平成7年度の発掘では，H-530床面直上から2点，P-263土壙から1点，P-273土壙から1点，P-279土壙から1点，P-287土壙から3点とわずかずつではあるが炭化したヒエ属の種子が検出されている（写真1）。この種子は，平均的な長さは1.35 mm，幅は1.14 mm，厚さが0.56 mmと小型であった。しかし，その粒形は，この遺跡周辺に見られる雑草のノビエ（イヌビエ）に比べて，写真1-1〜2のように頴果中央部下半がやや膨らむという特徴がある（写真1，2）。この特徴はこの地域の気候環境あるいは土壌の栄養状態で起きる変異のひとつかもしれない。ヒエ属種子を出土した遺構からは，ほかにクルミ属，ブドウ属，ミズキ属，キハダ属，ニワトコ属，マタタビ属，タデ属の炭化種子が出土している。これらの植物は縄文時代に利用または食用とされていた種ばかりで，縄文時代の遺構

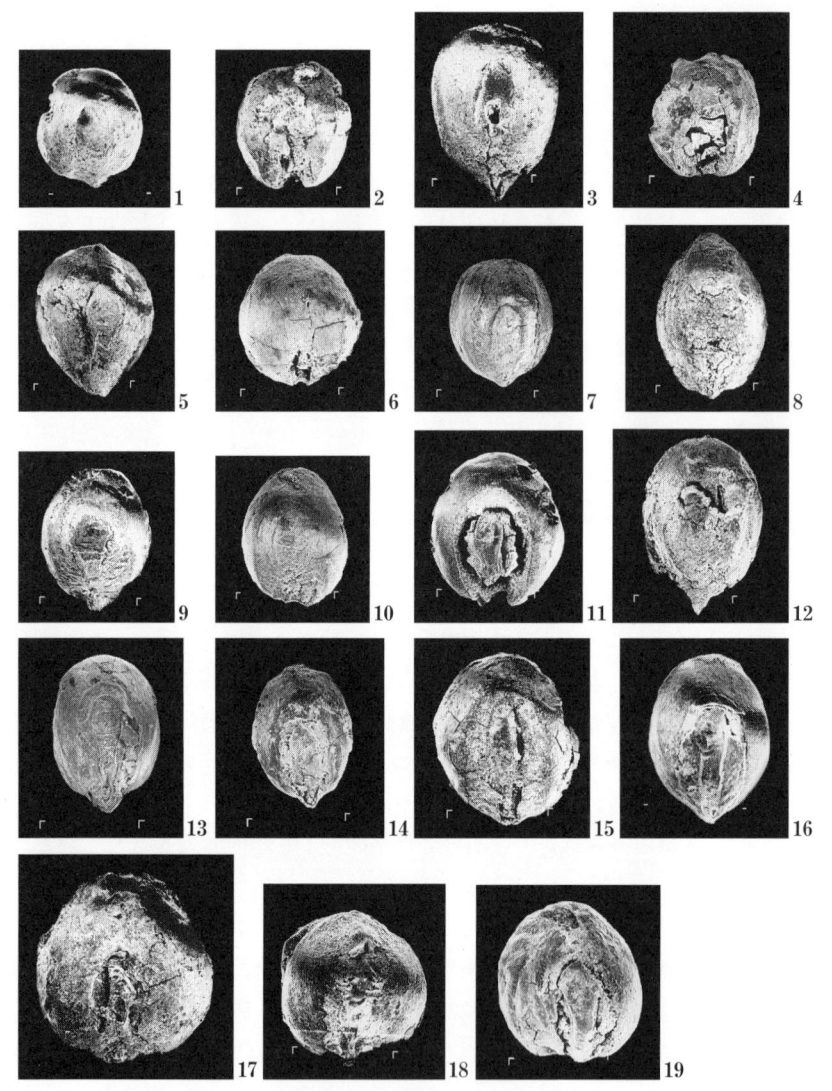

写真1 縄文時代から近世にかけて検出されたヒエ属炭化種子

1・2：函館市中野 B 遺跡(縄文時代早期中葉；吉崎，1993)，3：北海道南茅部町大船 C 遺跡(縄文時代中期；吉崎・椿坂，1997a)，4：北海道余市町フゴッペ貝塚(縄文時代中期末葉；吉崎，1991)，5〜8：青森県六ヶ所村富ノ沢(2)遺跡Ⅵ(縄文時代中期中葉〜末葉；吉崎・椿坂，1992)，9・10：千歳市キウス 4 遺跡(2)(縄文時代後期後葉；吉崎・椿坂，2000)，11・12：北海道上磯町茂別遺跡(続縄文時代前半；吉崎・椿坂，1998a)，13：札幌市サクシュコトニ川遺跡(擦文文化中期；吉崎・椿坂，1990)，14：札幌市 K 435 遺跡(擦文文化後期；吉崎・椿坂，1993)，15：札幌市 H 317 遺跡(擦文文化中〜後期；吉崎・椿坂，1995a)，16：札幌市 K 39 遺跡第 6 次調査(擦文文化中期；吉崎・椿坂，2001)，17：札幌市 K 39 遺跡大木地点(中世；吉崎・椿坂，1997b)，18：札幌市 K 502 遺跡(近世；吉崎・椿坂，1999)，19：千歳市美々8 遺跡(近世；吉崎・椿坂，1995b)。×35。スケール：「「の間隔は 1.0 mm。

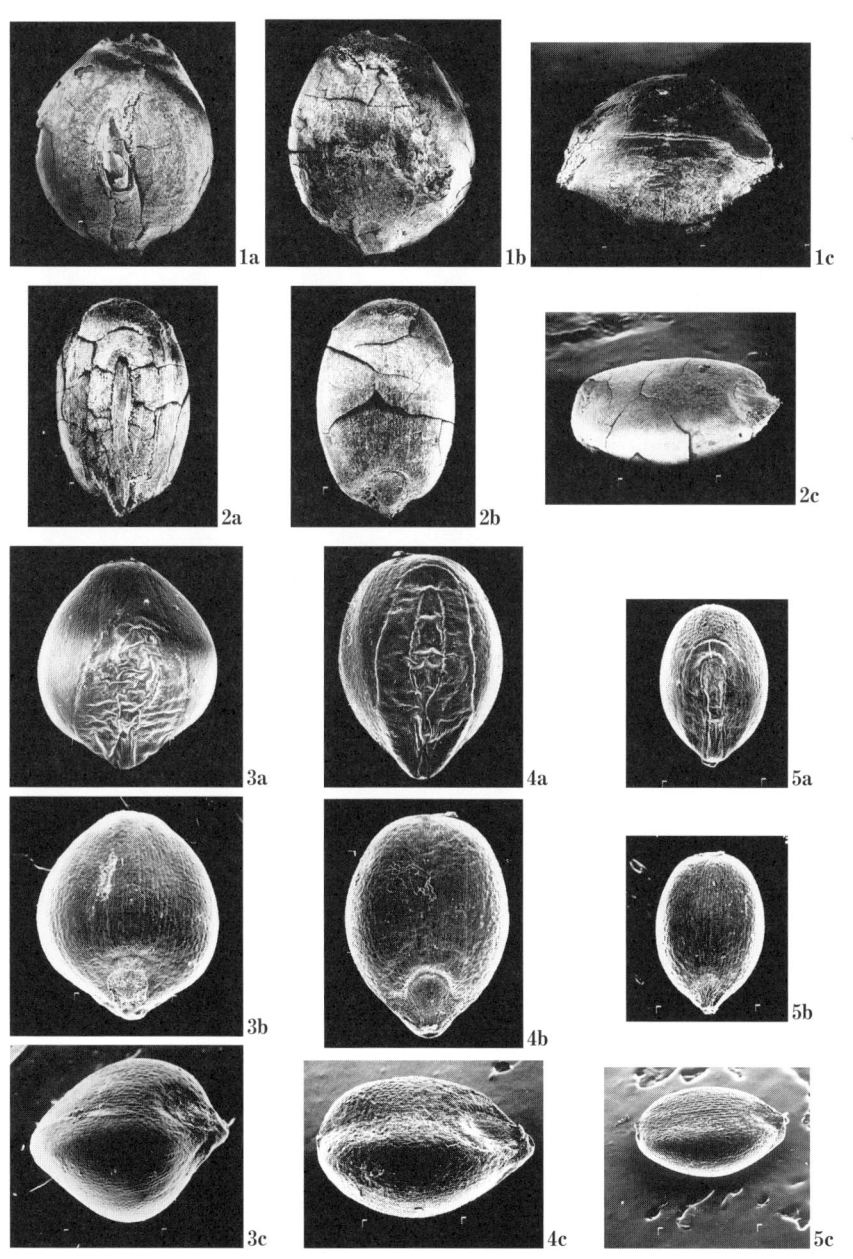

写真 2 平安時代の遺跡から検出されたヒエ属炭化種子,および現生のヒエ属種子
1・2:青森県浪岡町高屋敷舘遺跡(平安時代後期;吉崎・椿坂,1998b),3:現生のヒエ(吾妻在来,北海道大学付属農場提供),4:現生のタイヌビエ(北海道,C型),5:現生のイヌビエ。a:背面,b:腹面,c:側面。×35。スケール:「「の間隔は1.0mm。

から検出される一般的な種子組成である。ほかのイネ科の雑草は出土していない。この遺構における植物種子の出土状況は，後世の二次的な流れ込みでヒエ属植物の種子が混入したとは考えられない。つまり，ヒエ属の種子については当時のヒトとの関与の強さを物語っている。種子が炭化していた点も，食用とされていたことによるのであろう。ヒエは阪本(1988)が主張するように東日本で馴化された可能性があり，この遺跡の発掘資料は重要な意味をもつのである。

縄文ヒエの存在

我々は，1970年代前半に渡島半島の南茅部町で発掘された縄文時代前期～中期遺跡で，考古植物学的な調査を実施した。当時トロント大学人類学部の大学院生であったG. W. Crawford氏(現同大学教授)にこの調査の中心を担ってもらった。氏は，この遺跡の調査資料を軸として，亀田半島の遺跡から検出される炭化植物種子に関する博士論文をまとめた。そのなかで，亀田半島の遺跡の縄文時代前期末から中期にかけて検出されたヒエ属植物(イヌビエ)の種子が，時間の経過とともに粒径を増大させることに注目した(写真1-3)。当初，この意味はよくわからなかったが，やがてこの傾向がヒエの馴化を示しているのではないか，という仮説を立てるにいたった(Crawford, 1983)。ついで，フローテーション法による炭化種子の採取が，北海道と青森県のいくつかの遺跡で実施された。青森県では八戸市教育委員会が調査を行なった風張遺跡の縄文時代後期末の竪穴住居床面から，A.C. D'Andrea氏によりアワ，キビとともにイネの胚乳が検出された。このイネは ^{14}C年代の測定で 2810±270 年前を示した。東日本の縄文時代の栽培植物は，予想より複雑な様相を呈している。

こうした背景のなかで，私たちはスタッフの一人椿坂恭代氏を中心として各地出土のヒエ属種子の詳細な観察を始めた。その結果，これまで見逃されていた所見が浮かびあがってきた。まず，フローテーション用の土壌サンプルを住居床面の炉跡に近い部分と遺構の焼土炭化物部分に限定すれば，そこから得られるイネ科の炭化植物種子はヒエ属植物がほとんどで，エノコログサ *Setaria viridis* やほかのイネ科雑草の種子は，まず検出されない。また，北海道中央部以西の縄文時代遺跡では，フローテーション法によって炭化植物種子を抽出すれば，必ずヒエ属植物の種子が検出され，それも Crawford

が指摘したように，年代を追ってサイズが増大する傾向がある(写真1, 2)。また，時間の経過とともに粒形が丸くなる傾向も注目される。東北地方でも同様である。青森県埋蔵文化財センターが調査した六ヶ所村富の沢(2)遺跡では，縄文時代中期末の住居から2000粒を超すヒエ属種子が検出された。サイズこそ現生の栽培ヒエより小型ではあったが，粒形からみるとその60％が栽培型に近かった(写真1-5～8)。この種子標本そのものでも^{14}Cによる年代測定は，暦年代較正値で2407～2270年前を示し，土器偏年とよく整合している。このような縄文人と関与しているとみられる出土ヒエ属種子を，我々は縄文ヒエと呼んでいる。出土資料からみる限り，縄文人はヒエ属植物に密接に関与していたのである。

ヒエの植物分類と起源

変種などの詳細な分類を別にすると，日本にはヒエ属 *Echinochloa* の植物として栽培種ヒエ *E. esculenta* (= *E. utilis*)，雑草のイヌビエ *E. crus-galli*，そしてタイヌビエ *E. oryzicola* が知られている(藪野・山口，1996)。日本の栽培ヒエは，当初，インドで栽培されているインドビエ *E. frumentacea* と同じ種と考えられていた。しかし藪野友三郎博士の研究でインドビエの祖先種はコヒメビエ *E. colonum* であり，日本の栽培ヒエの祖先種はイヌビエであることがわかった(Yabuno, 1962)。これによってヒエは，日本も含む東アジアのどこかで栽培化された可能性が高いと考えられるようになった。なかでも，栽培植物起源学・民族植物学の専門家である阪本(1988)は，栽培ヒエの日本起源を提起している。

発掘される炭化種子を日本に分布するヒエ属植物であると同定する際に外観とサイズによる従来の手法に頼ると，イヌビエ種子の大きな変異とタイヌビエとヒエとの大きさの類似によって，種の判定はきわめて困難となる(写真2-3a, b, c, 4a, b, c, 5a, b, c)。しかし，フローテーション法の導入はこれを解決した。縄文時代に出現するヒエ属植物の種子は，イヌビエかヒエである。タイヌビエは，水田の遺構が明瞭な遺跡から弥生時代以降に見られるから，笠原(1982)の言うように水田雑草として日本へ伝わったと推定される。現在，イヌビエかヒエかを決める手がかりはないが，年代を追って大きく丸くなるヒエ属植物の種子は，Crawford(1983)の言うように野生種のイヌビエから栽培種のヒエへの変遷を暗示している。

ヒエ栽培のもつ意味

　栽培ヒエは，ほかの雑穀より味が劣り，また，精白の過程で歩留まりが悪い。しかし，冷涼な地域の粗放な農業にも耐えられる植物であり，ほかの雑穀の収穫量が激減するような状況下でも，ある程度の収穫が期待できる。そして貯蔵性にも優れているため，かつての東北地方の事例でも知られるように，冷害下の救荒作物として重要な役割をもっていた(大野・藪野，2001)。そしてまた，稲作が十分に行なわれえなかった地域でも広く栽培されていた(橘，1995)。

　北海道においては，先住アイヌ民族は，ヒエをピヤパと呼び古くから広く栽培していた。また，アワやキビなどほかの雑穀と異なり，ピヤパは彼らの祖先神が直接もたらしたもので，近隣から招来されたものではない，という興味ある説話が残っている(林，1969)。栽培されたピヤパは，アイヌ民族にとって飯米や酒の原料として重要な作物のひとつであった。なかでもピヤパで醸す酒(ドブロク)は，彼らの伝統的な儀式には欠かせなかった。熊送り(イオマンテ)その他の重要な祭事の場合には，もっぱらヒエをもって酒を醸し，神に捧げるのが常であったのである(林，1969)。こうした民族事例は，ヒエの栽培が古くから行なわれていたことをうかがわせる。

　アイヌの伝統に残るヒエの存在や年代を追った種子の巨大化を北海道におけるヒエ属植物の馴化とみるべきかどうかには，まだ最終結論を下すにはいたっていない。しかし，考古植物学あるいは考古学的な視点からすれば，種子の巨大化をヒエの馴化の過程を示すものと解釈したい。縄文時代早期後半は，その後に発展する縄文文化に見られる石器の基本的な組成が出揃う時期でもある。中野B遺跡のヒエ属資料は，東日本においてヒトがヒエと関与し始めたできごとを暗示するのである。

3. 日本の先史時代のマメ

　各地で出版されている考古学関係の報告書には，マメ類に関する多数の出土例が記載されている。しかし，出土するマメ類は，種の同定がむつかしく，小型のものがリョクトウ，大型のものがアズキと大ざっぱに分類されていた例も少なくない。先史時代のマメ類の実態はなかなか把握できなかったが，現在の理解では本州では縄文時代にアズキがあり，ダイズの利用は弥生時代

に始まり，北海道では擦文文化期に両者が現われる(図1, 2)。

先史時代のマメの同定

マメ類の種の同定についての論議は，福井県三方町鳥浜貝塚の縄文時代前期の層準から出土した資料に始まる。ここからはヒョウタンの種子とともに炭化したマメが9粒検出されている。この9粒のマメのうちいくつかが，粒形とヘソの形態によって小粒のアズキという可能性を残しながらリョクトウと判定された後(松本，1979)，走査型電子顕微鏡で観察された種皮の網状構造の有無などからリョクトウのみではなく，ケツルアズキの仲間も含むとされた(梅本・森脇，1983)。リョクトウもケツルアズキも分類地理学的にはアズキ類とは違ったグループであるリョクトウ類であり，これらはインド原産で南方起源の植物である。このリョクトウ類とする見解は，共伴して検出された鳥浜貝塚のヒョウタンと同じように考古学の世界にさしたる疑問も抱かれずに受けいれられた。しかし，マメ類を研究していた前田和美氏は，この見解に疑問を呈していた(前田，1987)。筆者も，マメの種子の表面構造からリョクトウ類を同定する根拠(梅本・森脇，1983)に関心をもち，前田氏から提供された現生のリョクトウなどを人為的に炭化させて走査型電子顕微鏡による観察を実施した。入手できた現生のリョクトウには，種皮表面が滑沢となるものに混じって，表面に網状構造が発達して白っぽく光沢のない粗面となる種子がある(前田，1987)。これがひとつの品種の変異かどうかはわからないが，中国から入手したリョクトウでも同じ外観を示した。リョクトウではこの2種類のタイプが混在するのが普通であるという前提のもとに分析を進めると，種皮の網状構造のかなりの部分は加熱されると判別しづらくなる。加熱の温度によっては，網状の構造がほとんど消失する場合もある。埋没種子の場合には，被熱して表皮が剥離している状態のものが多いのを考慮すると，出土したマメ類については，網状構造を手がかりとする同定方法は，利用できる範囲がきわめて限られるのである。

同定の手がかり

出土したマメ類についての簡便な同定方法は，作物学の教科書にも図示されている形態的特徴の利用である。マメ類では種子の状態における胚を構成する子葉と初生葉の位置と形状において種類による違いが見られる。現生の

マメと出土資料のマメとについてこの手法で同定すると，種類の判別の効率はきわめて高い。ただし，この方法でできるのは，アズキの仲間，リョクトウの仲間，ダイズの仲間という大きな種類の識別であり，細かな種の判定はできない。保存状況によっては胚軸や初生葉が消失しているケースもあり万能ではないが，種子のサイズや表面の形態でできなかった識別が，フローテーションによって可能となったのである。

次に，この分類基準を説明しよう（写真3）。

(1) アズキ *Vigna angularis* var. *angularis*，ヤブツルアズキ *V. angularis* var. *nipponensis*，ノラアズキ（学名は決まっていない）

  粒　　　形　　3種類とも基本的には楕円形から長楕円形である。

  粒のサイズ　　ヤブツルアズキとノラアズキの種子は生育している環境によっても大きさに違いがあるらしい。しかし，中近世以降の栽培型アズキと判断した種子はヤブツルアズキやノラアズキより確実に大きい。

  種皮色など　　ヤブツルアズキとノラアズキには黒や褐色の斑紋がある。栽培アズキには斑紋がないか少なく，赤色，黒色，黄色が多く，なかには緑や黄色の地に赤斑紋が混じるものがある。

  ヘソの形態　　3種類とも方形に近い楕円形で，平べったい。

  初生葉の形態　子葉に対して小さい。初生葉は，短く，先端が角張り，ヘソの線に対して斜めに位置する（写真3-5c）。

(2) リョクトウ *V. radiata* およびケツルアズキ *V. mungo*

  粒　　　形　　リョクトウではやや方形に近い楕円形，ケツルアズキでは生育環境により変異の幅が大きい。

  種皮色など　　リョクトウでは緑色が多く，斑紋はない。光沢のあるものが多いが，粗面のものもある。ケツルアズキには斑紋が多い。リョクトウと同様に光沢のある種子と粗面の種子がある。

  ヘソの形態　　リョクトウは短楕円形で凹型。ケツルアズキは長楕円形で凸型である。

  初生葉の形態　子葉に対して大型。初生葉の先端が子葉中央部まで垂れ下がる傾向がある（写真3-6c）。

第 5 章　先史時代の雑穀　65

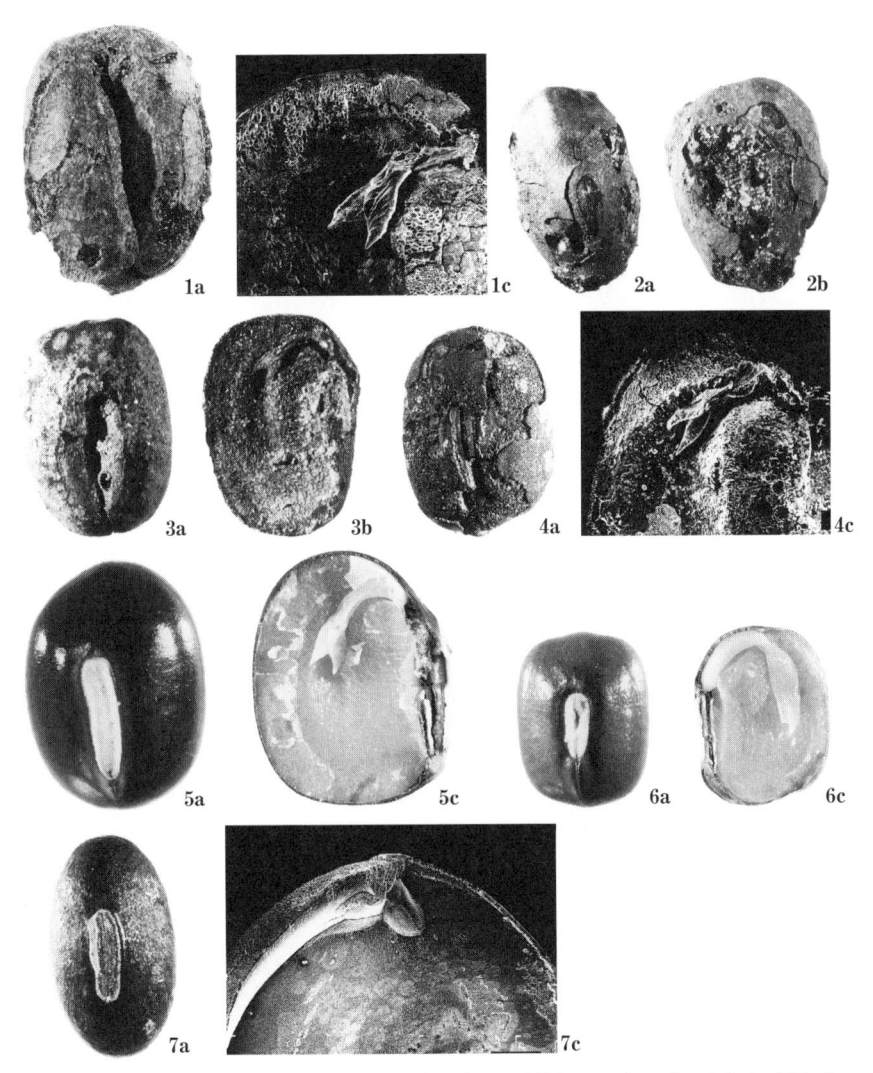

写真 3　古代遺跡から検出されたアズキとダイズおよび現生のアズキ，リョクトウ，ダイズ
1：アズキ(北海道余市町大川遺跡，擦文文化後期；未発表)，2：ダイズ(北海道余市町大川遺跡，擦文文化後期；未発表)，3：アズキ(福岡県朝倉町金場遺跡，弥生時代中期初頭；未発表)，4：アズキ(富山県小矢部市桜町遺跡，縄文時代中期末葉；未発表)，5：現生のアズキ(安城在来，大阪府立大学農学生命科学研究科山口研究室提供)，6：現生のリョクトウ(中国張家口産，北海道大学農学研究科島本研究室提供)，7：現生のダイズ(小粒クロダイズ，北海道大学農学研究科島本研究室提供)。a：腹面，b：側面，c：種子内の初生葉の形態

(3)ダイズ *Glycine max*，ツルマメ *G. soja*，および雑草ダイズ *G. gracilis*

粒　　　形　　ツルマメは偏平楕円形，雑草ダイズは楕円形ないし球形。栽培ダイズは品種により変異が大きい。偏平，楕円形，球形のものがある。

大 き さ　　ツルマメでは生育環境により種子の大きさに変異がある。栽培ダイズでは品種によって大きさと形状に変異があるが，ひとつの品種では均質である。

種皮色など　　ツルマメは赤褐色で黒の地に茶色の薄皮がかかり光沢がない。雑草ダイズは黒色。栽培ダイズでは黒色，薄茶色あるいは黄色が多い。

ヘソの形態　　ツルマメでは平坦長楕円形。雑草ダイズとダイズでは楕円形。

初生葉の形態　　幼根や胚軸がほかの種類に比べて狭長で種皮にそって曲がり，先端に小さな初生葉がついている。初生葉は子葉のなかに大きく垂れ下がることはない(写真 3-7c)。

さらなる問題

　富山県小矢部町教育委員会から提供された富山県小矢部町桜町遺跡出土の縄文文化中期の炭化マメ資料について，種子の外部形態と初生葉の特徴を用いて同定したところ，これはアズキの仲間とわかった(写真 3-4a, c)。国際日本文化研究センター埋蔵 DNA 実験室の矢野　梓氏が実施した DNA 鑑定でもアズキと判定され，この結果はみごとに一致した(矢野ほか，2001)。フローテーション法による形態観察に DNA 分析を加えるとリョクトウ類とアズキの仲間では出土資料の種の同定が可能になったわけである。さらに，フローテーション法では種子の保存状態さえよければ，つまり被熱して粒形やヘソの形態が変形していなければ，その部位の特徴だけでも，ある程度の範囲まで鑑定できる。

　フローテーション法による形態的な観察からアズキの仲間，リョクトウの仲間，ダイズの仲間といった見当がつくようになったが，その内訳については，まだ完全にわかる状態にはなっていない。考古植物学の立場では，アズキ，リョクトウ，ダイズなどのマメ類が，栽培化のどの段階にあるのか，あるいはどのような形状を示すものから栽培種と言えるのかを知りたいが，そ

れらについては判断基準をまだ決めきれないのである。ヒエの例のように時系列にそって種子の形態や大きさの変化が追跡され，ヒトによる利用の様相が推定できるならよいのだが，アズキのように，日本列島にすでに存在していたヤブツルアズキが祖先種である場合は，アズキであるかヤブツルアズキであるかを決定するのは困難であろう。DNA 分析などでヒトによる選択性を明瞭にしない限り，その決定は難しいのではないだろうか。残る方法のひとつとしては，考古学的にヒトの関与の密度を実証することである。つまり，ある地方の，ある時期から特定の種類のマメ類の利用がめだって多くなる，といった現象に注目する必要があるかもしれない。筆者の経験によれば，竪穴住居の炉やカマド周辺からは食料として利用された果実とイネやヒエ属種子などの栽培植物が多く検出され，ほかの雑草種子は少なかった。しかし，野生のマメは採り方をくふうするとかなり効率よく種子を採集できるのでマメの利用の初期の状態を決めるにはかなりの困難をともなうだろう。

縄文時代のマメ

我々の検討できた発掘マメの実物は，まだ，東北地方や北海道に偏っている。しかし，信頼性の高い方法で調べられた先史時代のマメ類の発掘をみると次のような仮説を提示できる。初期の日本の栽培植物は，北東日本ではヒエであり，西南日本ではアズキである。ダイズははるかに遅れて日本へ導入されたものである。

まず，縄文時代の遺跡から検出されるマメ類では，出土例はあまりない。とくに北日本では少なく，フローテーション法で大量の遺跡土壌が精査された渡島半島南茅部町ハマナス野遺跡でも縄文時代中期の層準からはマメは検出されない(Crawford, 1983)。縄文時代前期末から中期にかけての青森県三内丸山遺跡では，わずかに小型の野生マメ——おそらくヤブツルアズキとツルマメらしい——が検出されている。

これに対し西日本の縄文遺跡からは，アズキの仲間の種子がしばしば検出されている。先に述べた福井県鳥浜貝塚遺跡のマメについてもリョクトウではなく，アズキの野生種あるいはノラアズキと修正されている(松本，1994)。滋賀県粟津湖底遺跡で発見された縄文時代早期の自然流路堆積物から抽出されたマメ類は，南木・中川(2000)によると，栽培種であるかどうかは判明していないが，ただ1点だけ初生葉が観察できたものはリョクトウではなくア

ズキ類の野生種であったとされる。また，縄文中期の遺跡といわれる鳥取県桂見遺跡からは小型の炭化したマメが多数検出されており，その一部を国立奈良文化財研究所の松井　章氏のアレンジで観察したことがある。形態観察だけからの感触ではアズキの仲間のようであった。

　唐津市菜畑遺跡山の寺層や京都桑飼下遺跡など縄文時代の後晩期の遺跡からは，アズキとされる種子の検出報告があり(松本，1994；笠原，1982)，縄文中期末の桜町遺跡の炭化マメはアズキの初生葉の形状を示す(写真 3-4a, c)。その後の弥生時代の遺跡からは確実なアズキが見つかっている(金場遺跡など，写真 3-3a, b)。しかし，縄文時代のマメ類の種子についてはほとんどがアズキの仲間であることはわかっても，それが栽培種であるのか野生種であるのかはわかっていない。

　我々が直接観察できた北東日本の遺跡では古墳時代以降にアズキと見られる多数の栽培マメ類が出土する。弥生時代の出土資料を十分に検討する機会がなかったので，このような栽培マメ類がいつごろ出現し始めるのかをまだ確定はできないが，弥生時代における水田耕作技術の渡来などを考慮すると，この時期にマメ栽培が広まったように思われる。しかし，考古学者がしばしばリョクトウとしていたマメは実物資料による限り，アズキであることが多く，リョクトウそのものは歴史時代のかなり新しい時期に出現してくるのである。奈良時代や平安時代の遺跡からはごく一般にアズキやダイズが日本全土に見られるが(図1，2)，それは現在の農作物のおおよそと同じ構成のひとつの要素となっている。

4．北海道の古代遺跡における雑穀と野生植物の検出

　北東日本でヒエが現われ，西南日本でアズキが現われる以前，縄文時代の早期から日本全土から顕著に発掘されるのが，クリやコナラやクルミの堅果である。ニワトコやガンコウランも，まとまってはいないが，継続的に北海道の集落跡から検出される。この実態は，縄文の早い時期の人たちの植物の利用は穀物が主ではなく，自然資源の利用の割合が高かったことを意味している(図1，2)。縄文時代の後晩期から弥生時代になると西南日本ではイネが現われ，オオムギやコムギとともにアワやキビが見られるようになる。古代遺跡からは時間とともに多くの栽培植物が検出されるようになるのである。

写真 4 古代遺跡から検出された雑穀と擬穀など
1：イネ（札幌市 K 39 遺跡第 6 次調査，擦文文化中期；吉崎・椿坂，2001），2・3：イネ（北海道余市町大川遺跡，擦文文化後期；米谷・宮，2000），4：アワ（札幌市 C 507 遺跡，擦文文化前期；吉崎・椿坂，2003b），5：キビ（札幌市 C 507 遺跡，擦文文化前期；吉崎・椿坂，2003b），6：コムギ（札幌市サクシュコトニ川遺跡，擦文文化中期；吉崎・椿坂，1990），7：オオムギ（札幌市サクシュコトニ川遺跡，擦文文化中期；吉崎・椿坂，1990），8：オオムギ（北海道浦幌町十勝太若月遺跡第二次発掘調査，擦文文化後期；椿坂，1998），9：ソバ（札幌市 K 113 遺跡北 35 条地点，擦文文化中〜後期；吉崎・椿坂，1996），10：ベニバナ（札幌市 K 39 遺跡北 11 条地点，擦文文化後期；吉崎・椿坂，1995c），11：ウリ科（千歳市ユカンボシ C 2 遺跡群，擦文文化中期；吉崎・椿坂，2003c），12：シソ属（根室市穂香竪穴群，擦文文化後期；吉崎・椿坂，2003a）

北海道では縄文前期にソバが検出され、縄文後期にヒエのほかにシソ属、アサ、ゴボウなどが検出された後(図1)、擦文文化期になると、アワやキビ、ヒエ、イネ、アズキ、コムギ、オオムギと、主要な農作物のほとんどが遺跡から検出される(写真4)。穀物の検出には擦文文化遺跡の広がりにともなって微妙な傾向がみられる。アワとキビは擦文の中期に石狩管内から大量に検出され、その後広く見られるようになるが、道東からオホーツクにそった遺跡では裸ムギとみられる丸みのあるオオムギがアワやキビといっしょに検出される。石狩低湿帯を中心とした遺跡ではコムギとともに皮ムギとみられる細長のオオムギが現われ、この傾向は東北地方へとつながっている。十勝・日高地方ではヒエがイネとともに検出される傾向にある。ソバや小粒のエゴマとみられるシソ属の種子も再び見つかる。

　このような穀物や栽培植物の出現が、どのような農業や生業の形態を示しているのかについては、さまざまな解釈が成り立つ(山田、2000；吉崎・椿坂、1990)。鉄器の農耕具の発掘は畑作での雑穀の栽培を想定させるものの、水田遺構をともなわないコメの出土は、陸稲の栽培を想像させる反面、大陸や本州との人々の交流も暗示する。イネやムギ類でも同じだが、遺跡や検出される植物の時間的欠落が穀物や雑穀の歴史の再構築を困難にしてしまう。しかし、北海道の初期遺跡でのヒエの検出以後、増加してゆく栽培植物や雑穀の検出は、中国西南原産のソバや肥沃な三日月帯を原産とするムギ類、地中海原産のベニバナの検出からも暗示されるように、ユーラシアでの人の動きが年をへて激しくなった歴史を明らかに裏づけている。

　ヒエやアズキからキビやアワの時期をへてイネやムギへと人が利用する穀物は変化してきた。フローテーション法は、遺跡から検出される炭化した植物たちが語る昔の人たちの生活を明らかにしつづけているのである。さらに検出される植物を使った直接的な年代推定やDNA分析による種の同定を加えると、推量の積み重ねの歴史から真実の歴史へと近づくことができよう。

資料提供
北海道余市町教育委員会、北海道浦幌町博物館、富山県小矢部市教育委員会、福岡県教育委員会

第 II 部

日本と東アジアの雑穀

雑穀には現在の半乾燥地帯で栽培化された種とアジアの各地で栽培化された種がある。伝播してきた雑穀も、アジアで揺籃された雑穀も、日本を中心とする東アジアでは文化的にはきわめて重要な役割を果たす。日本から中国西南地方の照葉樹林帯では、雑穀は生活や文化の基本的要素として固有な文化の複合化に関与する。その複合が照葉樹林文化である。コメ、ムギやダイズなど主穀やその発酵食品が日々の食事の主役となるまでは、この地域の雑穀は人々の生活の立て役者であった。第Ⅱ部では、フィールドサイエンスの手法による利用実態の緻密な解析を通して、今にも消えゆきそうな雑穀と人とのからみの複雑な相を明らかにする。雑穀は、栽培や利用の技術と知恵とによって人の生活に深くかかわっているのである。第6章では擬穀の王様ソバについて述べる。中国雲南から伝わってきたソバは、栽培と採種と利用というたゆまぬ働きかけによって日本の各地に適した農作物として完成してゆく。第7章では飛騨奥山の人々の雑穀にふれる。標高の高い地に住む人々は低温という気象条件のなかでシコクビエやヒエの栽培をくふうしてゆく。第8章では、照葉樹林文化の中核の地でのひえ酒を述べる。水田で作られる新種の栽培ヒエと人のかかわりは、日本の基層文化との濃厚な共通点を示す。第9章では、沖縄を中心とした列島で続けられるアワの栽培伝統を述べる。常夏の島嶼ではアワは冬を越す作物となる。緻密な聞き取りは、島でくふうされた道具と穀物にかかわる知恵とを明かしていく。第10章では、雑マメの王様、アズキの多様性の成り立ちについて東アジアの第四紀の地史と植生移動と関連づけて解説する。赤いマメ、アズキは、東南アジアでの祖先種の発祥のときから照葉樹林にはぐくまれてきたのである。

　ちっぽけな粒の穀物たちは、アジアの人の生活をつくり、人の営みに守られて維持されている。東アジアの雑穀は、日本文化の基層そのものといってもよいだろう。

第6章 日本のソバの多様性と品種分化

大澤 良

　晩夏から初秋のころ，日本の各地で白い花で埋め尽くされたソバ畑を見かける。食べる「蕎麦（そば）」を知らない人はいないが，植物や作物としての「ソバ」は意外と知られていない。普通ソバ *Fagopyrum esculentum* ($2n=2x=16$)は，タデ科ソバ属の一年生草本である。日本では「そば」，「ソバ」，「蕎麦」と呼ばれている。漢字の「蕎」は，平安時代から使われているが，その前は「曾波」あるいは「曾波牟岐」などと記されている。「牟岐（むぎ）」がつくのは，おそらく粉にして麦と同じように使われたためであろう。英語で Buckwheat，独語で Buchweizen である。Buch は，Buche（ブナ）または Buchel（ブナの実）で，Weizen は小麦だから「ブナ小麦」となる。やはりソバの実がブナの実に似ていることと，粉の食文化の影響であろうか。
　ソバは，やせ地や寒冷地で栽培でき，生育期間が短いなどの利点から，古来より救荒作物として尊ばれてきた。また，日本の食文化に深くかかわって，食生活が変化した今でも日常の食物として愛されている。日本におけるソバの作付面積は，明治30(1897)年ころの約18万 ha をピークとして減少し続け，昭和45(1970)年には1.8万 ha となっている。近年は約2.3万 ha に安定しているが，その内の約6割が水田転換畑での栽培である（図1）。単位面積あたり収量は，明治のころから全国平均で10アールあたり90 kg 前後にとどまり（図2），近代的な栽培技術によっても100年前と収量はかわっていない。ソバの国内の需要は，年々増加しており，近年は12万トン程度にもなるが，需要のほとんどは輸入に依存し，現在はその約8割の10万トンを輸入している（図3）。おいしいそば打ちは，よく「二八（にはち）蕎麦（小麦粉2割，蕎麦粉8割）」というが，まさに「国産2割，輸入8割の二八蕎麦」

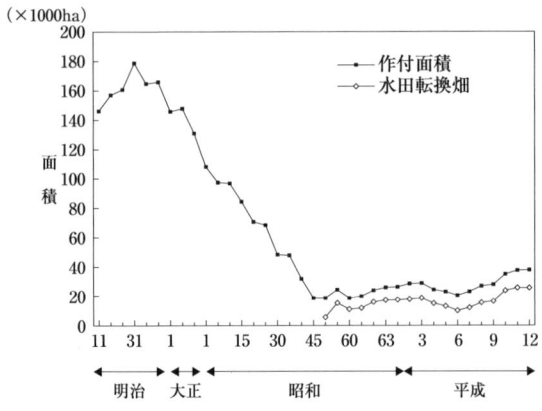

図1 ソバの作付面積の推移(日本蕎麦協会, 2000 より)

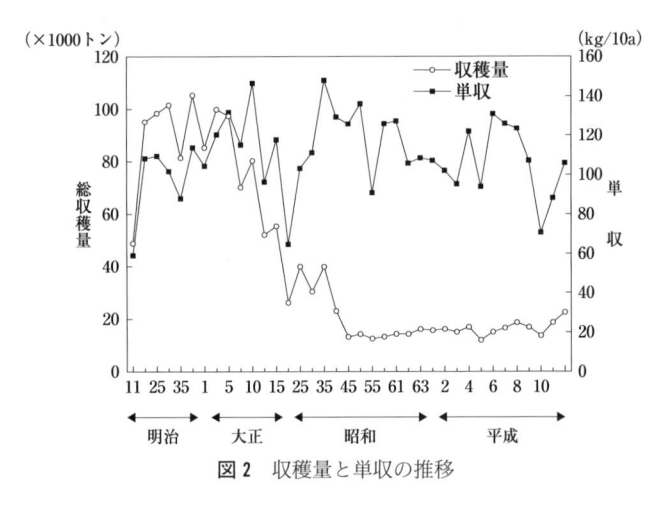

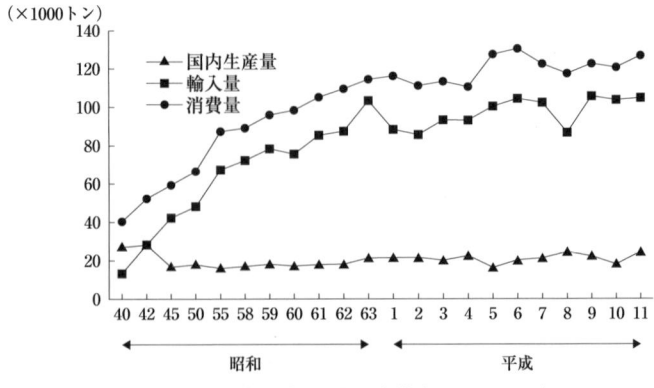

図2 収穫量と単収の推移

図3 そばの需給動向(日本蕎麦協会, 2000 より)

である．しかし，国産ソバは風味のよいこともあり，消費者の志向により国産ソバの需要が落ちることはない．

　日本のソバは，どこで作られているのだろうか．「信州信濃の新蕎麦よりも……」というように，産地は長野県が思い浮かべられる．しかし，国内の主要産地は，北海道，福島，栃木，長野，鹿児島であり，なかでも北海道は国内生産の4割を占めている．南北に長く気候の異なる日本各地ではそれぞれの環境にあったソバが栽培されている．

　縄文や弥生の住居跡ではソバの花粉や果実が見つかっており，北海道の縄文前期の「はまなす遺跡」，青森県の縄文後期の「亀が岡遺跡」からも出土している(那須，1981)ことから，日本へは今から2000年前には朝鮮半島を経由して伝来したと推定されている(三好，1985)．信州大学で教鞭をとった氏原教授は，対馬のソバの多様性が高いこと，ひじょうに古くから栽培されている記録があることから，対馬のソバを日本へ伝来したソバの祖先に近いとしている(氏原・俣野，1978；氏原，1981)．また，DNA分析の結果から，Murai and Ohnishi(1996)も，ソバは中国北部から朝鮮半島を経由して日本に到達したとしている．ソバはその後，しだいに北上したか，シベリアをへた人の動きとともに北海道でも栽培されるようになったと考えられる．

　では，北海道と九州のソバはどのように違うのであろうか．中国大陸から海を渡ってきたソバがわが国で適応し，広く栽培されるようになるまでにはどのような適応の過程をへたのであろうか．雑穀のほとんどが日本各地で少なくなるなかで，したたかに生き延び，日本各地で栽培され，唯一日本人の食生活に不可欠な作物となっているソバについて，植物としての性質，日本における在来品種の実態，そして分化のしくみを考えてみたい．

1. ソバの生殖様式

　ソバは，イネやムギ類と異なり，自分の花の花粉では受精・結実できず，花から花へと昆虫が花粉を運んで受粉し結実する自家不和合性の虫媒他殖性植物である．ソバの花は雌性器官と雄性器官をもつ両全花であるが，普通の植物とは異なり，花の形が2種類ある異型花柱性を示す(写真1)．めしべが短くおしべが長い花が短花柱花，めしべが長くおしべが短い花が長花柱花である．個体ごとに花の型は遺伝的に決まっており，長花柱花個体は劣性ホモ

写真1 ソバの花(左:長花柱花,右:短花柱花)
　長花柱花のめしべ(長い)と短花柱花のおしべ(長い)のあいだ,短花柱花のめしべ(短い)と長花柱花のおしべ(短い)のあいだで交配し,結実する。

(ss)の遺伝子型で,短花柱花個体はヘテロ(Ss)の遺伝子型であり(Sharma and Boyes, 1961; Adachi et al., 1982),サクラソウと同じような S super gene(gene complex)によって自家不和合性は支配されている(西尾,2001)。短花柱花個体と長花柱花個体は,ひとつの集団(個体群)のなかにほぼ同じ割合で存在し,異なる花型の個体のあいだで他家受粉して結実する。このような他殖性植物では,集団内でどのような交配が営まれているかが,結実の良し悪しや集団の遺伝的構造の形成にかかわってくる。

　花を訪れる訪花昆虫のうち花粉を媒介する送粉昆虫が植物体の上でどのような行動をとり,送粉にかかわっているのだろうか。Namai(1986, 1990)の調査によると(表1),雨天の日以外には,ソバの送粉昆虫は,1房あたり1日約11回,1花あたり5回訪花しており,1回の訪花あたり平均4秒程度滞在する。訪花回数が1〜2回の花では結実率が40%で,5回以上訪花すると結実率は100%となる。気温の低い日や風の強い日には送粉昆虫はほとんど訪花せず結実しない。受粉されないとソバの花は翌日も開花するが,葯のなかの花粉は雨などによって流されており,2日目の花は蜜を分泌しないので,送粉昆虫は訪花しないのが普通である。後で述べるように,花の咲き方と送粉昆虫の行動には複雑な相互関係があり,ソバの結実には花粉を媒介する昆虫の行動も大きくかかわっているのである。

表1 野外でのソバの結実率と天候との関係(Namai, 1990 を改写)

開花日	天候	平均気温 (°C)	風速 (m/秒)	平均結実率(%) 長花柱	平均結実率(%) 短花柱
10月 4日	晴	22.6	1.6	86.2	89.5
5	雨	15.1	2.0	16.7	32.3
6	雨	13.7	1.4	50.0	78.9
7	曇/晴	16.9	2.4	69.8	82.9
8	晴	18	2.1	66.7	85.4
9	曇/晴	17.4	2.8	57.7	62.5
10	曇/晴	18.6	1.7	90.5	83.3
11	曇/晴	21	2.9	83.3	80.0
12	曇/晴	20.1	1.1	81.8	91.7
13	晴/曇	17.8	1.2	45.5	87.5
14	晴	18.2	1.6	93.3	100

2. 在来品種の多様性と生態的分化

ソバは，日本各地にどのように分布して，分化していったのだろうか。日本のソバには，それぞれの地域に適応した多くの在来品種がある。DNAの分析によると，日本国内におけるソバの遺伝的分化の程度は世界各地の分化より低い(Murai and Ohnishi, 1996)。しかし，日本の在来品種は栽培方法にかかわる大きな違いをもっており，2〜3の品種群に分類される。日長反応性に着目すると，長日下での開花遅延程度により，遅延しない品種は北方型，著しい遅延がみられる品種は南方型に分類される(恩田・竹内，1942)。播種期と収量性に着目すると，夏型は早熟で春播から夏播へと減収する傾向を示し，秋型は南方に分布し，晩熟で春播から夏播へと増収する傾向にあり，また中間型は，日本各地に分布し，播種期の影響を受けにくい傾向にある(山崎，1947)。現在は，これらの知見にもとづいて，春から一定間隔で播種したときの開花特性や収量性などの性質により，ソバの在来品種は，夏型，中間型，秋型の3つの生態型または品種群に分けられている。夏型品種群は，北海道や東北などの高緯度地域に主に分布し，長日条件下においても開花が遅延しない。秋型品種群は九州や四国などの低緯度地域に分布し，長日条件では短日条件に比べて開花が著しく遅延する。中間型品種群は，北海道を除く日本に広く分布し夏型と秋型の中間の性質を示す。日長反応性の特徴からみると，典型的な秋型品種は14時間30分以上の長日だと開花せず，夏型品

種は日長の影響を大きくは受けずに一定の温度を受けさえすれば開花する。しかし，このような生態型や品種群は明確に分類するのが難しいのが普通である。日本国内の品種は，連続的ではあるが，おおよそ夏型，中間型，秋型，および秋型の特殊型に対応したA～Dの品種群に類型できる（大澤・堤，1994；Ohsawa, 1997）。夏型に対応するA品種群は相対的に高緯度地域ほど多くなるが，日本各地に見られ，それぞれの地域で別々の起源から適応して分化したのであろう（Ohsawa, 1997；図4，表2）。アイソザイム分析やDNA分析からも，日本の夏型品種群は中国の夏型品種が伝播して形成された（氏原・俣野，1978；Matano and Ujihara, 1979）のではなく，中国から伝わった秋型から品種分化したとされる（Ohnishi, 1988; Murai and Ohnishi, 1996）。さらに詳細なDNA分析からも，日本各地の夏型は遺伝的背景が異なるさまざまな秋型や中間型からそれぞれ分化したことを示唆する知見が得られている（Iwata et al., 2001；井門ほか，2001）。

生態的分化の仕組み

ソバの在来品種が日本各地で生態的に分化しているのは明らかであるが，どのようにして成立したかについてはよくわかっていない。この分化の仕組みについて，南・生井（1986ab）は，興味深い実験を行なっている。九州地方では8月下旬に種子を播いて短日条件下で慣行栽培されてきたソバ'宮崎在来'をつくば市で8月31日に播いて秋栽培すると，播種後25日目から開花が始まり29日後には集団中の50％の個体が開花し，37日後にはほとんどの個体が開花する。ところが，つくば市で5月31日に播種して夏栽培すると，33日後から開花し始め，41日後にやっと50％の個体が開花し，60日後になっても開花しない個体が5％も残る。一方，長日条件下の北海道で栽培されている'牡丹ソバ'は，5月31日播きでも，8月31日播きでも，開花期はほとんど変化せず，約40日後にはほとんどの個体が開花する。'宮崎在来'には開花に関する変異が潜在しているのである。宮崎地方での最長日長は6月中旬の14時間15分であり，ソバの開花が誘導される限界日長は14時間30分であるため，夏播きで秋栽培されている限り，開花の特性に関するさまざまな変異が潜在していても全個体が開花するため，隠れた特徴が温存されることになる（図5）。そこで，'宮崎在来'を長日下で栽培し，開花期に関する潜在的変異を発現させて早生方向へ選抜圧がかかるように早刈り取りし，

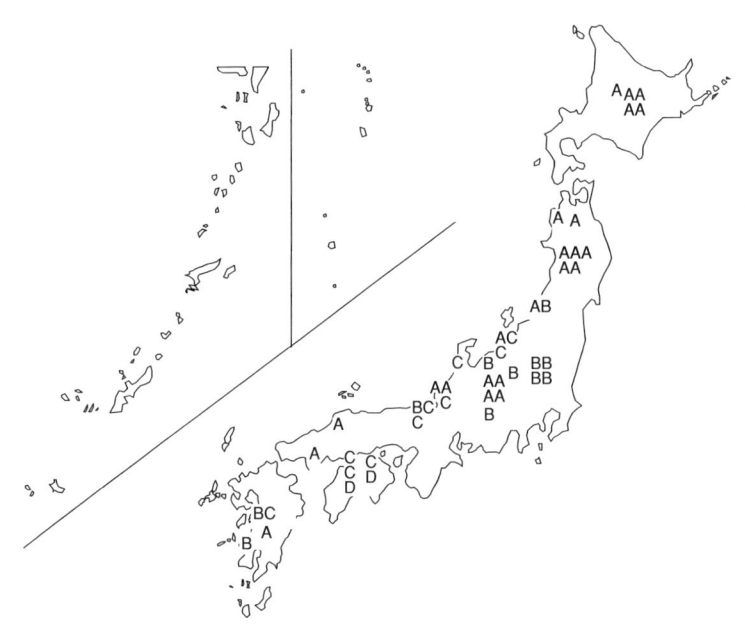

図 4 日本におけるソバの品種の分布。図中のアルファベットは表 2 参照。

表 2 農業形質を用いた多変量解析による国内のソバの品種

形 質	群 A 夏型	B 中間型	C 秋型	D 特殊型(秋型)
品種数	22	13	13	2
開花まで日数	24.3	28.7	27.3	29.4
成熟まで日数	53.5	60.4	63.7	53.7
子実量(kg/10 a)	74.9	89.7	95.9	74.1
草丈(cm)	93.5	118.7	114.8	105.1
節数	8.8	11.4	10.6	11.2
分枝数	2.8	3.0	2.6	3.6
1000 粒重(g)	24.9	23.8	29.6	20.1
容積重(g/l)	574.0	658.2	638.0	630.5

数値は，各群の平均値

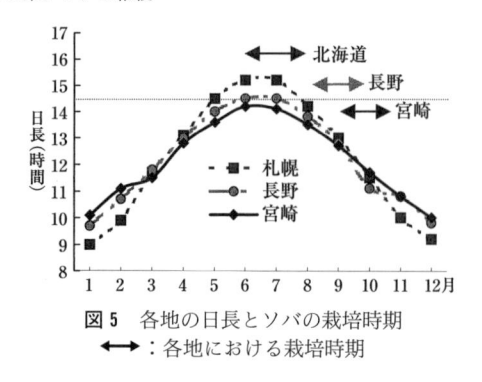

図5　各地の日長とソバの栽培時期
⟵⟶：各地における栽培時期

収穫すると，次代では早咲き個体が増えるのである。ここで何が起こったのであろうか。これまで出会ったことのないような長日条件下にさらされることによって集団内に隠れていた遺伝変異が大幅な開花日の違いとして現われると，開花の早い個体どうしあるいは遅い個体どうしの交配が起こる。そうすると，開花期のよく似た個体どうしの同類交配が起きやすくなり，開花の早い個体に結実する種子は開花の早い個体間での交雑種子となる。このような仕組みで，早刈り取りなどの選抜によって早生の集団が得られたのである。ソバの種子は熟すと脱粒しやすいので，農家は種子がある程度黒茶色になる早めの時期に収穫することが多い。短日要求性の高い個体を含む集団が，北上するのにつれて長日条件下で栽培されるようになると，世代ごとに早刈り取りされる過程を繰り返すのでソバは早生化すると考えられる。

　ソバ開花期間は集団としてみると長く，1カ月にも及ぶ。開花期間中には6mm程度の小さな花を毎日数十花から多い日には50花ほども咲かせ，1個体あたり600花ほどをつける（道山ほか，1998）。ひとつの集団では個体の最初の開花日が1週間ほどにわたるが，開花の早い個体と遅い個体は20日以上も同時に咲きそろっている。開花期間中にはミツバチやハナアブなどの送粉昆虫は花間を頻繁に飛び回っている。第一花の開花日に1週間程度の変異があっても，ひとつひとつの個体の開花期間が長いので集団全体としての交配は無作為であると考えられる。しかし，集団内のどのような個体のあいだで実際に交配しているかの実態は明らかではない。もし集団内における個体間の交配が無作為でないとすると，ソバ集団の遺伝的構造に関する捉え方や集団に対する環境の影響の捉え方を改めなければならない。集団内での同類交配が集団の分化の要因であること（南・生井，1986b）を明らかにするに

は，どの親の花粉と交配した種子がひとつの個体にどれくらい結実しているかを明らかにする必要がある。ソバ遺伝資源を維持したり，増殖したりする方法を開発するために，集団内での個体間の花粉流動の実態を解明した研究(生井，1982)によると，送粉昆虫が十分にいないソバ畑では送粉昆虫による送粉距離が一筆の畑のなかで制限されており，交配は空間的には無作為ではない。ソバ集団の分化の仕組みには，集団内における時間的・空間的隔離機構がかかわっているのである。

　繁殖様式だけでなく個体あたりの種子生産性もソバの分化にかかわる要因である。ソバは収量が毎年大きく変動する作物である。イネやムギ類のように自殖性であれば，収量の変動は次代の遺伝的構成に影響を及ぼさないが，ソバのように他殖性で異なる個体間での交配によって次代の種子が得られる場合には，収量の変動も次代集団の遺伝的構成に大きな影響を及ぼすので，親世代と次代とは遺伝的に異なってくる。たとえば，ソバには夏型品種に多く秋型品種には少ない粒型がある。夏そばと秋そばとを播種期をかえて栽培すると，晩く播いた後代ほどその粒型が減少する(生井，1980)。夏型品種の'牡丹ソバ'と秋型品種の'宮崎在来'の雑種集団を作って，長日条件の夏に毎年栽培した場合，短日条件の秋に毎年栽培した場合，夏秋交互に栽培した場合，それぞれの遺伝構成の変化を調査すると，開花期に関する自然選択の効果がみられる。雑種第一代では両親の中間の開花期を示す個体が多くなり開花期の幅は両親の幅を足したものとなる。しかし，毎年夏栽培すれば開花の早い'牡丹ソバ'型の個体が増え，秋栽培すれば開花の遅い'宮崎在来'型の個体が増えるということはない。北海道と九州それぞれの地域に適応した品種の雑種集団の開花期に働く自然選択は，中間的緯度に位置する新潟では，中間的開花期を示す個体に有利に働いている(大澤・伊藤，1999)。長日条件下におけるソバ集団の例(南・生井，1986b)のように，慣行栽培の条件においても集団内での各個体の第一花開花日の変異によって受精結実する種子の母親と花粉の提供者との組合せが制限され，個体あたりの種子生産性の変異によって次代集団に占める遺伝子型の頻度が異なる場合には，集団の遺伝構成はかわっていく。

同類交配の実態

　ソバは同一品種内に開花期に関する個体間変異を保有しており，個体あた

りの結実種子数は開花期によって異なっている。開花の最盛期までに開花した早生から中生個体の種子は品種の全個体に結実した種子の8割を占めており，また，開花期の早晩の違う個体では草丈などの諸形質が明らかに異なる（石川・生井，1998）。これらの事実は，ソバ集団内では同類交配が行なわれている可能性を示している。では，ソバのひとつひとつの個体の花にはいつ第一花を咲かせた個体の花粉が受粉されているのだろうか。つくば市で中間型品種'信濃1号'を慣行の秋栽培とし，最初に咲く花の開花日，1個体が毎日どれだけ開花するか，いくつの花粉が柱頭につくか，その花粉には受精能力があるのか，いくつ結実するかなどを観察したところ，開花まで日数のほぼ等しい個体間では花粉流動と遺伝子流動は，開花期の早晩にかかわらず，高頻度であるが，集団内の花粉流動の9割以上は，中咲き個体が母親もしくは花粉の提供者となっており，開花の早い個体と遅い個体のあいだでは遺伝子流動はほとんどみられなかった（石川ほか，1999，2000；Ohsawa et al., 2001）。この事実は，ソバの集団内では，開花期に関する変異が出現しない条件であっても，無作為交配は行なわれておらず，同類交配が行なわれていることを示している。次代集団の第一花開花日に関する遺伝構成をみると，次代集団の95%の個体は中咲き個体を母親もしくは花粉の提供者とするため第一花開花日に関して遺伝的に多様であること，次代集団の2%の個体は開花の早い個体を母親および花粉の提供者とするため早咲き方向へ遺伝的変異が偏っていると推測された（表3）。

ソバが環境変動や選抜に反応して集団の遺伝的構成を容易に変動させるのは，早咲き方向または遅咲き方向のそれぞれへ遺伝的変異を偏らせた個体が存在し，それらが選抜の対象となりやすいためと理解できる。この選抜の過程は，開花期の変異がおもてに現われると速くなると考えられる。秋型から分化してきたと考えられている夏型品種は，16時間という栽培地での日長

表3 中間型の品種'信濃1号'を構成する種子の由来（%）
（石川ほか，1999 より改写）

母親(♀)	花粉提供親(♂)			
	早咲個体	中咲個体	遅咲個体	計
早咲個体	2	5	1	8
中咲個体	5	62	12	79
遅咲個体	0	11	2	13
計	7	78	15	100

表4 夏型の品種'牡丹ソバ'における16時間日長下で現われる開花期の品種内変異(竹内ほか, 1995 より改写)

	開花まで日数 (集団平均)	全個体が開花するのに要する期間
12時間日長	26	3〜5週間
16時間日長	31	3〜8週間

よりさらに長い長日条件にさらされることにより開花期に関する潜在的遺伝変異が現われ(表4)，選抜が加わってさらに早生化できるのである(竹内ほか，1995；葛谷・生井，1997；葛谷ほか，1998, 1999)。ソバは，日本での北上にともない短日要求性の低い夏型品種を分化させてきたと考えられているが，その夏型品種もさらに長日条件下で栽培され続ければ，より日長に対して中立的な品種が生まれることになろう。これらもまた，日本におけるソバの品種分化のひとつの仕組みである。

3. 在来品種の利用と採種方法

これまでに，日本での品種の分化の実態と分化の仕組みについて述べてきた。このような研究も多くの在来種が維持されて初めて成り立つものである。在来種は優良な品種を育成するための遺伝資源そのものである。在来種が失われる原因には社会的要因もあるが，生殖様式がよく理解されていないことが挙げられる。ソバのような他殖性作物は品種間でたやすく交じり合い，固有の性質を失ってしまう。ひとつの品種の特徴は，採種という作業によって維持されているのである。つぎにこの維持増殖の方法をみてみよう。

在来品種は伝統的な農業技術と同じように各地の環境や文化とかかわりながら作り上げられた品種であり，その意味ではきわめて貴重な文化財である。近年，生産向上の意図の裏返しとして，ソバでも在来品種が急速に失われている。優良な品種を導入することがソバの在来品種にとっては致命的な打撃となっているのである。ソバはイネやムギ類と違い昆虫によりほかの個体と交配し実を結ぶ他殖性作物である。品種の維持や増殖をはかるには，原々種圃や原種圃という仕組みを通すのが普通である。他殖の性質はこの原々種や原種を維持するにあたってたいへん面倒な問題を生む。近距離に異なる品種をおくとお互いに簡単に交雑し，品種の特性は短期間で崩壊してしまう。採

種で最も注意を払う点は隔離の徹底ということになる。一般栽培用とする大量の種子を採るためには隔離圃場によって距離的な隔離を必要とする。ひとつの地域内ではひとつの品種のみを栽培し，増殖する場合には，山あいなどに他品種と約1km以上の距離を確保して隔離圃場を設ける必要がある。遺伝資源の保存事業としての在来品種の採種では寒冷紗網室などを利用する。網室の大きさにもよるが，網室内にはミツバチやアブなど送粉昆虫をいれなければならない。小規模な採種用にはアルファルファの採種用に輸入されているアルファルファハキリバチを利用する方法がある（大澤，1995）。ただし，輸入されているこのハチの繭にはさまざまな有害な天敵の寄生がある。万一これらの天敵の野外への逃亡を許せば，これらが類縁の在来野生ハナバチに寄生することは避けられない。使用に際しては天敵の除去に細心の注意を払う必要があり，基本的には網室から逃げないようにしなければならない。小規模網室での採種用により安全で有効な送粉昆虫の開発が求められている。

　ソバの採種や種子の更新において考えなければならないもうひとつの点は，ソバが他殖性作物のためひとつの品種のなかにさまざまな遺伝子型の個体が含まれることである。純系ではないため生育環境により次代の遺伝的組成が変化しやすい。中間型や秋型品種群を早播きすれば早生個体は十分に結実するが，中間から晩生の個体は少ししか結実しないため，次代では集団として早生化することになる。逆に，短日要求度の少ない個体を多く含む夏型的品種を秋栽培すると早生個体が少なくなってしまう。また，採種にあたっては個体数を極端に少なくすると，形質の揃いはよくなるが，近交弱勢が現われて生育が弱くなってしまうこともある。もちろん，少数個体での増殖は，遺伝的浮動により集団が保有する変異を少なくする最大の原因ともなる。これらの点でソバにおける種子の更新はイネやムギ類など自殖性作物と極端に異なるのである。ソバが環境変動や選抜に反応して集団の遺伝的構成を容易に変動させるのは，表3でわかるように，早咲きの方向または遅咲きの方向へそれぞれの遺伝子が集積した個体が存在し，選抜に反応しやすいためと理解できる。集団の個体数を一定以上確保しておけば，一時的に集団の遺伝構成が変動してもそれ以降の栽培条件もしくは気象条件によって元の構成へと戻る。これは多くの個体が中咲き個体を母親もしくは花粉の提供者とするため，遺伝的に多様であり，栽培される環境条件によっては，これらの個体から遺伝子を集積させた個体が再び分離するためである。特徴を損なうことなくソ

バの品種を維持するには，隔離を徹底し，開花期の変異が顕在化しないように適期に育て，集団の個体数を最低でも 100〜200 個体以上確保することが必要である (Namai, 1986, 1990)。

　日本におけるソバの品種分化の実態とその過程を生殖様式に着目して考えてきた。栽培植物の分化の様相については，数多くの作物で研究がなされて，各種の DNA 解析により，分化程度の実態，あるいは分化の方向性も明らかとなってきている。しかし，ソバの品種分化を考えるとき，分化程度を知るだけではなく，「仕組み」について知ることも大切である。品種分化の仕組みは栽培植物の適応と分化の仕組みでもある。他殖性植物の場合，受粉から受精，結実という生殖過程が「仕組み」に大きくかかわるのが明らかになった。生殖過程を通した個体ごとのつながり，あるいは環境とのつながりを踏まえて，分化の不思議さに興味をもちつづけたいと考えている。雑穀についての研究は遺伝や育種技術に限らず，栽培についても未解明の点が多い。植物学的な興味とともに，雑穀が日本の食生活に果たしてきた役割を探求する研究者が続くことを期待したい。

第7章 飛騨の雑穀文化と雑穀栽培

堀内孝次

1. 飛騨のシコクビエ栽培

　雑穀の種子を初めて手にして栽培したのは，私が京都大学農学部(作物学研究室)に勤めていた1973年の夏であった．その年，渡部忠世教授がインド亜大陸の現地調査で採集されたイネ科の雑穀種子を5月に研究圃場に播いた．やがてそれらの草丈や草型に明瞭な特徴が現われ，さらに初秋にはさまざまな形の穂が現われた．とりわけシコクビエは，『古事記』や『日本書紀』などで古くから知られているアワ，キビ，ヒエと異なり，情報量もきわめて少ない希少作物であったこと，当時，佐々木高明氏がネパールでの調査のなかでイネの移植栽培には，早乙女によるシコクビエの移植慣行が影響しているとの説(佐々木，1970)を発表されたことでシコクビエに対する私の関心はいっそう深まった．その後，研究室で行なっているフィールド調査の対象が国内の雑穀栽培にも向けられ，やがて研究室のほかのスタッフとともに，越中五箇山へシコクビエの現地調査にでることとなった．富山県上平村，平村，利賀村では民俗館前の庭や庄川ぞいの小さな畑，あるいは山畑や休耕田で栽培されているシコクビエの穂を採集した．これらのシコクビエは早晩性の違いはあったものの，インド亜大陸産のシコクビエに比べて形態やほかの生育特性についての変異は小さかった．たとえば穂の形はネパールやインド，スリランカでは，握り拳状(closed type; fistlike type)や穂の先端のみ内側にわん曲したもの(top curved type)，掌状のもの(open type)が見られるが(渡部ほか，1973)，日本の在来品種はすべてopen typeである．この点は，

文献資料(田中・小野, 1891；永井, 1951；橘, 1995)の図や写真からも明らかである。また，日本のシコクビエは畑作物であるがインド，スリランカにはイネと同様，水田で栽培されるものもある(Watt, 1908)。阪本寧男氏はネパールで多様なシコクビエ系統が栽培されるのはシコクビエが主食原料であり，同時に酒造りの原料として一般的に広く利用されるためであるとしている(阪本, 1988)。今日，シコクビエの日本国内での栽培分布域は，関東山地中部の山梨県上野原町から四国山地の徳島県東祖谷村，西祖谷村を両極とする範囲にとどまっている(佐々木, 1983)。

　岐阜県下のシコクビエ栽培に目を移そう。飛騨地域では雑穀類の栽培が確認された地点で次の年も同じものが継続して栽培されることは少なく，多くは隔年栽培される。シコクビエの種子保存は，主にその味を懐かしむお年寄りのあいだで受け継がれ，その地域内で種子が絶えることはない。20年以上も前に郡上八幡町の西乙原地区で雑穀調査をしたときのことである。当時73歳であった栽培者に「なぜ，シコクビエを作るのか」と質問したところ，次のような答えが返ってきた。「朝鮮ビエ(シコクビエ)は，昔は貴重な食糧で，毎日の食事に欠かしたことはなかった。今ではこんな山中でもイネが作

写真 1　シコクビエの穂型 Open type。日本在来

写真 2　シコクビエの穂型 Closed type。インド亜大陸産(スリランカ)

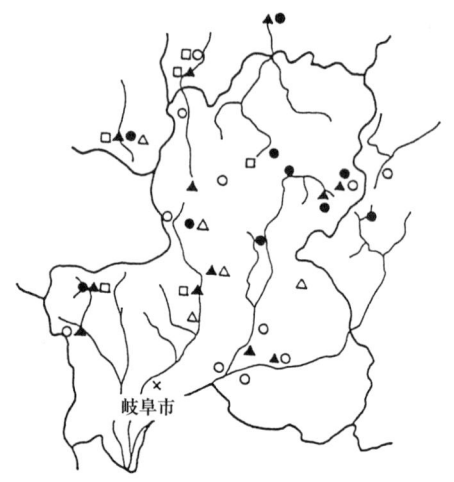

図1 岐阜県下並びに石川県白山山麓，富山県五箇山，長野県開田高原における雑穀類の栽培分布(1974-1979, 1998)。図中の実線は川を示す。
●：ヒエ，○：キビ，▲：アワ，△：モロコシ，□：シコクビエ

られるようになったし，米の方が味もいい。だからもう朝鮮ビエを作る人はほとんどいなくなってしまった。でも，一時は私たちの生活を支えていた食べ物を，もしも絶やしてしまったら，どのようにして種子を手にいれるのか」と。このように飛騨では今日でもシコクビエがほそぼそと小規模に栽培され続けているのである。

　シコクビエ栽培の特徴として，家畜や鳥の飼料用ではなく食用を目的とする場合には，通常，苗床で育てた苗を本畑へ移植する。荘川村の事例では，5月上旬に本畑の一部に苗床を作ってこれに播種する。ここでは土地が肥えているため苗床は無施肥である。播種後約1カ月経って本畑に移植することになるが，その前に基肥として窒素成分量で3〜4 kg/10 a の化成肥料を本畑に散布して土と混合しておく。移植の時期は6月上旬の降雨前後が活着条件としてよく，あとは中耕，除草が主な作業である。土作りがなされている肥沃な土壌では，化学肥料を与えなくとも有機物肥料のみで十分育つ。やがて穂がでて登熟してくると収穫する。茎の節から枝分かれする分蘖（ぶんげつ）が多いので出穂期間も長く，完熟した穂から順次，穂刈りして収穫する。収穫期間は9月上旬から10月上〜中旬まで続く。荘川村は標高1000 mに近い高冷地であることから，害虫（メイチュウ）による被害は標高の低い平坦部よりも少ない。収穫した穂はそのつど，自然乾燥してからワラで編んだ貯蔵用の袋（かます）にいれ，穂のままで納屋に貯蔵しておき，食べるときに製粉する。種

子用の穂はそのまま別にして穂首で束ねて納屋の一角に吊しておく。

2. シコクビエの呼称

シコクビエは地方名が実に多い。岐阜県下だけでも徳山村ではアカビエまたは朝鮮ビエと言い，荘川村では弘法ビエ，太閤ビエ，郡上八幡町では朝鮮ビエと呼ぶ。富山県の利賀村の古老の話では，穂の形からマタビエと呼ぶが，下利賀の与助さんが石川県の道端に生えていた草の種を持ち帰ったのがシコクビエ栽培の始まりなので，与助ビエとも呼ぶ。また石川県の白峰村では穂の形が鳥の脚状なのでカモアシと称している。このほかにもヤツマタ，カマシ，エゾビエのようにシコクビエの呼称は穂の形状，地名，人名，用途などにもよっており，飛越山地と両白山地でも多様な呼称が知られている（橘，1996）。しかし，なぜシコクビエにはほかの雑穀類よりも多くの地方名があるのか，また分布が一部の地域に限られているのかについては今後さらに調査をしたいと考えている。シコクビエは通常，移植栽培されるが，郡上郡八幡町西乙原の事例では珍しく直播栽培である（堀内，1975）。ここの畑は傾斜地で小さな砂利が多く，耕土が浅いため移植は困難である。ここではオオムギの収穫前の株元にシコクビエの種子を播種する麦間直播を行なっている。同じ耕地に複数作物を同時に栽培する間作の一種でもある。飯沼二郎氏は『会津農書』を紹介するなかで，畑作物の前後作関係を述べているが，そのなかで「穆子」を"ひえ"と解釈し，このヒエはオオムギと間作，もしくはオオムギの後作に栽植するとしている（飯沼，1976）。これに対し，薮野友三郎氏は，「穆」はシコクビエに対する漢字であり，ヒエではないと指摘している。明治24年8月に帝国博物蔵版を大日本農会より刊行した『有用植物図説』の解説書では「コウバフヒエ」，龍爪稷は「穆子」とも表示されるとしており，かつ中国の農林園芸用語集でも *Eleusine coracana* は「穆子」である（呉，1986）。そこで「穆子」をシコクビエと考えると『会津農書』は郡上八幡町の例と同様「オオムギの収穫前の株間にシコクビエの種子を播種する，もしくはオオムギの収穫後にシコクビエを移植する」と解釈できる。換言すれば，近世の江戸時代にみられたオオムギとシコクビエの間作栽培の技術が郡上八幡町西乙原地区に現存していることになる。

3. 雑穀類の直播と移植

ところでシコクビエはなぜ移植栽培が一般的なのだろうか。飛騨地域を中心に調査した結果を踏まえ，ほかの雑穀類と比較しながら作物学的に考察する。雑穀類の栽培法は移植作業の有無から直播と移植に大別できる。雑穀別にみた両栽培事例の頻度数にもとづいて対象雑穀類の栽培型(移植栽培と直播栽培)を分類するとアワ，キビは"直播型"でシコクビエとモロコシは"移植型"，ヒエは両方の栽培が行なわれる"中間型"に類別されることがわかった(堀内・安江，1980)。飛騨の高冷地，高根村日和田地区では傾斜畑でヒエは移植される。しかも，この畑に"コエモチ"と呼ばれる運搬道具で厩肥を背負って運び，これを畑に鍬込んで土作りをするのである。母屋につながる牛小屋から集めた牛糞堆肥を背負い，1日かけて傾斜畑と何度も往復する。70歳をこえた老体には酷とも思えるが，土作りを念入りにしてヒエの根を丈夫にしておかないと冷害のときに収穫量が低下するからだという。この日和田地区は標高1300 mで，日本の標高別稲栽培の限界地であり，また

写真 3　高根村日和田の夏の早朝風景。傾斜畑に朝靄がかかる。

第7章 飛騨の雑穀文化と雑穀栽培　91

写真4　「コエモチ」で厩肥を背にかついで畑まで運ぶ

3年に一度は必ず冷害に見舞われる冷害常襲地帯でもある。ここではヒエは食用であり，茎葉と同様に一部の子実は飛騨牛の飼料となる。荘川村でもシコクビエは昔から移植されるが，アワが移植されることはなかった。橘礼吉氏はシコクビエがなぜ移植により栽培されるのかについてつぎのように考察している(橘，1996)。その理由として，(1)苗畑(苗床)は稚苗が分蘖しやすい。(2)移植によって苗を深く土中に埋め，倒伏を防げる。(3)適当な空間が確保でき二次分蘖をしやすくさせる。この3点は作物学的にも理解できるものである。しかし，同氏が言う「人為的に覆土を固めることで芽の生長を抑え，苗の基部で分蘖させる」あるいは「土寄せや中耕などの管理をしやすくできる」といった指摘は，直播でもあてはまることであり，移植の必須条件にはなりえない。むしろ，(1)移植という作業には苗床での育苗があり，本畑に健全な苗のみを選んで移植できる。(2)移植により，直播栽培のように出芽段階からの雑草との競争を回避できる。また，(3)シコクビエはいずれの栽培法でも収量に大差はないが，移植の場合，明らかに大きな穂が得られる(堀内・安江，1980)。しかし，生理生態学的視点からすると，苗取り時に根の傷んだ苗が本畑で円滑に活着するためには，植物自体が有する移植適応性(移植後の活着しやすい能力)が大きくかかわるはずである。シコクビエが具備し

ている移植適応能力の高さは，以下のような特性と関係している。すなわち，シコクビエは発根力が直播型のアワやキビに比べて大きく，葉内水分含量も大きい。逆に，アワは苗の根傷みと発根能力が小さいために根からの吸水量が十分得られないまま，葉からの蒸散量との水分バランスが保てず活着し難くなる。他方，〝移植型〟に分類されるモロコシは，蒸散速度が雑穀類のなかでも小さく，発根力も大きいので移植に適している（堀内・内藤，1984）。キビもアワに近い特性をもっているが，両作物種ともまったく移植できないわけではなく，活着するまで適切な潅水によって体内水分バランスが保てれば，移植も可能である。さらに移植栽培の成立のためのほかの条件を考えてみよう。移植の場合，穂数は収量に大きく影響を及ぼす。この穂数の確保に直接的に関係するのが分蘖能力である。これまでに現地で収集したアワの在来品種のほとんどは茎数が少ない〝少蘖型〟である。この分蘖能力の大きさは，植物体内のオーキシン，IAA(indole acetic acid)の濃度(含量)と関与しており，高濃度で側芽の伸長が抑制され，分蘖発生は少なくなる。この植物体内の内生IAA含量も分蘖数の多いシコクビエよりアワの方が多い。この点は体内でのオーキシンの移動をブロックするアンチオーキシンのTIBA (2, 3, 5‐triiodide benzoic acid)をアワの体内中に注入処理すると，処理をしない場合に比べて明らかに分蘖数が増加することからも理解できる。また内生IAA含量は，IAAを破壊するIAA酸化酵素の活性の強さとも関連し，この酵素活性が高いほどIAA量は少ないと考えられる。シコクビエの場合，

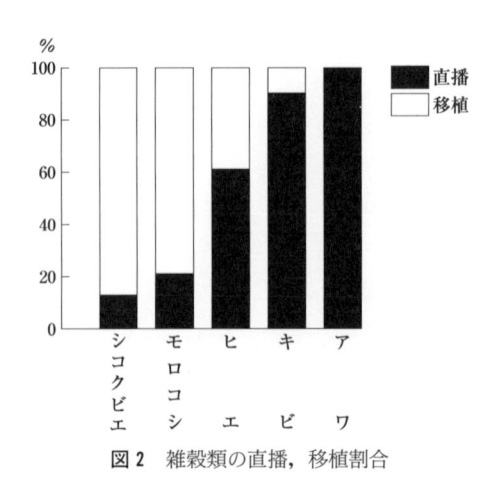

図2 雑穀類の直播，移植割合

植物体から抽出した粗酵素液によるIAAの破壊速度が他種よりも速いことから，内生IAA量が少ないのである。さらにアワの場合のIAA破壊速度が遅い理由として，このIAA酸化酵素の活性を阻害している阻害物質の存在も指摘されている(Horiuchi et al., 1986)。このように雑穀類が分蘖能力を異にする原因は，植物種の生理的反応の違いとも深く関係している。

つぎに直播の適応性の点から雑穀類の生育の特徴についてみてみよう。た

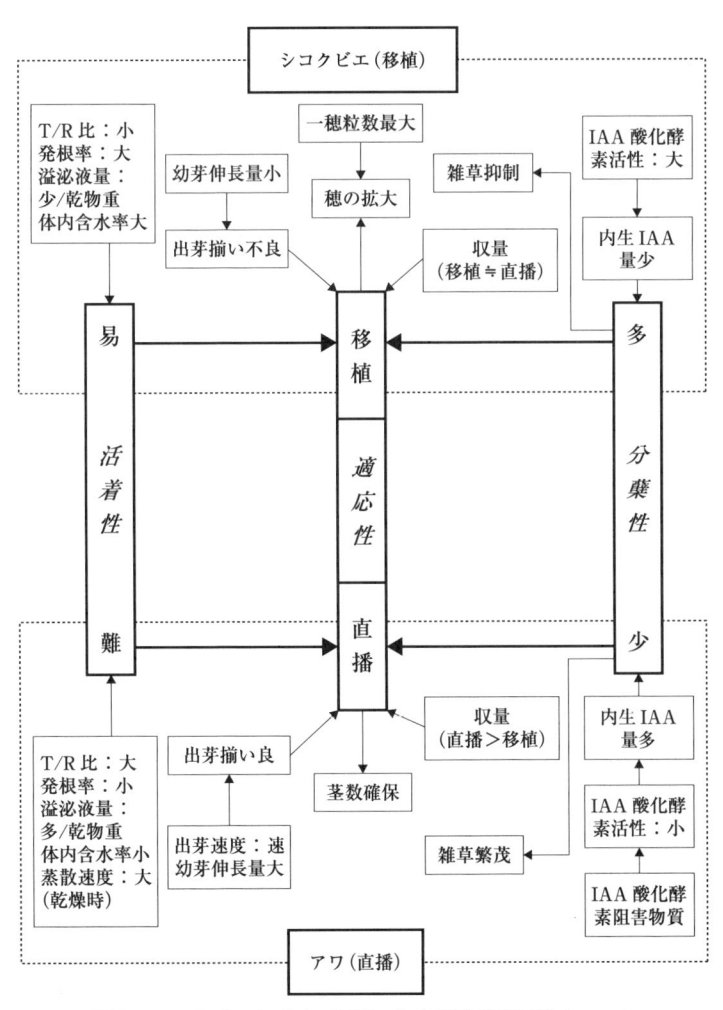

図3　シコクビエとアワの直播，および移植適応性チャート

とえば無除草の場合，シコクビエは初期生育が遅いため雑草に覆われてしまい，最終的に穂をだすことができない。これに対し，アワは雑草との競争に負けず茎を伸長させることから，穂は小さくても結実するのである(Horiuchi and Yasue, 1983)。この点は，出芽性(種子が土から芽をだす能力)とも関連してくる。アワを含めキビやヒエのような小粒禾穀類は，種子が土中で発芽した後，芽が土を押しのけて地上に芽をだす際に，大きく影響する中茎(中胚軸)の伸長量がシコクビエより3～4倍大きい。この3種ではいずれも幼い芽の時期に，中茎は子葉鞘よりも3～10倍も大きく伸長するが，シコクビエの場合は両器官の伸長に大差はない(堀内，1994)。このような出芽性の違いによって，幼芽伸長量の大きいアワはシコクビエよりも播種後，少々，覆土が厚い状態でも円滑に出芽するのである。この点からみるとシコクビエは，直播の場合，播種直後の雑草との競争で不利であると考えられる。これらの両作物の生育特性を整理し，まとめて図3に示した(堀内，2001)。

4. 飛騨の焼畑と雑穀

飛騨地方での雑穀栽培はソバを除くと，ヒエ，アワ，キビが中心で，モロコシとシコクビエの栽培はそれほど多くない。岐阜県下の雑穀類の栽培状況を表わした昭和28(1953)年の岐阜県農林統計年報にはシコクビエに関する数値はでていない。しかし近年，これらの雑穀類は希少植物種(稀少になりつつある地域の資源あるいは文化財)としての保存目的や，アトピー性アレルギー患者の食料として，あるいは一般的な健康食品の原料として見直されつつある。これらの雑穀類はかつて焼畑が営まれていた高冷山間地域で現在も小規模ながら栽培され続けている。飛騨地方には古くから焼畑の歴史がある。高山と古川の両盆地を除く周辺の高冷山間地では，水田はわずかに河岸段丘上にあるだけで，やむをえず山を焼いて開墾し，ここに作物の種子を播いたのである。たとえば1930年代の丹生川村では比較的地力の高い焼畑の初年度は必ずヒエを植え付けた。このことは飛騨地方ではヒエが重要作物であることを示している。苗畑から焼畑へ運ばれる苗はかなりの大苗で，移植時に葉の先端から1/4～1/3のところで剪葉する。これは苗が活着して根から十分に吸水できるまで，植物体内の水分バランスが維持されるように，葉からの蒸散を抑えるためである。2年目にダイズを播き，3年目にソバ，ア

ズキ，エゴマ(飛騨地方ではアブラエと呼ぶ)，4年目にはアワ，エゴマを播き，地力が低下する5年目を最後に6年目には放棄した(江馬，1936)。焼畑はつい10年ほど前まで，白川村の有家ケ原で小規模になされており，赤カブラが作られていた。焼畑のカブラは平地のものより味がよいという。かつて飛騨が幕府直轄の天領であった時期に，水田が少なく米がとれない飛騨地方では米にかえてアワやヒエが税として代納された。このときの代納の割合は米に換算して，アワ1斗(18ℓ)が米1斗分であるのに対し，ヒエ1斗は米0.3斗分であった(岐阜県，1968)。これはヒエ種子の精白の歩留まりが低く，重さにして収穫量の1/3～1/4程度にまで減少するからである。逆にアワは高く評価されていた。昭和の初めには米は基本食の5割以下で，残りの多くは雑穀類であった。ヒエの収穫は白川村のように穂刈りする場合もあるが，高根村日和田の場合，稲と同様に株元から鎌で刈る。収穫された株は乾燥され，その後，脱穀されて玄ヒエに調製される。最も一般的な食事法は茶碗1杯の米に盃1杯のヒエを混ぜたヒエ飯にして常食するのである。シコクビエを用いた料理は実に多様である。白川村ではシコクビエはだんごビエと称され，熱いお湯でソバがきのようにかいて食べ，ヒエ飯とともに常食されていた。今日でも荘川村黒谷のシコクビエ栽培農家でよく食べられるこの食事は，粉に砂糖を加えてお湯で練ると，穀実の果皮の赤色(アントシアン)がうすい上品なゼリー状のピンク色になり，これと砂糖の甘味で一種の高級感を味わうことができる。

また，シコクビエ粉の皮でアズキの餡を包んだ〝だんご〟は，いわゆる饅頭に相当するもので，蒸篭で蒸すと皮の表面は栗饅頭のようにきれいな褐色になる。これもたいへん美味しい。

富山県利賀村の古老の話ではシコクビエの粉は，ヒエよりも粘りがあり，米よりも腹持ちがよいという。これは恐らくシコクビエが小粒種子であることから，当時では精白が十分になされないまま，種皮の部分が残って，これらの繊維質が胃腸内で未消化となるためと思われる。しかし，最近，健康食品として食物繊維を多く含有する植物が注目されていることを考えると，このシコクビエはまさに健康食用の有用な素材でもある。シコクビエの養分組成はデンプン73%，タンパク質7%以上，脂肪1.5%である(Dutta, 1968)。イネ科の穀物のデンプンにはモチとウルチがある。これまでの調査でアワとキビ，モロコシにはモチとウルチは確認できたが，シコクビエとヒエにはモ

チ種は認められなかった。

5. 水田での雑穀栽培

　標高 1260 m～1300 m の高根村日和田地区は隣県の長野県開田村とともに日本で最も高い標高にある高冷地稲作の地である。日和田川にそった段丘上でわずかながら水稲が栽培されているが，現在でも頻繁に冷害に見舞われるいわば〝極限の農業〟の地でもある。このような飛騨の山間高冷地の夏場の稲作用潅漑水の水温を測定してみると 15～16°Cで，これは稲の穂が不稔となり始める低温限界温度である。このため飛騨の高冷山間地の水田では，冷水のかかる水口部(取水口)に平野部で栽培される通常の水稲品種を植え付けると，水口周辺部の株は出穂が遅延するか，極端な場合は穂がでないまま青立ちしてしまう。こうした水温は水田の大きさにもよるが，20～30 アール程度の水田で，水口部の 16°C前後から中央へとはいるにつれて徐々に高まり，中央部で 19°C，それより奥の水尻(排水口)近くでは，23°Cにもなって，水口から遠ざかるにつれて稲穂は黄金色に登熟するのである。そこで山間地では昔から潅漑水を温める方策が考えられた。これには導水路を水田の周りに迂回させたり，水尻(排水口)を設けないで水口の止め板の高さを調節して，水を水田に溜めることで水温の上昇をはかるなどの工夫があった。このような冷水対策の思いは黒色の合成樹脂製パイプを水田の周りに迂回させたり，複数のパイプで短時間に潅水して陽光で水を温めたり，水田の畦畔の法面部分を草抑えを兼ねた黒いビニールで覆って周辺部の水温を上昇させるなど現在でも受け継がれている。当然のことながら選択される稲の品種は早生品種である。他方，飛騨人はまったく異なる発想をもって水口部分からも食糧を得るために有効な栽培法を考えだした。その方法は水口部にヒエを植え，その背後に水口モチと呼ばれる耐冷性の強い水稲のモチ品種を移植し，水温が高まる中央部辺りから水尻かけては通常のウルチ品種を栽植するのである。一筆の水田に 3 種類の作物を栽培し，畦畔にはダイズを植えるという高度な土地利用法でもある。高山の観光地である〝飛騨の里〟の水田では，今もヒエの栽培が再現されることがある。このヒエの耐冷水性に関して行なった冷水反応実験では，水耕栽培による冷水(15°C)下の根の活性を示す水中の溶存酸素消費量は，水稲の場合，対照の水道水よりも冷水で顕著に低下するのに

第 7 章　飛騨の雑穀文化と雑穀栽培　97

写真 5　山間高冷地の水田は冷たい湧き水や川からの水で灌漑するため，水口の稲株は穂がでても実らない。水口から離れた株は登熟する。

写真 6　水口部にヒエ，その背後に水口モチ(水稲モチ種)，中央部から水尻にかけて通常のウルチ種が栽植される。現在では見られなくなった。手前がウルチ種。

対し，ヒエではむしろ冷水の条件で値が高い。同様の低温下での種子発芽実験でも，採集したヒエ在来品種はいずれも水稲品種より発芽率が明らかに高い(堀内，1994)。このようにヒエはイネよりも耐冷性が大きい。とくに標高の高い高根村日和田と朝日村猪ノ鼻(1000 m)のヒエの在来品種は低い標高のものよりも著しく低温発芽力が高く，このことが作物の選択に関連していると考えられる。一方，雑穀類の耐湿性はどうであろうか。私が行なった実験結果では，ヒエとシコクビエは水田(湛水)条件下でも最終的に正常に成熟し，生育量も畑条件のものと比べて大差はない。このシコクビエの耐湿性の大きさについては，インド亜大陸でシコクビエに水陸両栽培があるとの記載と一致する(Watt, 1908)。しかし，水田条件下のアワとキビはともに成熟を待つことなく生育途中で完全に枯死する(堀内ほか，1976b)。このような作物間の耐湿性の差異については，根部における破生通気組織系の発達程度が大きく関与している。すなわち，地上部茎葉から地下部根への酸素供給量の違いが認められ，通気組織系の発達程度の大きいものほど耐湿性が大きい(有門，1956)。アワとキビ，モロコシは明らかにこの通気組織の発達が悪いため，水田では栽培されない。

　他方，水不足による旱魃に対しては雑穀類はどのような耐乾性を具備しているのであろうか。アワとシコクビエを比較するとおもしろいことがわかってくる。たとえば，地上部の茎葉重と根重の比率であるT/R(top/root)比を比較すると，アワはシコクビエの2倍であり，茎葉部の割に根部が少ないことがわかる。ところが根の単位乾物重あたりの吸水能力はアワ，キビの方で大きく，シコクビエとモロコシで小さい。ヒエはこれらの中間的な値である(堀内・内藤，1984)。すなわち，T/R比の小さいヒエ，シコクビエ，モロコシでは根の吸水能力はアワ，キビに劣るが，根量の多い点で吸水量を確保していることになる。一方，葉からの蒸散速度はモロコシで最も遅く，アワとシコクビエでは，アワの体内含水量は少なく，乾燥時の蒸散速度が速いのに対し，シコクビエの体内含水量は多く，蒸散速度も相対的に遅い。すなわち，水不足に耐える方法も植物体内水分の保持の仕方によって植物種の違いがあるといえる。

6. 雑穀の早晩性

　山間山地での雑穀栽培で作物種あるいは品種を選ぶ場合，とくに栽培地の地理的条件が重要となる。飛騨という地理的範囲は雑穀類の栽培分布，食事慣行，それに歴史的背景を考慮すると，西の両白山地と東の飛騨山脈および木曽山脈に囲まれる飛騨高地を中心とした広域に及ぶ。飛騨地域をさらに限定するならば高山，古川の両盆地を核に西は荘川村と白川村から，東は丹生川村と高根村まで，北は上宝村，南は下呂町にいたる吉城，大野，益田の3郡である。飛騨地域の多くの村々は冬期には厳しい自然条件下で日々の活動も制限され，とくに豪雪地帯の奥飛騨は雪にスッポリと包まれてしまう。夏期も期間は短く冷涼な気候で，標高1000m地帯での年平均気温は平野部の岐阜と7℃の差がある。最低気温になると10℃の差となる。3月から10月のあいだは霧や雲が生じやすいため，日照時間は平野部よりも月30〜50時間少ない。また旱魃など天候の不順に見舞われやすい自然環境下にあって，山間傾斜地が多く水田も少ないことから，昭和初期までは不良環境下でも普通に生育する雑穀類が飛騨の人々の重要な食糧となった。飛騨地方で栽培さ

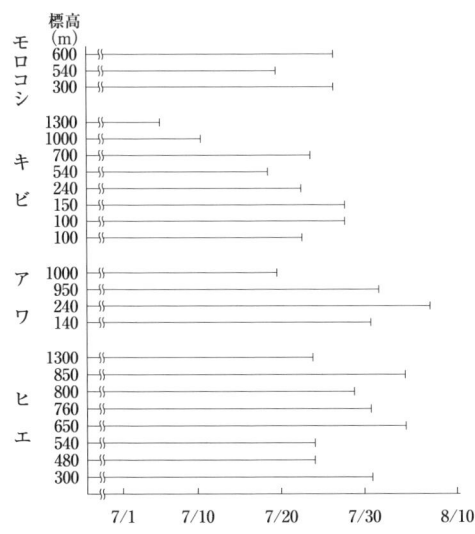

図4　雑穀類の採集地点と早晩性。数字は在来品種の採集場所の標高を示す。
　　棒の右端：出穂開始日，播種日：5月20日

れる雑穀類にも在来品種間で早晩性の違いによる作物の選択に特徴がみられる。標高1000 m以上の高冷地ではアワ，キビとも早生品種が選択される。キビは一般的には播種後3カ月前後で出穂するものが多いが，1300 mの高根村日和田では2カ月前後で出穂する品種が栽培される（堀内ほか，1976a）。平坦部で採集されたキビは，低温下では発芽速度（平均発芽日数）が遅くなり，その後の生育も遅くなる。このため，日和田地区では短期間であるが気温の高い夏場に収穫できる早熟性のものを選んでいる。耐冷性が小さくとも短期間で成熟することが高冷地での作物の選択条件となっている。現地での聞き取り調査では，この極早生品種を同村内の低標高の地区で栽培するとできが悪いという。これに対し，ヒエはどの在来品種もキビの極早生品種よりは出穂が遅いが，低温下でも十分登熟する耐冷性を有しているため飛騨地方で広く栽培されてきたのである。

　このようにして不良環境下に強いとされる雑穀類が，その生育特性が明らかになるにつれて，なぜ救荒作物あるいは備荒作物と呼ばれるかがわかってくる。また，これら雑穀類栽培の地理的分布を知り，かつ多様な栽培法と作物の選択との対応関係を考察すると伝統的な慣行栽培技術がいかに合理的で持続的であるかが理解できる。

第8章 東アジアの栽培ヒエとひえ酒への利用

山口裕文・梅本信也

　ヒエ，アワ，キビなどの雑穀は，照葉樹林地帯における山住み民族の主食となる穀物であるだけでなく，酒造りにおける重要な素材である(中尾，1983；佐々木，1972)。ネパールや中国ではシコクビエやモロコシが酒造りに用いられる。雑穀のほとんどは何らかの形で酒造りに利用できるが，雑穀と麹を使った酒造りは，それが原始的であるとする考え(中尾，1983，1984，1986；中尾・松本，1985)も，コメまたはオオムギを使った酒造りから二次的に派生したとする考えもある(吉田，1993)。ほとんどの雑穀における発芽時の糖化能力の低さを考えると，後者の意見は妥当のようにみえる。

　しかし，十把一絡げに扱われる雑穀もひとつひとつをよくみると，それぞれ栽培の歴史も利用の形態も異なっている。これは，呼び名における認識の違いからも明らかであり(村田，1932；岸本，1941；阪本，1994)，普遍性を論ずるにはひとつひとつを注意深く検証する必要があろう。近年，雑穀の植物学や生態学はよく研究され，雑穀に関するかつての曖昧さは解消しつつある。そのなかで，日本の歴史と大きくかかわって食文化や農耕文化の基層をなしてきた「ひえ」は，最近の酒造りの議論の対象となっていない。

　食文化として「ひえ」をみると，穀物としての利用のほかに酒造りへの利用の歴史が明らかである。たとえば，ヒエの種実(種子)は，日本や朝鮮では黒蒸し法，白蒸し法，白乾し法などにより調理され，団子やしとぎ，粥とされる(村田，1932；日本豆類基金協会，1982；橘，1995；大野・藪野，2001)。アイヌの生活ではピヤパ(ヒエ)から醸されるトノト(酒)は儀礼にかかわる重要な食事文化のひとつである(萩中ほか，1992)。また，石川県白山周辺ではヒエの種子がどぶ酒に使われ(橘，1995)，岩手県北上山地のヤマセ地帯では

ヒエ麹が味噌や醤油，甘酒の素材としてかつて使われていたのである(大野・藪野，2001)。東アジアの酒や雑穀を理解するには「ひえ」と酒の関係の把握は避けて通れないであろう。

1. 現地調査へ

　私たちは，後で述べるように照葉樹林上部の植生帯にあたる中国雲南省麗江県と寧蒗県へひえ酒の民俗とその素材に関する民族植物学的調査へでかけた。それを動機づけたのは，中国貴州省における水田雑草の調査である。貴州省はミャオ族やトン族，プイ族といった少数民族の居住地である。主な作物である水稲は，9月ごろに収穫される。ここでは，イネ籾は撻斗という収穫箱に刈り取った稲の稲穂を打ちつけて，脱穀される。私たちが訪れたとき，省都貴陽の空港に近いミャオ族の水田では脱穀の最中であった。脱穀の終わった稲藁は束ねて，田のなかに置かれていた。その束のなかに種子をたわわにつけた雑草の「ひえ」があった(写真1)。ほかの「ひえ」は，種子が落とされ，稲と同じように枝だけになっている。聞き取ると，つぎのようなことが明らかとなった。

写真1 叩かれても脱粒しない雑草の「ひえ」

ここのミャオ族は,「ひえ」のことを sweza と呼ぶ(山口ほか,1996)。田に生える「ひえ」は sweza zen といい,種子の落ちない栽培種の「ひえ」は sweza lo という。sweza lo は,かつて栽培されており,餅(日本のもちとは同義でない)として利用されていたが,今は作っていない。

この種子の落ちない雑草の「ひえ」についてヒエ属を長年研究されてきた藪野先生にお伝えすると,先生はベルギー在住の中国人研究者から送られてきた雲南省北部産の栽培ヒエとの関係を示唆された。その栽培ヒエは,四倍体で雑草のタイヌビエの栽培種というのである。また,妻訪い婚〝阿注〟で知られるモソ(摩梭)族によって酒として使われてもいるらしい。雲南省の北部はチベット系の文化要素が色濃くみられるところである。中尾佐助(中尾,1983,1984;中尾・松本,1985)は,雲南省麗江のナシ(納西)族がストローで飲むとされる粒酒について,ネパールのシコクビエの酒チャンと関連づけて,「固体発酵の酒」を述べている。たしかに,そのような粒酒ジがナシ族にはある(諏訪,1988)。しかし,それはシコクビエの酒なのだろうか。「ひえ」あるいはほかの穀物の酒ではないのだろうか。

現在,辺境での近代化がすさまじい勢いで進んでいるのを考えると,少数民族の住む地域に残されている古い習慣や文化は,早く調べて記録しておかねばならない。それは,食文化にも雑穀に関する植物学にもかかわる疑問を解くのに大切なことである。

2. 麗江と寧蒗へ

私たちは,1995 年から 1997 年にわたって,10 月初旬に現地を訪れた。1995 年には麗江で,1996 年と 1997 年には麗江県と寧蒗県で「ひえ」の栽培や収穫と醸造と利用に関する実態調査を行なった。現地へは大阪(関空)からだとまず上海へ飛び,昆明をへて,陸路大理経由で洱海湖畔をたどって移動するか,飛行機で麗江へ移動することになる。寧蒗県永寧と瀘沽湖へは麗江から 3000 m の峠を越えた後,金沙江の谷を渡り,金官と永勝の農田を抜け,いくつかの高層湿原にそったがたがた道を走った後,寧蒗に着く。寧蒗からはさらに悪路を通って霧に包まれた 3500 m の峠を越え,標高 2800 m の瀘沽湖畔へ降りる。さらに,土石流で埋もれかけた谷をふたつほど通って永寧にいたる。麗江からは約 350 km の行程である。

集落は普通，池の畔や高層湿原が耕地にかわったような場所にある。峠と山は針葉樹林，人や家畜がはいれる山麓はいたるところ家畜が草を食べるグレージングによって草地になる。グレージングの激しいところは硬葉ガシが地ばいとなってしまう。乾燥は厳しくなく，清流があるが，気温が低いため作物の生産性はそれほど高くない。麗江にはナシ族特有の家屋がある。寧蒗県には全域にイ(彝)族が使う丸木の家が多い。煉瓦積みは漢族の家である。このようなところでは調査は困難をきわめる。現地では中国の標準漢語も英語も通じないのである。私たちは麗江では中国語の通訳のほか，ナシ族の通訳を雇い，永寧および寧蒗ではさらにモソ族の言葉が解る通訳を雇った。

3. アジアにおけるヒエ属植物の種類

「ひえ」というとある人は食材としてのヒエ，ある人は田や畑の雑草であるノビエを想像する。まず，これを整理しておこう。ヒエ属植物には世界に50種ほどがある。このうち，東アジアの食文化や農業にかかわるのは3種の生物学的種(群)である。染色体数36で四倍体のタイヌビエ群，染色体数54で六倍体のイヌビエ群とコヒメビエ群である。栽培種と野生種には別々の学名がついているので植物分類学的には，5種2変種にまとめられる(表

表1 東アジアのヒエ属植物

分 類	備 考
タイヌビエ群	
タイヌビエ *Echinochloa oryzicola*	(野生種)水田に雑草として生育
擬態タイヌビエ	難脱粒性と穂擬態型あり
モソビエ	(栽培種)
イヌビエ群	
イヌビエ *E. crus-galli* var. *crus-galli*	(野生種)変異の大きい雑草
ヒメイヌビエ *E. crus-galli* var. *praticola*	(野生種)畑や乾燥地の雑草
ヒメタイヌビエ *E. crus-galli* var. *formosensis*	(野生種)水田に生育，小穂が大きいものと小粒がある
ヒエ(ニホンビエ) *E. esculenta*	(栽培種)中国東北から日本に分布
麗江ビエ	(栽培種)中国西南を中心に分布
コヒメビエ群	
コヒメビエ *E. colonum*	(野生種)熱帯・亜熱帯の耕地に生育
インドビエ *E. frumentacea*	(栽培種)インドで栽培利用

Yabuno(1983)の方式に従う。学名はその後の研究成果を踏まえて修正。

1)。栽培種にヒエとインドビエがあり，野生の「ひえ」に，水田にのみ生えるタイヌビエとヒメタイヌビエ，畑や乾燥地に見られるヒメイヌビエ，温帯・熱帯のいろいろな場所に生えるイヌビエ，そして熱帯・亜熱帯のいろいろな場所に生えるコヒメビエがある。イヌビエ群の栽培のヒエは，中国東北部から日本で栽培利用される。その野生祖先種はイヌビエである。コヒメビエ群にはインドで栽培されるインドビエがある。その野生祖先種は雑草のコヒメビエである。水田にもっとも頻繁に見られるのがタイヌビエであり，貴州省で私たちが見たものはこれに含まれる。

4. 麗江の栽培ヒエと酒造り：現地調査1

雲南省麗江はナシ(納西)族の自治県である。ここには水稲の栽培も見られるが，畑作物の優占度が高い。食材にも粉製品やパイやケーキ状の料理を賄うものが多い。主な作物には大麦(チンコー：青稞)のほか，トウモロコシ，コウリャン(モロコシ)，ソバ，ダイズがある。稞型の小穂をもつユウマイ系のエン麦やナタネ，種子から油をとる大根(アブラダイコン)もぽつぽつと見られる。3年間の調査ではシコクビエの栽培は確認できなかった。

「ひえ」の栽培は，水田と畑とに見られる(写真2, 3)。ここで栽培される「ひえ」は，穂の形と色，穀粒の大きさなどにおいて日本で栽培されている

写真2 ナシ族のローショーザに干された麗江ヒエとトウモロコシ

106　第Ⅱ部　日本と東アジアの雑穀

写真3　水田で栽培される麗江ヒエ（右は黒モチイネ）

ヒエとは大きく異なっているので，麗江ヒエと呼ぶことにする（葉緑体DNAやアイソザイムなど遺伝的にはヒエと同じ品種にあたる）。標高の低い場所（2400 m程度）では水田で栽培されるが，標高の高い場所（3000 m程度）では畑作となる。水田での栽培は，白沙村と恩宗村で，畑作は龍山村および団山村で調査した。聞き取りと観察からまとめた栽培の方法はつぎのとおりである。

　麗江ヒエは水田では移植栽培される（写真3）。旧暦の3月，種子は苗代（リッダ）に散播される。畑苗代では7.5 kg/亩を蒔く。亩（ムー）とは中国の単位で，15亩が1 haにあたる。草丈が15～20 cmのころ（5月ごろ），1本植えまたは2, 3本植えで5 cmほどに水を張った本田に移植する。出穂は移植後1カ月後（6月ごろ）から始まる。7月ごろ雑草のノビエ（バース）などを除草する。10月上旬から11月にかけてリエンまたはリャントウ（鎌）で株元5 cmほどで刈り取り，隣りあった畑で天日に干し，家へ持ち帰り収穫する。家の内庭にあるスレッシングフロアー（収穫のための庭床）に全草を広げ，ミッデイ（殻竿）で叩き脱穀する。茎や葉と粒はざるを使って分ける。翌年の種子には，種子の大きいものをグーという木製の箱にいれるか，布袋にいれて少しだけ残す。種子は，豚や鶏の餌とし，茎葉は牛や豚の餌とする。

　畑では直播栽培される。（旧暦の？）3月ごろ，1亩あたり1.5 kgの種子を散播する。雨があると3日で発芽し，雨がなくても7日から8日で発芽する。

肥料などの手入れは要らない。出穂は播種から3カ月か4カ月後の6月から7月に始まり，不揃いである(実際に，調査時にもいろいろの生育段階のものが見られた)。10月の上旬から成熟した穂をつけた株を根元または地上5cmのところでリエンで刈り取る。茎(稈)は丈夫なので「ひえ」やトウモロコシの収穫の際にひもとして使う。まとめた株はローショーザ(稲架)で干す(写真2)。内庭で全草をミッデイで叩いて脱穀する。種子はざるで回し撰する。茎葉は牛の餌，種子も牛の餌とする。

　ナシ族は麗江ヒエをいちようにバーと呼んでいる。聞き取りでは種子を利用しないとする場合もあったが，「かつては重要な食材であった」，「主食であった」とする話が多く，「臼でついて粉にしてケーキ状とするか，蒸しパン状で食べる」，「臼でついて皮(苞穎や内外穎)を取り，ご飯のようにして食べる」あるいは「皮を取り除いた後，お湯で煮て粥として食べる」という。

　麗江ヒエは酒造りには使わないとの話もあったが，白沙村の老婆はつぎのように酒造りを説明した。

　ひえ酒は，バージューという。皮付のバーの種子または皮を除去した種子12升と井戸水30〜40リットルを合わせて大きな瓶にいれ，まず，1カ月(?)放置する。これをよく煮た後，ギという山の植物の根を1種類だけ，酒曲(発酵料)としていれる。しばらく放置すると完成する。この酒はたいへんおいしいが，ギが入手できないときに市販の酒曲(麹)を使って酒を造ると，あまりおいしくはない。

5. 寧蒗県のヒエ栽培と酒造り：現地調査2

　雲南省寧蒗県は彝族を中心にプミ族，ナシ族，モソ族などが居住している。主作物は麗江とかわりないが，盆地には水田が多く，傾斜地にはユウマイ(エン麦)が作付けされている。ここでは永寧郷，瀘沽湖，黄朔老の3カ所で聞き取りと現地調査を行なった。「ひえ」は，すべて水田で作られ，永寧ではモソ族によりニホンビエと四倍体のモソビエが栽培され，黄朔老ではプミ族によりモソビエが栽培されていた。

ヒエの栽培

　栽培ヒエには，長桿種と短桿種の2種類がある(写真4，5)。長桿種は，

写真4 格木女神山を望む永寧郷におけるモソビエの栽培

写真5 雑交と呼ばれる最近導入されたニホンビエ

165 cm より大きく，短桿種はそれほど大きくない。前者は明らかに六倍性のニホンビエであり(写真5)，1980年ごろに導入された品種(雑交)である。後者(モソビエ：写真4)は，種子が大きく，脱粒性がない点を除くと，形態的特徴はタイヌビエとまったく同じで，四倍体のタイヌビエの栽培型である。いずれも漢語でパイズまたは大稗子，モソ語でジルッと称される。ヒエ水田でも水稲の水田でも雑草ヒエが見られるが，それらもジルッと呼ばれている。モソ族は栽培ヒエを呼称では区別しないが，雑草ヒエとは容易に識別できるとし，栽培ヒエは穂状花序の一次枝梗の形状が異なり，さらに密穂であるという。一般には，2種の栽培ヒエは別々に栽培されるが，ニホンビエとモソビエが混在している水田もある。聞き取りと観察からまとめた栽培の方法はつぎのとおりである。

　旧暦2～3月ごろ(4月20日～5月ごろ)に，洗面器3杯分(2.1 kg)の種子を1～2坪の苗代(ヤムテ)に散播する。約40～50日で5寸(15 cm)くらいの大きさに苗が生長すると移植の適期となる。それまでに本田を準備し，旧暦の3～4月ごろ，一人または家族総出で，間隔5～10 cm×15～20 cmに1～4本ずつ移植する。移植の個体数や間隔はとくに決まっていない。大き

くなるまで肥料も農薬も与えず，茎の赤い雑草ヒエを除く以外は除草もしない。水管理が重要で，水は欠かさないようにする。モソビエでは茎数は株あたり8〜12本，稈長は平均70〜80 cm程度となる。

移植から5〜6カ月後の10月上旬に収穫する。株元から5〜10 cm上部を鎌で刈り取って束ねる。人が背負ったり，馬車や馬などで内周庭へヒエ束を運び，クドッ(殻竿)で脱穀し，種子は風選によって空の実を吹き飛ばし選別する。翌年の種子は，小さいか大きいかでは選別せず，充実の度合いで選り分け，モソビエとニホンビエを別々に分けて納屋に保管する。

収穫した茎葉部は，家畜(牛)の飼料とするが，種子は，(1)豚や馬など家畜の餌とする，(2)皮をとって，水洗し，炊いて蒸した後，酒造りに用いる，(3)食べ方はわからないが，両親の時代には主食であったらしく，酒造りの後の滓も家畜の餌とする。15〜20年前からコメやトウモロコシの栽培が拡大したが，モソビエは酒に使うので絶やさなかった。

黄朔老のプミ族はモソビエをウェーズと呼び，モソ族と同じように酒に使っている。栽培方法は，永寧と同じである。

ひえ酒の造り方と習俗

永寧ではひえ酒はスーリマ(蘇里瑪)酒と呼ばれている。酒造りの方法と習俗はつぎのようである。まず，材料として，ひえ(昔はモソビエ，いまはヒエ(ニホンビエ)も使う)，ソバ，稞大麦(青稞)，米を適当に混ぜる。「ひえ」は欠かせない。あわせて100 kgほどになる。ウーシー(大鍋)で別々に茹でて，ご飯のように炊く。水は村の井戸から汲み上げて使う。炊きあがったら，20℃くらいまで荒熱をとり，酒曲(発酵料)をいれる。酒曲とする麹を店で購入することもあるが，自家製酒曲(スターター)の方がよい。自家製の酒曲は7種類の草木を粉々に裁断してブレンドしたもので，山に採りに行くのはたいへんなので村の専門家から1リットル4角(日本円で5円くらい)で買って使うことが多い。

モソ族の家には，かならず囲炉裏があり，年中火を絶やさない習慣となっている。発酵は，酒曲をいれた後，夏でも冬でも囲炉裏のある部屋で進められる。夏には7日，冬では11日で完成する。最寒月では12日かかる。完成後は18℃程度，または薄暗い囲炉裏部屋に保存する。新しい蘇里瑪酒は香り高く，甘くて，たいへん美味しいが，長くおくと不味くなる(写真6)。

写真 6 客をもてなす蘇里瑪酒

　酒は，25 歳以上の女性が造るが，未婚女性は方法を知らないことが多い。既婚女性が造るとは決まっていない。造る日も決まっていないが，雪の日は造らない。
　注がれた酒は少しぐらいは残してもよいが，飲み干さなければならない。海棠の実，ヒマワリ，ツァンパ(麦こがし)，リンゴ，ウメなど〝おつまみ〟はあった方がよいが，なくてもよい。気分のよいときや夜に飲むことが多い。子供や老人の飲酒はよくない。蘇里瑪酒は祭りや来客時には欠かせない。客人には老人が注ぎ，普通は若い男女が注ぐ。親戚どうしであげたりもらったりするし，他人から 1.5 リットルを 20 元ほどで買うこともある。
　蘇里瑪酒は本来飲料専用であるが，ボチャッという豚肉料理にも調味料として使われる。豚肉の塊を塩，サンショウ，唐辛子とこの酒で漬け込んで中国ハムのように保存する。
　蘇里瑪酒は蒸留して罐罐酒(白酒)ともする。罐罐酒は酒蒸(ゼブ)を使って 12 時間かけて造る。

濾沽湖付近での蘇里瑪酒
　蘇里瑪酒は，阿注婚の残る濾沽湖のモソ族にとって，客をもてなす重要な酒である。濾沽湖付近では，ヒエの栽培ができないのでほかの材料で酒が造られている。

ソバ(モソ語でヤカ)，トウモロコシ(カゼ)，コウリャン，コメ(シュレ)を用意し，湖岸の清浄な水で洗う．臼で精白せず，そのまま使う．これを等量ずつ混ぜ，通常は15kgとする．総量は厳密に決まってはいないが，比率をかえると酒は不味くなる．早朝，湖岸の清水を30リットル以上のウーシーで煮立てて沸騰させ，原料を投入する．蓋をして約1時間煮立て，吹きこぼれないように，蓋をときどき取ってようすを見る．適宜加水して，ご飯のようにする．油や塩は絶対にいれない．つぎに，自然放冷してさまし，全体に2リットルくらいの湯冷ましをいれる．酒曲(発酵料)には，(1)店で販売されている5～6元のもの(袋の大きさ掌大)と，(2)自家製のものの2種類がある．自家製の方がはるかによい．自家製の酒曲は，モソ語でズッパッといい，女性のみ3～4人が朝7時から格木女神山の山頂に行き，20種類以上の山の植物を集め，夕方7時までかかって持ち帰った後，突き棒で細かく砕いてどろどろにしたものである．1回の採集品が3～4回分の発酵料となる．山の植物には，ズッケ(草の根)，チューミャン(草の一種)などがある．材料と酒曲を混ぜ，容器にいれて囲炉裏部屋で7～8日発酵させると，最も美味となる．甘酸っぱく自然な味わいの，やや黄色く濁った酒となるが，20日もたてば不味くなる．

　酒は，旧暦の5のつく日には造ってはいけないが，飲むのはいつでもよい．30歳以上の女性(既婚でも独身でも老女でもよい)が造る．朝，昼，夜，いつ飲んでもよいが，祭りの日と夜にはお茶代わりに飲む．食事の前に飲むのである．飲酒は17, 8歳から70歳までで，女性は相対的に弱い．酒が足りないときは親戚にもらったりするが，味は微妙に異なる．酒を茶碗に注ぐときは，客に対しては老女，家族だけのときは，若い男女が注ぐ．絶対に残してはいけない．酒が飲めない人間でもたくさん飲むと主人が喜ぶ．酒は飲むためだけにあり，ほかには使わない．

6. 酒とかかわって残った栽培ヒエ

　ナシ族，モソ族，プミ族の事例から明らかなように，この地域にはコウリャンやアワやシコクビエではなく，栽培の「ひえ」が伝統的な酒の素材として残っていたのである．遺伝学的な分析では，麗江ヒエは六倍体でヒエの一品種にあたり，モソビエは四倍体でタイヌビエから成立した栽培種に位置

づけられる(中山ほか, 1999)。現地調査のきっかけとなった貴州省で私たちが見た非脱粒性の雑草ヒエは, タイヌビエ *E. oryzicola* で, 中国西南を中心に中国全土に見られ, その一部はタイヌビエの一型にあたる *E. persistentia* の名のつくものであった(表1)。このなかには穂がでたときの姿までイネにそっくり(穂擬態)のものもあった。タイヌビエは水田にのみ見られる雑草であるため, このような擬態型や難脱粒の型をへて栽培化されたとするとモソビエは水田雑草から作物になった二次作物とも考えられたが, 貴州省東部の乾燥しやすい天水田やミャンマー・シャン高原の陸稲畑に同じような特徴の野生ヒエが見られることもあり, モソビエの起源についてはさらなる検討が必要である。いづれにせよ, 学名もないタイヌビエの栽培種が存在し, アジアに広く分布するヒエ属のすべての生物学的種のなかで栽培化が起こっていたのである。

また, 標本調査から栽培のヒエは中国の東北部を中心に西北中国, 日本, 韓国に広がり, 麗江ヒエは雲貴高原を中心に広がっている(いた)ことも明らかとなってきた(図1)。麗江ヒエは品種群としてみると日本や韓国, 中国東北区のヒエとは明らかに異なるので, 日本の焼畑で作られるヒエやアイヌのヒエは, 雲南省の「ひえ」とは系譜が異なるとみられるのである。日本のヒエは水陸両用であり, むしろ畑作との親和性が高い。それに対して, 雲南の「ひえ」は, 麗江ヒエでもモソビエでも水田栽培とのかかわりが強い。

北海道と雲南の酒造りの方法には類似する部分とそうでない部分がある。

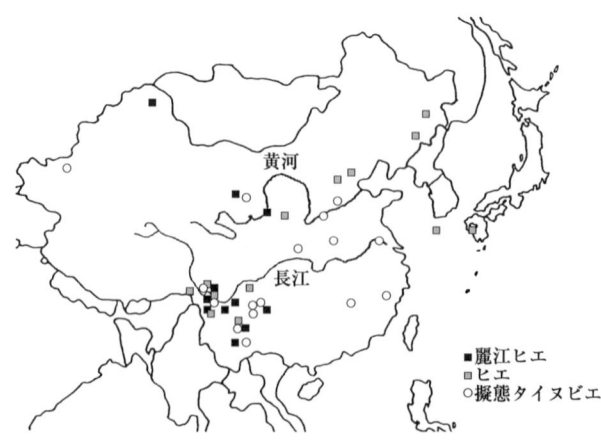

図1 中国植物標本館保存の栽培ヒエと擬態タイヌビエの標本の分布(歌野ほか, 未発表)

アイヌのひえ酒も雲南のひえ酒も，ご飯状に煮た素材を麹(酒曲)と混ぜる発酵の方式である。アイヌのひえ酒は精白したヒエを使うが，雲南のひえ酒には殻つきの玄ヒエを使うものが含まれる。これは中尾(1983，1984；中尾・松本，1985)のいう粥酒や固体発酵にあたり，後者はヒエや雑穀によく見られるパーボイル加工と一致する。雲南のひえ酒に使われるスターターの祖型は，明らかに草麹である。草麹の原料となる20種にも及ぶ植物のすべては定かでないが，タツナミソウやシャクヤクの仲間や猛毒のトリカブトの仲間が使われる(和，1998)。それは，険しい山から時間を費やして集められる。「ひえ」と複雑な草麹を使った蘇里瑪酒は，すばらしくおいしく，甘く，市販の酒曲ではその味はでないと考えてよい。栽培効率の低いヒエと時間をかけた草麹に頼る蘇里瑪酒には，客をもてなす「ひとの心」がこもっているとみることができよう。

　雲南のひえ酒の酒造法はネパール・ヒマラヤの雑穀の酒と共通点が多い(石毛，1998；中尾，1983，1984；中尾・松本，1985；山本・吉田，1995；吉田，1993)。しかし，まったく異なるのはこれらの栽培ヒエがアジア起源の点である。中尾と吉田のカビ酒論争(石毛，1998；中尾，1986；吉田，1993)のどちらが正しいかとか固体食との関係(周，1989；吉田，1993)をことさら論じるつもりはない。しかしヒエが雑穀のなかでもっとも高い糖化能力をもち，ヒエモヤシが麦芽と同じように飴をも作れる点(小原，1981)，古代遺跡からは「ひえ」が最初に見つかる点(吉崎，1992；尹，1995)などは，東アジアの酒造りとその文化のルーツ考証から欠かしてはなるまい。アワやキビやオオムギやイネの前に「ひえ」があり，「ひえ」が何らかの理由で認識されなかったか，古文書のうえで消されたのなら(鋳方，1977)，日本の食文化を賄う「五穀の解釈」から改めなければならないことになる。

　　本章は「山口裕文・梅本信也．1999．中国雲貴高原の少数民族における栽培ヒエの食材とくにヒエ酒としての利用に関する資源植物学的調査．食生活科学・文化及び地球環境科学に関する研究助成研究紀要，12：115-125．」を改稿したものである。

第9章 南西諸島のアワの栽培慣行と在来品種

竹井恵美子

1. 南西諸島における雑穀栽培

　南西諸島とは，九州以南の台湾までの海域に弧状に連なる島々をさしている。そのなかでもっとも北に位置する大隅諸島が文化的に九州とのつながりが強いのに対し，琉球文化圏にあるトカラ列島以南では，農耕文化においても本土とは異なる特色のあることが知られている(佐々木，1972，1976；安渓，1989)。これらの島々では，古くからアワ *Setaria italica* をはじめとする雑穀類が栽培されてきた。15世紀の『李朝実録』の朝鮮人漂流記には，沖縄本島や先島諸島の栽培植物としてアワ，キビの名が現われ，琉球王朝時代の18世紀の辞書『混効験集』には「たうきみ」としてモロコシが登場する。こういった雑穀類は儀礼の供えものに用いられ，古謡にうたわれ，南西諸島の人々にとって身近で重要な役割を果たしてきた。

　私は1978年以来，トカラ列島から八重山諸島にいたる島々で，雑穀種子の収集と栽培や利用についての調査を行なってきた。雑穀の種子サンプルを収集できた地点はトカラ列島，沖縄本島とその周辺に数カ所ある以外は，先島と呼ばれる宮古・八重山諸島に集中していた(図1)。しかし，各地での聞き取りの結果や民俗誌の記述から判断すると，戦前までは，南西諸島のほぼ全域にわたって，アワ，キビ *Panicum miliaceum*，モロコシ *Sorghum bicolor* の3種の雑穀が栽培されていたようである(写真1)。いまでは栽培を行なわなくなったところでも，この3種の雑穀の在来品種の特徴，栽培や利用の方法については，豊富な知識が蓄積されていた。一方，日本や東アジ

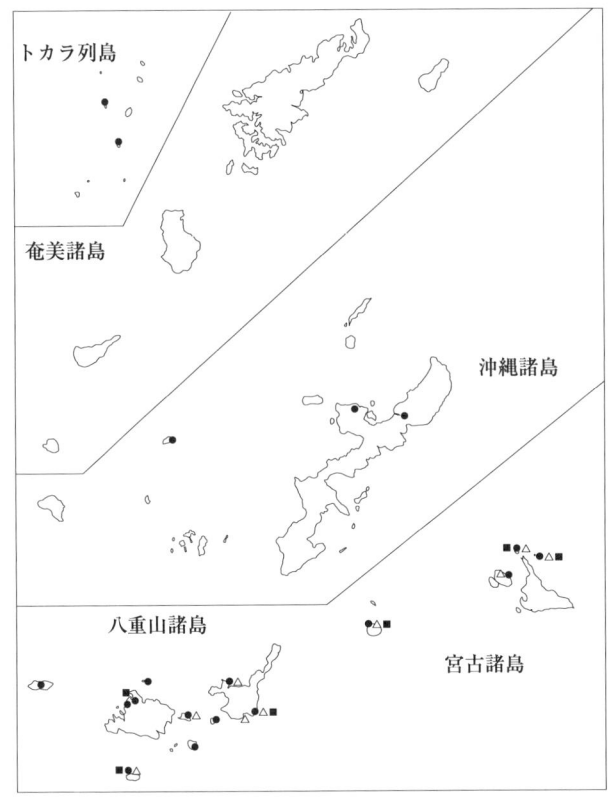

図1 雑穀の種子サンプルの収集地点
●：アワ，△：キビ，■：モロコシ

アで同様に古くから栽培されてきた雑穀のうち，ヒエとシコクビエについては，南西諸島ではほとんど知られていなかった。野生のジュズダマは，装飾用，薬用に利用されていたが，その栽培型であるハトムギの栽培も知られていなかった。

2. 栽培慣行

　南西諸島で栽培されてきた雑穀のうち，かつての栽培量が最も多く，作物としての重要性が高かったアワを中心に，栽培の現況と在来品種や栽培慣行について述べてみよう。

写真1 収穫されたアワ，キビ，モロコシ。波照間島

トカラ列島(1983，1985年調査)

トカラ列島では，焼畑と常畑にアワが栽培されてきた。また，いくつかの島では，「ナツアワ」「アキアワ」と呼ばれる異なる作季をもつ品種群が知られていた(竹井，1989)。

トカラ列島の焼畑は，冬のあいだにリュウキュウチクの優占する二次林を伐採し，春先(旧暦の2，3月ごろ；以下，とくに記さない限り月はすべて旧暦)に火入れをするもので，その初年度の作物として火入れの直後に播くのがアワであった(日高，1980)。この焼畑における早春の播種は「ナツアワ」の作季に相当する。焼畑にはウルチ性のアワをよく作った。播種の後はほとんど覆土もせず，4，5月に，アワの苗が30 cmくらいのびたときに除草を行なった。収穫は，台風を避けて，6月から遅くとも7月の盆前にかけて穂摘みによって行なわれた。穂摘みには，爪をのばしておいて手で摘み取ったり，リュウキュウチクを削って作った「タケボウチョウ」や，ブリキで作った爪，剃刀の刃を用いたりした。

「ナツアワ」でもモチ性の品種は焼畑と同じ時期に常畑に栽培することもあった。「アキアワ」はもっぱら常畑に栽培され，6～7月，夏の土用のころに播種し，収穫は9～10月ごろであった。「アキアワ」の栽培量は「ナツアワ」に比べて少なかった。「アキアワ」には，1品種しかなく，穂の色が黒っぽい色をしたモチ性の品種であった。調査時には，悪石島と平島にアワ

の栽培をする人があり，種子を収集することができた。それらはいずれも「ナツアワ」の作季に属するもので，モチ性とウルチ性の品種が含まれていた。「アキアワ」は栽培が行なわれなくなって久しく，種子は保存されていなかった。

奄美諸島(1980年，1985年，2001年調査)

奄美諸島の喜界島と沖永良部島では，かつてアワが主食用に大量に栽培されていたが，調査時には，その両島を含め，訪れたどの島でも雑穀の栽培は見られなくなっていた。

喜界島での聞き取りを中心に奄美諸島の雑穀栽培について述べると，アワは，かつて焼畑と常畑に栽培されており，播種期は旧暦の2，3月ごろで，収穫は6〜7月であった。播種方法は，焼畑の場合は撒播であり，常畑では，条播と撒播があった。撒播の際には，1カ所に種子が密集しないよう，空き缶に穴をあけたものに種子をいれて播いたり，砂を混ぜて播いたりした。喜界島では，撒播の後，タケ箒で地表を掃いて覆土したり，「シバを引く」といって，大きな木の枝に石や子どもを載せて馬に引かせる覆土と鎮圧を行なうことが知られていた。密集して生えた場合には，間引きをして，別なところに移植した。アワ畑には，モロコシ，マメ類，ダイコンが混作された。アワ畑の周囲にモロコシを植えることもあった。

収穫方法には，鎌による穂摘み，根刈りと植物全体を引き抜く方法があった。収穫後のアワは，穂のまま，高倉に貯蔵された。根刈りや引き抜きの場合は，脱穀前に穂だけを包丁でちぎった。脱穀方法には，棒で叩いたり，足で踏んだりする方法があった。

1800年代に書かれた記録によると，かつては，上に述べたような初夏から夏に収穫を終えるような焼畑での栽培のほかに，常畑のムギの裏作としてもアワを栽培していた(名越，1968；久野，1954)。この場合は，播種はムギの収穫後の初夏で，収穫は秋であった。ただし，この時代にもアワ作の主流は夏の焼畑の方にあり，ムギの裏作としての栽培量は少なかった。

沖縄諸島(1978，1986，1988年，1991年調査)

沖縄本島とその周辺の離島では，かつては焼畑，常畑の両方にアワが，常畑にキビ，モロコシが栽培されていたが，1990年代に地域振興の目的でキ

ビの栽培を再開したわずかな例を除くと現在はほとんど雑穀の栽培は残っていない。1978年に沖縄本島の北部の今帰仁村，大宜味村で栽培されていたアワはいずれもモチ性のアワであった。沖縄諸島で収集したアワのうち，粟国島で貯蔵されていた古いアワだけがウルチ性であった。

沖縄諸島の全域で広く知られていたアワの栽培暦は，10月から12月にかけて播種し，6，7月に収穫するきわめて生育期間の長いものであった。また一部では，冬至のころに播種し，3，4月に収穫する「冬至アワ」や，播種期が年明けの1月から3月で，6月に収穫するものなど，やや生育期間の短い品種も知られていた（沖縄県教育委員会，1974）。

アワは焼畑と常畑の両方で栽培されたが，そのどちらでも，移植栽培が知られていた。南西諸島の焼畑でのアワ作は，初年度の作物として種子を直播することが多い。しかし，沖縄本島北部の焼畑では，初年度にサツマイモを作り，そのつるを除去した後に，苗床からアワを移植する方法が採られていた（野本，1983；佐々木，1972）。この地域の焼畑では，サツマイモの重要性が高かったことを反映しているのだろう。常畑における移植では，活着しやすいよう雨の時期を選ぶことが重要とされた。また，理由はよくわからないが，2本ずつ植えるべきであるとされていた。アワの畑には，つる性で小粒の在来ダイズやササゲ，サツマイモを混作することがあった。アワの収穫方法は，穂摘みであったが，アワ専用の穂摘み具の存在はとくに知られていなかった。

宮古諸島（1978，1979，1980，1986，1988年調査）

宮古諸島は平坦な珊瑚礁台地からなる島々で，水田が少なく，主穀としてのアワとムギ類の重要性がほかの地域以上に高かった。調査時には，大神島，池間島，伊良部島，多良間島で，アワ，キビ，モロコシが常畑に少量ずつ栽培されていた。かつて，主食用にウルチ性のアワが大量に栽培されていたことから，収集したアワのサンプルにもウルチ性のアワが多かった。池間島，伊良部島では，アワの収穫儀礼にウルチ性のアワで神酒を造って供える習慣が残っていた。

アワはかつては焼畑，および常畑で栽培された。生育期間の異なる多くの品種があり，生育期間の長いものほど，播種の時期が早かった。

宮古島と石垣島の中間に位置する多良間島には，水田はまったくなく，

1960年代までアワは主食用に大量に栽培されていた。調査時には，アワ，キビ，モロコシの栽培が続けられていた。

　アワを栽培する畑は，播種の2カ月くらい前からヘラで畑の草を念入りに取り除く。ヘラは沖縄の各地で「フィーラ」，「ピラ」とも呼ばれる手持ちの鍬状の農具で，刃先を前にむけて，除草やサツマイモの植付けなどに用いる（上江洲，1973；写真2参照）。取り除いた草を畑で焼いたり，積んで腐らせたりした後，馬に在来犂や，「ハラブー」と呼ぶ木製の砕土機を馬に引かせて整地した。播種は霜降（9月半ば）から1月までのあいだに行なわれ，立冬（10月）が最適期とされていた。多良間島を含め，宮古諸島全域に「10月に播くアワが豊作をもたらす」という内容をうたった民謡が知られており，古くから10月がアワの播種の最盛期とされてきたようである（外間・新里，1988）。

　アワを播く土地には種播きの範囲の目安として1間くらいの幅に足で筋をつけて歩き，そのあいだを戻りながら，撒播した。覆土にはススキや適当な長さに切ったヤラブの木の枝を束ね，アダンの気根をなった太い縄で中央を縛り，その縄の端を肩にかけて畑のなかを引っ張って歩くという方法が知られており，これを「プシャダーラ」とか「フシャプスィク」といった。

　アワの苗が3寸ほどになったら最初の除草をした。除草にはヘラを用い，2回から3回行なった。除草時に，間引きもし，湿りのよい時期なら，間引

写真2　ピラ。竹富島

き苗を移植することもあった。除草後に，アワ畑のなかにつる性の小粒のダイズやササゲを植付け，混作した。

収穫は早生品種では4月で，最盛期は5，6月であった。小さな鎌や，包丁，ミミガイの貝殻を用いて行なった。「イルラ」と呼ばれる穂摘み具が大正の初めころまで使われていた。多良間島で栽培されていたアワはウルチ性のアワで，主として「アワメシ」として食べられていた。

八重山諸島(1978, 1979, 1980, 1986, 1988, 1990年, 1998年調査)

八重山諸島には，石垣島，西表島，与那国島のように山のある高い島と，竹富島，黒島，新城島，波照間島のように隆起珊瑚礁からなる平坦な低い島がある。前者では水田稲作が可能であったのに対し，後者では畑作の雑穀の重要性が高かった。1980年代の初めには石垣島，竹富島，西表島，波照間島，小浜島，鳩間島，与那国島で，モチ性のアワの栽培が行なわれており，それに付随して少量のキビ，モロコシも作られていた。その後，栽培の消滅したところと，雑穀の商品価値に着目して栽培が再開されるようになったところがある。竹富島では，伝統的なアワの播種儀礼である種取祭になくてはならない食物「イーヤチ」の材料として，現在もモチアワの栽培が続けられている(写真3)。現在，八重山で栽培されているのはほとんどがモチ性のアワである。

八重山諸島でも，アワは焼畑と常畑の双方に栽培されていたが，その播種期は，旧暦の10月ごろから2，3月ごろにわたっていた。アワを多量に栽培していたところでは生育期間の異なる多くの品種があり，品種ごとに最適とされる播種期があった。播種期は，晩生のものほど早く，早生のものほど遅くなっており，いずれの品種も4月下旬から6月までに収穫されていた。現在の八重山のアワの栽培地では，1カ所で複数の品種を作っているところはない。

アワは，カヤ原(ススキの草地)，アダンの林などを焼いた焼畑や，新たな開墾地によく作られていた。焼畑の火入れの時期は，石垣島川平では7月，黒島では8，9月であった。焼いた後は，ヘラやクワで整地し，播種までしばらく放置した。常畑の整地には馬に引かせる在来の犂や砕土機を用いたり，アダンの枝を用いることもあった。

播種は撒播で，薄く播くために砂と混ぜることもあった。播種後の覆土は

写真3 アワを栽培中の畑。竹富島

ほとんどしないところもあれば，ヘラで軽く覆土するところもあった。石垣島川平や波照間島ではアダンの枝を引いて覆土していた。除草はヘラを用いて行ない，最低2回，多いところでは3回目も行なわれていたようである。除草は間引きを兼ねるが間引き苗の移植はほとんどしなかった。除草時にリョクトウやササゲなどの匍匐性のマメ類やサツマイモを間作することがあった。これらの間作作物は土壌を被覆し，乾燥を抑える効果があった。収穫には，「イララ」，「イナラ」，「イラナ」などと呼ばれる小型の穂摘み具が使われていた(写真4)。穂摘み収穫したアワは片手で握れる程度の小束に束ねられ，これがアワの計量の単位となっていた。

　八重山諸島では，作物の作季は暦のうえの二四節気によって測られる一方で，星の運行，渡り鳥，植物などの自然現象を気象の季節的な変化の指標として利用していた。なかでも，すばる座が夕刻の東の空に見えるようになる時期をアワの播種の始まりとする例はよく知られていた。波照間島では，すばる座が夕刻に一定の高さになる初秋の降雨をムルブスニー(ムルブス＝すばる座の雨)と呼び，アワの播種に好適な時期とされていた。

　9，10月ごろに九州からフィリピン方面に南下するサシバの渡りもアワの

写真4　イララ。石垣島

播種の目安とされていた。9月の中旬ごろに吹く風をタカワタリバイ(鷹渡り南風)、秋雨前線が停滞して降る小雨を「鷹の小便」と呼ぶ。この小雨はアワの播種に適当な湿りとされていた。このことから、石垣島白保ではサシバをアンマギトゥル(アワ播き鳥)とも呼んだ。

3. アワの在来品種の出穂特性

　これまで述べてきたトカラ列島から八重山諸島までの伝統的なアワの作季の概略を、その近隣の地域の作季とともに示したものが図2である。南九州では、夏作であるが播種、収穫ともに遅い時期に行なわれる。大隅諸島の種子島には、トカラ列島の「ナツアワ」「アキアワ」に相当するようなふたつの作季「ハルアワ」「アキアワ」が知られていた(山口裕文氏、私信)。種子島以南では、年に2度栽培されているところもあるが、主作となる作季は、いずれも収穫期が6月から8月ごろに集中している。沖縄諸島からバタン諸島までの範囲では生育期間がひじょうに長い冬作型となる。赤道直下にあって年中高温のハルマヘラ島については夏作、冬作という用語はふさわしくないが、主作の収穫の時期は、上記の冬作型と一致する。また、種子島、トカラ列島の「ナツアワ」、奄美諸島のムギ裏作の作季は夏作型で、南九州の作期に近い。

　アワは、ユーラシアのサバンナ的な気候のもとで栽培が始まったと考えら

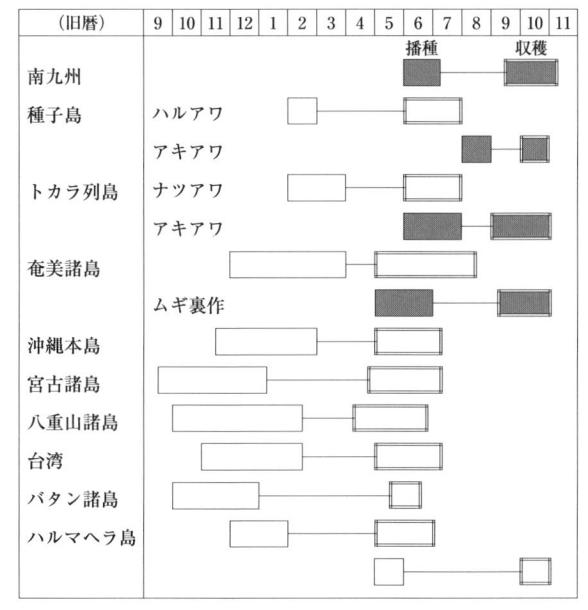

第9章 南西諸島のアワの栽培慣行と在来品種　123

図2　南西諸島とその周辺地域におけるアワの作季。台湾については臨時台湾旧慣習調査会(1913, 1914, 1915, 1917, 1918ab, 1919, 1920)，バタン諸島とハルマヘラ島については佐々木(1988)による。□：冬作型とその亜型，■：夏作型

れる一年生の夏作穀類であり，日本でも南西諸島以外の地域では，夏作物として，春から秋にかけての季節に栽培されている。アワのような夏作の穀類は，一般に短日の刺激によって花芽の形成が促される短日植物である。夏は日が長いといっても，夏至を過ぎると，日長は毎日少しずつ短くなっていく。日長に対する反応の強いものは，日長がある一定の長さよりも短くなると出穂するが，日長の長い条件が続くといつまでも出穂しない。一方，日長への反応が弱いものや，ほとんど失っている品種もある。

　日本各地のアワの在来品種を同じ場所で栽培すると，東北地方など高緯度の地方に栽培される品種の出穂は早く，九州・四国など西南日本の品種の出穂が遅くなる傾向がみられる(澤村，1951)。

　また，同じ品種を春から夏にかけて播種日をかえて栽培すると，東北地方のアワは，播種日にかかわりなく，ある一定の日数で出穂するが，西南日本のアワは，播種を遅らせるほど出穂までの日数が短縮し，播種日にかかわらずほぼ同じ暦日に出穂するのも観察される(竹井ほか，1981)。

東北のアワは日長への反応をほとんど示さず，九州のアワは，日長への強い反応を示して，好適な短日条件にあうと出穂が起こる。この日長に対する反応性の変異は，弱いものから強いものまで連続的である。夏の短い東北の栽培条件には，日長反応性が弱く，生育期間の短いアワが適しているといえる。

　南西諸島の冬作型のアワの作季に注目すると，播種から収穫までの生育期間が，7，8カ月に及ぶほど長いものもあり，しかも，初期の生育は自然日長が短日から長日にむかう時期に相当する。日長反応性の強い品種を短日の条件で栽培すれば，出穂が早められて，このような長い生育期間をもつことはありえない。それでは，南西諸島のアワは，出穂に関してどのような性質をもっているのだろうか。

　南西諸島で収集したアワの種子を，日本と東アジア各地のアワとともに京都において栽培したところ，沖縄本島，宮古諸島，八重山諸島のアワ(以下，これらをまとめて沖縄のアワと略称する)は，いずれも晩生で，日本のほかのどの地域のアワよりも出穂が遅かった(竹井・阪本，1982)。また，トカラ列島の悪石島と平島のアワ(以下，トカラのアワと略称)の出穂は，それほど遅くはなく，沖縄のアワや，九州や四国のアワよりもはるかに早かった。つまり，南西諸島のアワには，出穂日数に関して，沖縄のアワのグループとトカラのアワのグループの2種類が見出された。

　つぎに，日長に対する反応の変異を知るために，新暦の6月から8月にかけて播種日をかえて栽培した。すでに述べたように，日長反応性の強い九州，四国の晩生のアワでは，播種を遅らせると著しく出穂が早まった。しかし，南西諸島のアワにはそのような出穂の著しい促進はみられなかった。とくに，沖縄のアワの出穂は，播種を遅らせるとかえって遅れた。南西諸島のアワには，日長に対する強い反応性はみられなかったのである。しかし，同じように日長に対する反応性の弱い東北地方のアワとも，生育期間が長いという点で大きく違っていた。

　そこで今度は，気温の高い夏に暗幕で光を遮断して人工的に短日条件を作りだし，世界各地のアワを播種の直後から短日条件で栽培して，出穂日数の変異を調査した。このように，生育に十分な気温と短日の条件で栽培した際には，出穂までの日数は花芽の形成までに必要とする最低限の栄養生長期間，すなわち基本栄養生長期間を反映する。また，自然日長(長日条件)での出穂

の遅延日数は，日長反応性の強さを反映すると考えられる．このふたつの形質を組合せると，アワの出穂特性には，以下のような4つの型が認められた(Takei and Sakamoto, 1987, 1989)．

　　Ⅰ型：基本栄養生長期間が短く，日長反応性が弱い．
　　Ⅱ型：基本栄養生長期間が長く，日長反応性が弱い．
　　Ⅲ型：基本栄養生長期間が短く，日長反応性が強い．
　　Ⅳ型：基本栄養生長期間が長く，日長反応性が強い．

　南西諸島を除いた日本各地のアワは，おおむね基本栄養生長期間は短く，日長反応性の強弱により，Ⅰ型かⅢ型，およびその中間的な種類と分類された．東北地方の早生のアワは典型的なⅠ型であり，九州の晩生のアワはⅢ型であった．赤道直下に位置するインドネシアのハルマヘラ島や，フィリピンのルソン島のアワは，基本栄養生長期間がきわめて長いⅡ型であった．また，タイ，中国南部など，アジア大陸のやや低緯度地域のアワにⅣ型が見出された．Ⅱ型やⅣ型のアワは，中緯度の日本で野外で栽培すると極晩生となって，結実が困難になることが多い．

　南西諸島のアワのうち，沖縄のアワは，日本のどの地域のアワよりも基本栄養生長期間が長く，トカラのアワは，日本のほかの地域と同程度であった．しかし，どちらも日長反応性は弱いタイプであった．九州で栽培されるアワはすべて日長反応性の強いⅢ型であったので，九州と南西諸島では，出穂特性の点で大きく異なるアワの品種が栽培されてきたことになる．

　さて，沖縄のアワの日長反応性が弱いということは，生育期間の日長条件が短日から長日へと推移することになる冬作の栽培慣行にたいへんよく適している．とりわけ，沖縄諸島よりも南では，冬季もそれほど気温が下がらないので，生育期間の長い品種の冬作が可能なのである．一方，やや北に位置して冬季の気温が低いトカラ列島では，春播きとなるので，生育期間の短い品種が栽培されている．このように在来品種の出穂特性の違いは，それぞれの地域での栽培慣行にうまく適合したものになっている．トカラ列島や奄美諸島で知られていた，初夏から盛夏にかけて播種し晩秋に収穫するもうひとつの作季は，南九州での晩生のアワの作季にほぼ一致する．この作季に栽培されていた品種(トカラ列島で「アキアワ」と呼ばれていたもの)は現存しないが，おそらく南九州の栽培品種と似た出穂特性をもったものであったと考えられる．

4. 沖縄のアワはどこからきたか

　これまで述べたように，南西諸島のアワの栽培は，九州以北とは異なる独特の作季があり，その昨季に適合した品種が栽培されてきた。トカラ列島以北では，気温の条件からもアワの冬作は不可能であるが，南西諸島では，気温の点からはいつでも栽培が可能に思える。それでは，なぜ，南西諸島では，ときには冬作となるようなこういった作季が選ばれてきたのだろうか。

　一般には，南西諸島が盛夏には台風の通り道となることから，台風シーズン前の初夏に収穫を迎える必要があったと説明されることが多い。アワと同様に本来は夏作物であるイネも，南西諸島では冬作されている。そして，これまでアワについてみてきたのとよく似た性質，すなわち，基本栄養生長期間が長く，日長反応性を示さない在来のイネ品種の存在も知られている。イネの冬作の理由としては，台風の害を避ける以外に，水収支の点からも，冬作が優れていると考えられている。夏の雨量は台風に頼っており，台風が訪れれば大量の雨がもたらされるが，台風が来なければ旱魃に見舞われるなど，予測不能である。また，春から初夏にかけては旱魃がよく起こっており，播種に適していない。これに対して，冬には小量でも安定した降水があり，気温が低く土壌からの蒸散量が少なく水収支はプラスになるというのである。また，冬でも最低気温が15°Cを下回ることのない沖縄では，冬の低温は植物の生育の制限要因とならない。旱魃や台風を避けるためには，台風襲来シーズン前の初夏に収穫を終えるのが望ましい（小林・中村，1985）。そして，こうした初夏の収穫は，長日にむかう時期に開花できる日長反応性の弱い品種でなくては不可能であった。このような気象条件の作季や品種への影響は，イネにもアワにも等しく働いているといえよう。さらに，ほかの地域に目をむけると，図2に見たように日本のなかでは特異的なアワの冬作の作季は，南西諸島よりも南の台湾，フィリピン，インドネシアの作季と共通することもわかった。

　さて，このような独特な作季によって栽培が続けられてきたアワは，どこから南西諸島にもたらされたのであろうか。アワの形質のうち，この作季にかかわる性質に着目すると，まず，現在は残っていないトカラの「アキアワ」，奄美諸島でムギの裏作に栽培されていたアワは，南九州から伝えられ

た可能性が高いと考えられる。一方，冬作の作季に適したアワが北から南西諸島に伝えられたとは考えにくい。沖縄のアワは，基本栄養生長期間が長く，日長反応性が弱いという点で，むしろインドネシアやフィリピンに栽培される熱帯のアワに近い性質をもつ。冬作の作季とそれにあった品種という点から，沖縄のアワは，南方から伝えられた可能性が大きいと考えられる。また，トカラのアワについては，弱い日長反応性という点では沖縄のアワとの共通点，短い基本栄養生長期間という点では九州以北のアワとの共通点が認められる。沖縄のアワが北上したことによって基本栄養生長期間の短いものが選抜されていった可能性と，九州のアワと沖縄のアワの交雑によって生じた可能性が考えられそうである。

　このように，南西諸島へのアワの伝播には，九州から南下した経路と，南方から北上した経路のふたつがあったと考えられる。そして，トカラ列島の「ナツアワ」「アキアワ」のふたつの作季はその両者の重なり合いをごく最近まで残してきたものといえないだろうか。ここでは詳しく触れることはできなかったが，南西諸島の各地に現在も残る多くの農耕儀礼には，穀類の収穫をすべて終えた夏を1年の区切りとする暦を読みとることができ，この冬作の作季が，何百年も前から人々の生活に深く根を下ろしたものであることがうかがえる。

第10章 照葉樹林文化が育んだ雑豆〝あずき〟と祖先種

山口裕文

　中国貴州省は，上海から西へ1500 kmの位置にある。緯度は沖縄や先島と等しいが，標高1000 mほどの高原のため，一年中雨が多いものの温暖な気候である。中国のほかの地とは違って山の緑も少なくはなく，照葉樹林の構成種が見られる。そこにはミャオ族やトン族といった少数民族が住み，鵜飼が営まれ，半野生のシソや納豆やコンニャクなど照葉樹林文化の要素がある（佐々木・中尾，1992）。家々では大鍋を合わせた素朴な方法で焼酎を蒸留し，ナタネを炒って油を絞っている。集落は谷あいに位置し，棚田を前に小高い山を背にして2，30戸が寄り添っている。風になびく稲穂の前に立つと，かつての日本の田舎にタイムスリップしたような錯覚に襲われる。

　このような貴州省の東部にある凱里という町からごとごと道を2時間ほど車で走ったミャオ族の村を尋ねたときのことである。収穫の終わった家々の庭では，鶏が駆け回り，子豚が遊んでいる。われわれの訪問を知って飛びだしてきた村人のなかに昼食を抱えた中学生ほどの少年がいた。白いご飯に煮あずきを載せている。少年の食べている煮あずきは，塩味で，さらにトウガラシで辛味を増している。これは4度目の中国の旅で出会った一風景である（写真1）。

　煮あずきの豆は，どのような性格の〝あずき〟なのだろうか？　農家の軒先や鴨居には，モチイネの穂，ダイズ，葉タバコ，トウモロコシ，シコクビエ，アワ，ニンジンの穂，ササゲ，インゲン，フジマメ，トウガラシが所狭しと掛けられている。そのなかに根から抜いて吊るされた〝あずき〟もあった。一束ずつを確認すると，ほとんどは赤い細長い種子をつけていたが，黄白色もあった。つぎの日，別の集落で庭に干している〝あずき〟を見た。赤，

第10章 照葉樹林文化が育んだ雑豆〝あずき〟と祖先種

写真1 ミャオ族の煮〝あずき〟

緑，黒，斑入り，褐色，黄色と色さまざまの細長い種子のなかに，へその平たい丸い種子が混じっている(写真2)。細長い種子はタケアズキ *Vigna umbellata*，丸い種子はアズキ *V. angularis* である。ここでは，アズキもタケアズキも，そして種子の色も分けられてはいないのである。

　日本人はアズキを俵状の赤い種子と思ってしまうが，韓国や中国ではアズキは多様な色と形を示す。日本にも実はさまざまなアズキがある。若い女性に好まれる白アズキ，煮るとピンクの餡ができる姉子アズキ，紫や黒や茶色や斑など市場にはあまりでてこないアズキである。このような大きな種子のアズキに対して，その野生祖先種であるヤブツルアズキ *V. angularis* var. *nipponensis* は似ても似つかぬ外観を示す。種子は，黒く，とても小さいのである。このような傾向はタケアズキとその野生種でも同じである。野生祖先種ヤブツルアズキからアズキはいつ，どこで，どのようにしてできあがったのだろうか？　大きな種子や多様な色はどうしてできあがったのだろうか。そして，アズキと見まがうタケアズキのような近縁種とはどのような関係にあるのだろうか。日本の先史時代や古代遺跡からもアズキとよく似た炭化豆

写真2 収穫されたミャオ族の〝あずき〟。大部分は細長いタケアズキで，色はさまざまである。丸い赤いアズキがぽつぽつと混じっている。

がアワやヒエとともに発掘され，リョクトウと言われたり，半野生のアズキ（ノラアズキ）であるとも言われている。この疑問を解くために古代の五穀のひとつであるアズキの歴史の一端をいくつかの角度からのぞいてみよう。

1. 起源研究の問題点

これまで農作物（栽培植物）の起源地は，Vavilov(1926)が提唱した多様性中心説に従って，多様な作物品種が集中している地域にあると考えられてきた。しかし，生物種集団に保有される遺伝的多様性は，基本的に突然変異率と経過世代数に比例して増加し，強い選択のもとでは減少するので，野生種から栽培種が生まれるときには，遺伝的変異の量は増えるのではなく，ボトルネック効果によって少なくなるのが原則である。ある栽培植物の本当の起源地は，多様性の多寡とかかわりなく，栽培植物を作り上げた始祖集団の分布地域のはずである。ある作物（栽培植物）の起源と成り立ちを考えるとき，解かれるべき問題は多種多様であり，ひとつの仮説で収まる話ではない。起源にかかわる主な疑問は，初期の農業技術や食文化との関連や考古学情報と

の関連などのほかに，(1)野生祖先種は何か，それはいつ近縁種から分かれたか，(2)いつ，どこで栽培化され，現在の広がりをもつようになったか，(3)どのような過程で栽培植物となったか，(4)なぜ，現在の変異や特徴をもっているかなどに集中されよう。生物学的な視点からみると(1)は種分化や系統発生の問題であり，(2)は地理的起源や伝播にかかわる問題であり，(3)は適応現象であり，(4)は形態や遺伝的性質の多様性の成り立ちの問題である。

2. 赤い豆〝あずき〟とアズキの祖先種

ぜんざいや餡に使われる〝小豆(しょうず)〟は，植物学的に数種の植物を含んでいる。まず，アズキや近縁種の分類から検討しよう。日本人にもっとも好まれる小豆は，植物学的にはアズキである。赤いマメを意味する〝小豆〟の総称のなかに含められる種には，「ばかあずき」や「かにめ」と呼ばれるタケアズキ，「くろあずき」や「しまあずき」のササゲ *V. unguiculata*，また「きんとき」や「とらまめ」などのインゲン *Phaseolus vulgaris* がある。煮た豆が赤くなるリョクトウ *V. radiata* やケツルアズキ *V. mungo* もある。このうち，ササゲはアフリカ原産であり，インゲンはアメリカ大陸メキシコ付近とアンデス山脈の2カ所を原産とする栽培植物である。大粒系インゲンと小粒系インゲンは別の場所で独立して栽培化されたと考えられている(Gentry, 1969; Smartt, 1990)。アズキは主に極東で利用されているが，タケアズキは東南アジアからインドで利用されている。アズキは極東では餡として利用されるが，東南アジアや中国南部ではリョクトウやダイズとともにモヤシとしての利用が多い。インドでのダル料理に利用されるリョクトウやケツルアズキ，モスビーン *V. aconitifolia* はリョクトウに近い栽培種である。これらの栽培種にはそれぞれ野生祖先種が知られており，新たな生育地の発見や研究の進展にともなって起源に関する見解はしばしば改められている。インド亜大陸にはリョクトウ，ケツルアズキ，モスビーンの野生種が，アジア東部にはアズキとタケアズキの野生種が生育している。

日本人のもっとも好きなアズキの野生種はヤブツルアズキである。ヤブツルアズキはアズキとは思われない姿をしたつる性の一年生の草本である(Yamaguchi, 1992)。花はアズキとまったく同じ形態を示し，自然状態でアズキと交雑する(雑種集団は自生地のうち4〜5％ほどの確率で発見される)。

種子は，斑をもつ黒色で，ひじょうに小さい．あまりにも外観が違うのとヤブツルアズキという和名で呼ばれるのでアズキの直接の祖先ではないと主張する研究者もいるが，アズキとの遺伝的な違いはきわめて少ないのである．ヤブツルアズキは主に北海道と沖縄を除く日本と韓国に頻繁に見られ(図1)，しばしば大きな群落を形成する．また，台湾，中国南部，ブータン，ネパールの照葉樹林帯にもあり，朝霧が立ち込めるような山あいの水分の多い谷のマント群落やソデ群落にヨモギやススキといっしょに小さな群落をつくって生育している(気象条件が日本とよく似たアメリカ合衆国の東部ニューヨークの河畔にも帰化している)．中国では太平洋からの湿った気流を受ける南部の高原地帯に見られるが，近年，遼寧省でも見つかっている(楊・韓,

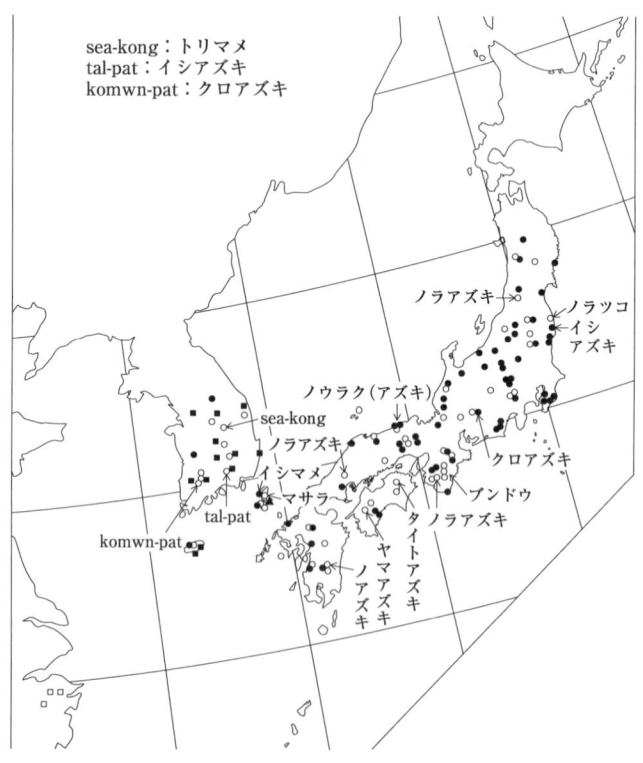

図1　日本と韓国における野生アズキの分布と雑草型ノラアズキの民俗呼称
　　●：ヤブツルアズキ，○：ノラアズキ，■：ヒメツルアズキ，□：タケアズキの雑草化型，▲：アズキとヤブツルアズキの雑種

1994)。降水量の比較的少ない場所や中原には近縁種のヒメツルアズキ *V. nakashimae* がたくさん分布している。日本と韓国には，アズキとヤブツルアズキの中間型であるノラアズキがあり，果樹園や茶畑，道ばたなどに雑草のようにして生育している。これは中国には見つかっていない。草の外観は蔓ぼけしたアズキに似た姿をしているが，莢が自然に割れ，種子を自然に飛ばすなどして自生している。ヤブツルアズキより大きな群落をつくることが多い。種皮に黒や茶の斑があったり，全面が黄褐色や緑色などとなる。関西では「のらあずき」や「のうらくあずき」と呼ばれ，アズキが取れないときにこれを集めて餡を作る。餡への利用とともにお手玉にするなど，かつての利用の例は東北以南で認められ，「のらっこ」，「たいとあずき」，「まさら」，「いしまめ」などと呼ばれている(図1)。韓国ではsea-kong(とりまめ)とかtal-pat(いしあずき)と呼ばれ，日本と同じような認識がみられる。ノラアズキは生態的特徴においてもアズキとヤブツルアズキの中間的な性質をもっている。ヤブツルアズキは生育場所の自然条件によくあった競争的性質(competitor)を示し，ノラアズキは人為的な環境撹乱によくあった性質(ruderal)を示す。自然状態で種子を集める実験をするとノラアズキ集団での効率がヤブツルアズキ集団よりよいので(保田・山口, 1998)，ヤブツルアズキからノラアズキのような段階をへてアズキの栽培化が進んだのかも知れない。

3. タンパク質とDNA分析から

ヤブツルアズキとノラアズキは，遺伝的類縁性を調べると栽培アズキにきわめて近い。種子タンパク質のSDS-PAGE(sodium dodecyl sulfate-polyacrylamide gel electrophoresis)分析とアイソザイム分析ではこの三者にはわずかな差しか検出されない(山口・小菅, 1992；Yasuda and Yamaguchi, 1996)。また，葉緑体DNAにおいても栽培アズキ，ノラアズキ，ヤブツルアズキの差はきわめてわずかしかみられない。インゲンやササゲを含めてアズキの近縁種についてアイソザイム分析を行なうと形態分類学から示される類縁関係を支持する違いがみられる。また，葉緑体DNAの全領域をプローブとしたRFLP(restriction fragment length polymorphism)分析を行なうと，16の制限酵素で54の制限サイトに多型(変異)が検出され

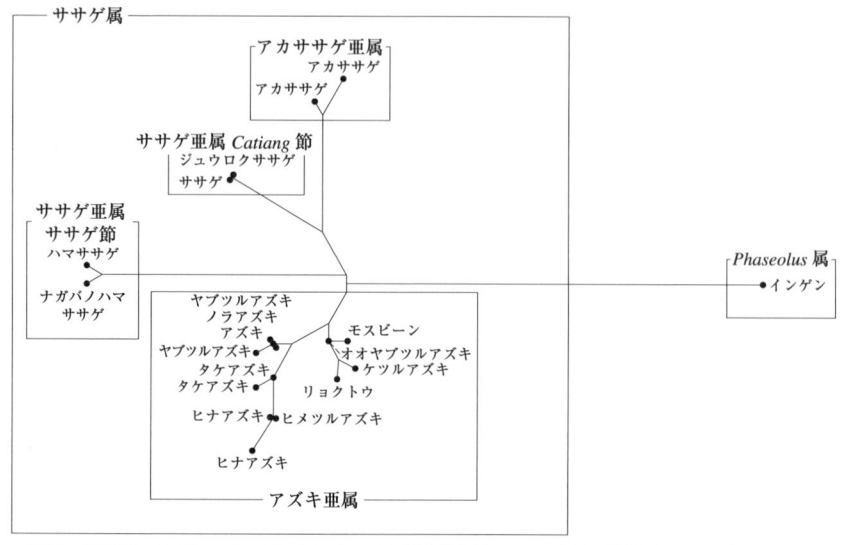

図2 葉緑体DNAのRFLPより求めた近隣結合法による無根系統樹とササゲ属の分類

るが，栽培アズキ，ノラアズキ，ヤブツルアズキには差はなく(図2)，アイソザイム変異と同様な種間の系統関係が示される．葉緑体DNAの一部の領域($TrnL$と$TrnF$間のスペーサー領域約470 bp，$TrnL$のイントロン領域約540 bp)の塩基配列にも種間の関係を示す変異がみられる．これらの変異にもとづいて進化系統樹を構築すると，アイソザイムの系統樹とおおよそ一致した系統樹が得られる(図3)．アズキは，タケアズキやヒメツルアズキとは近いがリョクトウやモスビーンとはもっと離れ，ササゲやアカササゲ $V.$ $vexillata$ とはさらに離れている(図3)．従来，地下子葉性発芽を示すためアズキの仲間に分類されていたオオヤブツルアズキ $V.$ $reflexo$-$pilosa$ は，モスビーンやリョクトウとの親和性を示し，アズキ類(タケアズキ，ヒメツルアズキなど)との親和性を示さない．インド産の野生種はリョクトウ類(ケツルアズキやモスビーン)と親和性を示し，東南アジア産の野生種の一部はタケアズキとの類似を示す．大きくみるとアフリカ産 $Vigna$ とアジア産 $Vigna$ の違い，アジアのなかではインド亜大陸と東アジアに分布する種群の違いが示されており，遺伝的な違いは長い種分化の歴史を反映している(図3)．この系統樹はさまざまな知見を与える．たとえば四倍体のオオヤブツルアズキは，リョクトウの群にまとまっている．オオヤブツルアズキはアイソザイム

第 10 章 照葉樹林文化が育んだ雑豆〝あずき〟と祖先種　135

```
                    ┌ アズキ(栽培)-1
                    ├ アズキ(栽培)-2
                    ├ アズキ(栽培)-3
                    ├ アズキ(栽培)-4
                    ├ アズキ(栽培)-5
                    ├ ノラアズキ(日本)-1
                    ├ ノラアズキ(韓国)-2
                  76├ ヤブツルアズキ(日本)-3
                    ├ ヤブツルアズキ(日本)-4
                    ├ ヤブツルアズキ(韓国)-5
                    ├ ヤブツルアズキ(韓国)-6
                    ├ ヤブツルアズキ(中国)-7
                    ├ ヤブツルアズキ(中国)-8
                    ├ ヤブツルアズキ(台湾)-9
                    ├ ヤブツルアズキ(ブータン)-10
                    └ ヤブツルアズキ(ネパール)-11
                83
                    ┌ ヒメツルアズキ-1
                    ├ ヒメツルアズキ-2
                 86 ├ ヒメツルアズキ-3
                 96 └ ヒメアズキ-1
                97
                    ┌ タケアズキ-1
                    ├ タケアズキ-2
                    ├ タケアズキ-3
                 86 ├ タケアズキ-4
                    └ タケアズキ-5
            97
                    ┌ オオヤブツルアズキ-1
                 61 └ オオヤブツルアズキ-2
                    ┌ リョクトウ-1
                 98 ├ リョクトウ-2
                    └ リョクトウ-3
                 51 ┌ ケツルアズキ-1
                 99 └ ケツルアズキ-2
                    ─ モスビーン-1
                 54 ─ トリロバータ-1
        99
                 98 ┌ アカササゲ(対馬)-1
                    └ アカササゲ(台湾)-2
                    ─ ササゲ-1
        90
                    ┌ ナガバノハマササゲ-1
               100  └ ハマササゲ-1
                    ─ インゲン-1
```

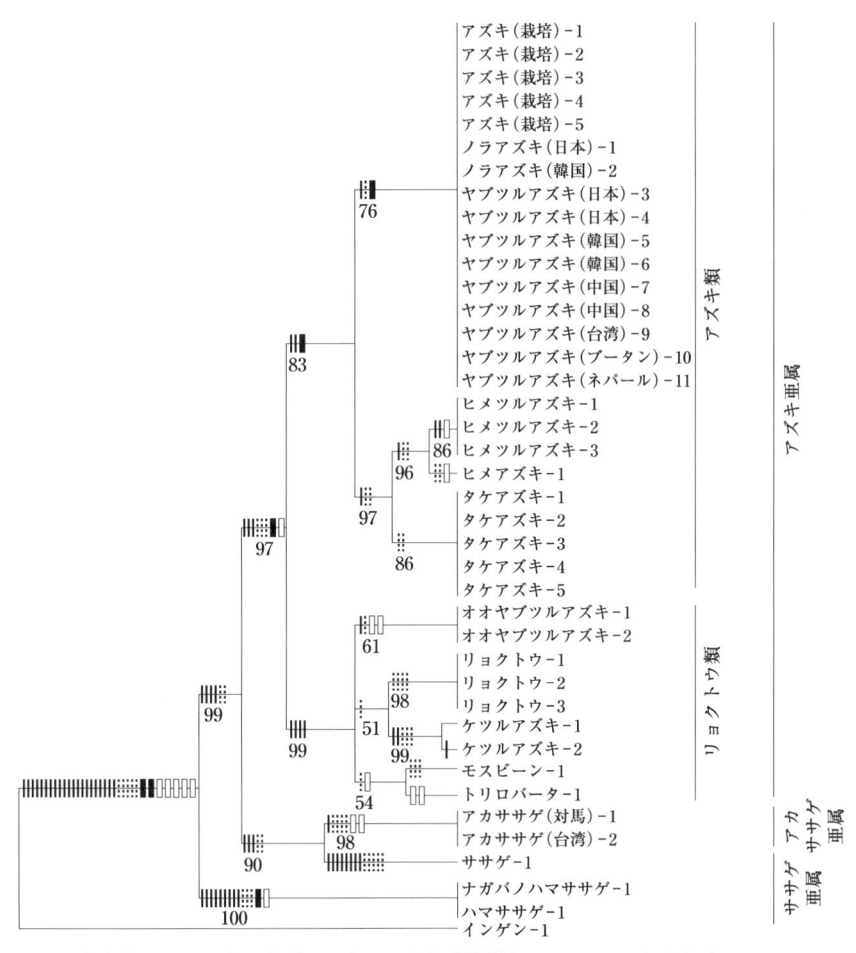

図 3　葉緑体 DNA の塩基配列から求めた合意系統樹 (Yano et al., 未発表データをもとに作成)。数値はブートストラップ確率で枝の精度を表わす。矢印は 51 bp の欠失。

ではリョクトウ類とアズキ類の特徴を重ねてもつので，リョクトウ類の種を母親として複二倍体化によって進化したと推定される。オオヤブツルアズキの地下子葉性は父親となったアズキ類の種に由来するか，四倍体が形成された後，平行進化したかになる。

　このような種固有の特徴はそれぞれ突然変異をもととして形成される。アズキという生物学的種のなかにも葉緑体 DNA にはわずかながら変異が認められる。RFLP 分析では中国貴州省のヤブツルアズキには制限サイトの 1

カ所に突然変異がみられる。また，ヤブツルアズキやノラアズキのなかには塩基配列に変異を示し，葉緑体 DNA の一部の領域に 96 bp あるいは 80 bp 程度の挿入欠失(indel)がみられる(Kato et al., 2000)。しかし，*Trn*L と *Trn*F 間の領域ではアズキという生物学的種(ヤブツルアズキもノラアズキもすべて含まれる)には共通して 51 bp の欠失とひとつの塩基置換がみられ，この欠失と置換はほかのアズキ類やリョクトウ類にはみられず，アズキを示す特徴となっている。このような種固有の特徴はかつての突然変異をもとにして形成されたものである。種それぞれの歴史を反映していろいろな違いが葉緑体 DNA に刻み込まれているのである。葉緑体 DNA の特徴からも，「アズキの祖先種はヤブツルアズキである」と結論できる。

　ヤブツルアズキは日本からネパールまでの広い地域に分布している。では，どの地域のヤブツルアズキからアズキができたのだろうか？　つぎに，速い速度で変化する DNA の違いをみてみよう。RAPD(random amplified polymorphic DNA)法は核や細胞質の違いを無視して DNA 変異を調べる方法である。遺伝分析をしない以上，増幅される DNA の断片が葉緑体，ミトコンドリア，核のいずれにあるかわからないため，解釈に信頼性を欠く部分もあるが，この方法は経験的にきわめて近い種間の関係や種内の地理的変異を検出することが知られている。RAPD 法に従って分析すると(図 4)，アズキは近縁種のヒメツルアズキやタケアズキとは明らかに違い，またヤブツルアズキは地理的分布に応じた違いを示す。ヤブツルアズキは全体に大きな変異を示すが，極東のヤブツルアズキは変異の幅が小さく，ノラアズキや栽培アズキと類似する。日本など極東地域の栽培アズキはノラアズキとともに変異が小さい。中国南部からヒマラヤ地域産の栽培アズキは，極東の栽培アズキとは異なってはいるがあまり大きな違いを示さない。しかし，その近くに野生しているヤブツルアズキとは大きく異なる傾向にある。このような違いを，野生のヤブツルアズキは自然の仕組みに従って分布を広げ，栽培アズキは人間が散布や伝播の主役者となるという側面から考えてみよう。

　ヤブツルアズキの生育する照葉樹林帯とはどのようなものであろうか。照葉樹林をつくりあげている樹はコナラ属 *Qercus* のアカガシ *Cyclobalanopsis* 類およびクリガシ属(シイの仲間)とクスノキの仲間である。普通，照葉樹林の上部や北の縁にはコナラ類の林があり，照葉樹林の下部や南は亜熱帯の植物にかわる。アカガシ類をはじめとする照葉樹の祖先はニューギニアからイ

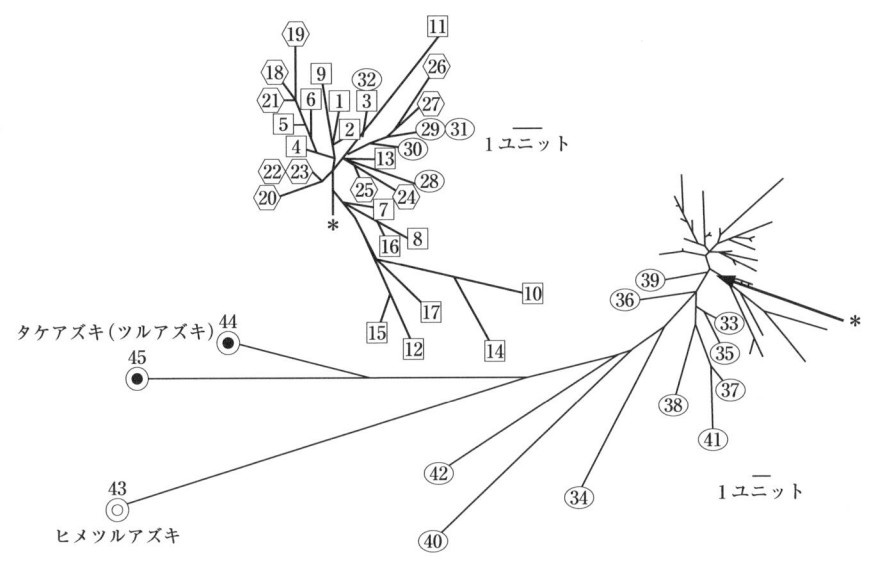

図4 RAPD多型にもとづくアズキ種内集団の類似系統樹（Mimura et al., 2000 より）。
アズキ（栽培）：1-17，ノラアズキ（雑草）：18-27，ヤブツルアズキ（野生）：28-42，
ブータン・ネパール：12-15；40-42，中国西南：7-10；34-39，東南アジア：11；
16；17，ほかは日本，韓国，中国東部

ンドネシアにあったとされ（中尾，1976），インドシナ半島をへて東は日本列島へ，西はネパールの高地へと広がったと考えられている。冒頭で述べた中国雲南省や貴州省の照葉樹林は，アラカシを主とするアカガシ類やクリカシ類によってつくられ，焼畑など人間活動の影響を受けながら，さらに南のタイを中心とするインドシナの高地に連なっている。アズキやタケアズキに近縁の地下子葉性の野生アズキはタイを中心とした東南アジアに主に分布している（Tateishi, 1996）。ヤブツルアズキの分布は，照葉樹林帯からはみだすことはあるものの，照葉樹林にそっており，日本で最もよく見られる。一方，タケアズキの野生祖先種は，東南アジアを中心に分布しているが，照葉樹林よりは下部の林縁やガレ場などに大きな群落をつくっている。また，地上子葉性のリョクトウの野生種やその仲間は，インド植物区として植生構造をまったく異にするインド亜大陸を中心として分布している。

　人類がチンパンジーから分かれ地球上に現われるのは今から550万年前である。人類はインドシナへは少なくとも80万年前，中国には50万年前に拡

散している。最後の氷期が明ける1万5000年前には日本列島はもちろん，アジアとアメリカ大陸も陸橋によって繋がっており，人類はここを渡って拡散している。人間活動の自然へのインパクトは東アジアでは，人類が活発な活動を始める3万年前ころから激しかったとみてよい。マメ科の植物やイネ科の植物は第三紀に多様化し，第三紀後半以降に草本の種類が進化したとされる。第四紀にはいると地球は氷河に覆われ，氷河は何度かの盛衰を繰り返し，最後の氷河はおよそ1万8000年前に後退を始める。氷河が後退を始める時期，ヤブツルアズキが主な生育地とする照葉樹林は，日本列島でみると四国の南岸と九州の東南岸にその分布域の北の端があった。照葉樹林は，その後，氷河の後退にともなって北上を続け，今から8000年前には青森付近まで到達している。8000年前の日本列島には暖かい気候があり，照葉樹林は最も北へ広がっている。このあと4000年前くらいに現在の気候に近くなる。一方，熱帯や亜熱帯では照葉樹林は現在，標高1500mを越えるあたりにあるが，氷河の発達期には標高を下げ，氷河の後退期には標高を上げたことが花粉分析の結果などから示されている。

　照葉樹林とともに歴史をたどったであろうヤブツルアズキは，おそらく現在のインドシナ半島あたりで起源し，氷河の繰り返しのなかで拡散と消滅を繰り返し，最後の氷河のころには東西方向への広がりをもつ現在の亜熱帯高地における分布域にあったと推定される。その長い歴史のなかで亜熱帯高地のヤブツルアズキは地域ごとに違う遺伝的変異をもつようになったであろう。北方への拡散は何度も起こったはずであるが，現在の照葉樹林の北方への広がりは最後の氷河以降にのみ形成されたとみてよい。亜熱帯高地と違って北方では南方系植物のレフュージアをつくるのは困難であった。極東アジアのヤブツルアズキは亜熱帯の照葉樹林東端の集団を始祖としてわずか2万年足らずのあいだに北方へ広がり，現在の分布域を確保したとみるべきである。極東温帯のヤブツルアズキの低い遺伝的変異は，このような歴史の産物であろう。古代の照葉樹林は人類活動によって撹乱を受け，ヨモギやススキの生える草地が林の縁や住居のまわりに広がったことは想像に難くない。このようなやや弱い場の撹乱のある自然度の高い場所に生えるヤブツルアズキは，より撹乱の激しい場所に適応してノラアズキに似たアズキの祖先となったであろう。環境への適応によって，つる性から直立へと草型をかえたアズキの祖先種は，枝の形を少なくし，光合成産物の転流をかえ，短く集中した花序

に太い莢や大きな種子を結ぶのに成功したと考えられる。ノラアズキはしばしば大きな群落をつくるので，資源としての価値も高かったと推定される。極東アジアのヤブツルアズキと撹乱地に生えるノラアズキと栽培アズキとが示す遺伝的類似は，ヤブツルアズキの野生分布域の東側で栽培アズキが作物（栽培植物）へと進化したとするとよく理解できる。

4. 古代遺跡から発掘されるマメ

　紀元前4000年頃の縄文前期の遺跡，福井県鳥浜遺跡から「リョクトウと疑われる豆」が発掘された。鑑定人（松本，1979）の慎重な記述に反して一人歩きした情報にもとづいて，この豆は，「リョクトウ」と決めつけられた後，研究材料も十分に調べずに最初の鑑定の手法を疑う一文とともに「リョクトウだけではなくケツルアズキ（もやしまめ）の野生種（インド原産）を含むもの」とされた（梅本・森脇，1983）。その後，日本の先史や古代遺跡から発掘されるアズキ様の豆のほとんどはリョクトウとして報告されてしまった。しかし，近年の研究によると，先史や古代遺跡から発掘される豆はリョクトウではなくアズキである。豆は種子の時期にすでに芽生えに必要な器官を備えている。乾燥豆を強く押したときふたつに割れる部分は栄養分を貯めた子葉であり，子葉の端についている白い粒は胚の一部である。この胚は，芽がでたときの茎となる胚軸と最初の本葉となる幼葉をもっている。アズキ類ではこの幼葉に明瞭な違いがあり，アズキ類の幼葉とリョクトウ類の幼葉は遺跡の豆でも識別できる。先史や古代の豆，とくにアズキ様の豆は，ほとんどがリョクトウ型の幼葉ではなく，アズキ型の幼葉をもっている（吉崎，1997）。

　この結論にいたるまでにもいくつかの混乱がみられている。それは，考古学的検証の際にアズキやその野生種に関する植物分類学上の知見の反映とその解釈が不十分であったためである。栽培種を興味の対象とする農学者には野生種の進化や系統分化の実態はいうに及ばず，その作物になぜ現在の学名が付されているかすらも理解されていなかったのである。自然がまだ豊富であった時期，鳥浜の周辺には発掘の写真に類似した野生種としてヤブツルアズキ，ヒメツルアズキ，アカササゲが生育分布可能であったと推定される。リョクトウやケツルアズキの野生種と断定するときにこれらは調べられていないのである。鳥浜のマメは，リョクトウやその仲間ではない疑いが濃い。

なぜなら，リョクトウ類に含まれる野生種は，東南アジアでも少なく，北東アジアにはまったく分布していない(Tateishi, 1996)。先史時代や古代の植物性遺物の検証は，野生種から栽培種までを十分に含む形で注意深く進められるべきである。

　外観からも明らかなアズキは，縄文後期の桑飼下(くわがいしも)遺跡(京都府)から見つかっている(松本，1994)。これは，種子サイズが不均一であり，栽培化の初期のアズキかノラアズキを含むものではないかと推測される。また，稲作をともなう唐津菜畑(なばたけ)遺跡(佐賀県)からは明らかなアズキがアワとともに発掘されている(笠原，1982)。農業技術が未発達のころの農作物は作物自身の品種改良が進んでおらず，野生の形質をたくさんもっていたはずである。また，人間が農作物へ食糧を依存する量も少なく，日々の糧は野生採集品と栽培・飼育や半栽培の食材に頼っていたと考えられる。栽培技術の進化と作物の進化は食糧の依存を自然の食材から農作物へ移行させる段階をへて相互にかかわりながら進んだはずである。アズキの立性の草型は撹乱環境下で生育する条件で適応的に進化しうる特徴であり，休眠性の喪失や莢の非裂開性は播きつけと収穫の条件で進化する特徴である。種子の大粒化は収穫部位の集中化(枝打ちの減少)にともなう適応現象である(山口，1994)。そうすると，野生種から栽培植物のあいだにはさまざまな段階があって，立派に成熟した栽培植物は，人がつねに栽培種の特徴を維持することによって存続できるのである。栽培化の初期のアズキを現在のアズキと同じと見なすのは危険である。先史時代や古代のアズキは小粒であるのが当然といえよう。鳥浜の豆を小粒のアズキである疑問を残してリョクトウかも知れないと鑑定した報告(松本，1979)はむしろ高く評価すべきである。福岡金場(かなば)遺跡(弥生初期)の炭化豆から取りだしたDNAには，*Trn*Lに51 bpの欠失が確認された(Yano et al., 未発表)。アズキは古くから日本で利用されていたのである。

5. 赤いマメへのアズキの進化

　中国西南を旅すると少数民族が〝あずき〟の煮豆や〝あずき〟のモヤシを使っている場面に出会う。たとえばミャオ族は〝あずき〟を楠豆と呼ぶが，彼らの楠豆は赤ではない。赤もあるが，黄(白)や緑や茶の斑入りの場合が多い。〝あずき〟のうちアズキは「楠豆小さい」，タケアズキは「楠豆高い」と

識別しているが，利用のうえでは両者の識別はあまり明瞭でなく，タケアズキの方がよく利用されている．標高の低い，気温の高い場所ではむしろタケアズキの栽培が多くなる．東南アジアでもタケアズキはさまざまな民族によって利用されている．しかし，アズキはベトナムでモンと呼ばれるミャオ族の集落でよく見つかる．彼らはよく赤飯を食べている．インドやブータンでもアズキ利用の実態がわかりつつある．なぜ限られた民族や食文化と結びついてアズキがあるのか，また，なぜリョクトウやタケアズキは広く利用されるのか，その原因はよくわかっていない．

アズキの種皮の色は，7個のメンデル性遺伝子によって決まっている．ヤブツルアズキは7つの対立遺伝子のすべてを優性でもっている．普通の栽培アズキの赤色は3個の遺伝子が劣性ホモになっており，白アズキの白は5個の遺伝子が劣性ホモとなっている．アズキには花アズキと呼ばれる赤地の斑をもつ品種もあるが，これも斑を支配する遺伝子をもっている．ヤブツルアズキと栽培アズキの中間的なノラアズキに見られる緑や黄褐色は1個または2個の遺伝子が劣性ホモにかわっている．利用程度の高いものに劣性遺伝子が多いという傾向は，収穫量が大きいとか種子の寿命が短いような栽培植物にみられる一般的性質である．人が意識的あるいは無意識的に選択する栽培植物の性質は野生の状態では残りにくい．野生のヤブツルアズキから栽培のアズキにかわるには，栽培条件で有利となる特徴をもつ必要があり，さらに人間から好まれる特徴をもつことになる．栽培条件で有利な特徴はどの地域の栽培アズキにも見られるが，赤いアズキへの特殊化は日本でとくに際だった現象である．アズキを赤い豆と考えるのも，アズキの香りや舌触りを求めるのも日本人だけである．洗練された赤い種子のアズキは日本人が選んだ日本文化そのものであるが，それは劣性の遺伝子を残す行為である．

〝あずき〟の種子の大きさと色彩を比べてみると，ある現象に気がつく．栽培アズキの種子のサイズは，中国西南やブータンから日本へと大きくなる．これに対してタケアズキでは東南アジアや中国西南から日本へと小さくなる．種子の色の変異は，アズキでは東で大きく，西では赤と黄褐色の2型が優占する．タケアズキではそのようすが逆転し，貴州省や東南アジアでは種子も大きく，色彩にも大きな変異が見られるのに，日本では赤か黄色のどちらかである．アズキそのものへの人の認識も照葉樹林の東では強く，西では弱い．大理石で有名な大理自治州の白族は，水田の畦に作ったアズキを chen-tau

(豆苗)と呼び，モヤシ程度にしか認識しない。麗江のナシ族は，黄緑色のアズキを作っているにもかかわらず，赤いアズキを見せても「そんなものは見たことがない」と言う。種子の大きさと人の認識の程度の同調した分布は，偶然の一致ではないだろう。また，その野生祖先種(ヤブツルアズキとつる性の野生タケアズキ)は，それぞれ照葉樹林の東とインドシナ中央部に密度濃く，大きな群落で生育している。それぞれの野生種が高い頻度で大きな群落をつくる地域で最初の利用が始まり，やがて栽培化が進んだと考えるのが妥当であろう(山口，2001)。

　このような栽培アズキの実態を考慮するとRAPD変異は，つぎのように解釈できる(図4)。栽培アズキは，照葉樹林東部から温帯へ広がったヤブツルアズキのうち極東の集団から栽培化されたと考えてよい。極東アジアのヤブツルアズキを始祖としてできあがったアズキは，低い遺伝的変異しかもたなかったが，栽培化の後，伝播した地域ごとに小さな変異をもつようになった。東アジアではミャオ族のように中国江南からアジア南部に移動した民族があり，そのような民族の移動にともなってアズキは中国の南部をへてブータンやネパールまたは東南アジアへ伝播した。そこにはすでに野生として広がっていたヤブツルアズキがあったが，それら野生のヤブツルアズキからの栽培化は起こらなかったと思われる。なぜなら，亜熱帯高地のヤブツルアズキから栽培化が始まっていれば，それらとよく似たRAPD変異が栽培アズキに見つかったはずである。

　アズキの歴史には，大きく地史にかかわる部分と人間にかかわる部分がある。アズキは自然といっしょの前半の歴史と人間とかかわった後半の歴史があって今の姿をなしているのである。

第III部

半乾燥地の雑穀

一年間の雨量が 250 mm から 500 mm の地域は，半乾燥地と呼ばれ，砂漠と併せると陸地面積の 3 分の 1，4800 万 ha に及ぶ。半乾燥地や 750 mm までの雨量の乾燥半湿潤地では乾燥に耐える多くの穀物が作られる。その穀物の主役が雑穀たちである。そしてまた，このような地域が穀物の揺籃の場所である。雑穀は，ここに住む人々にとって食事や家畜の飼料としてきわめて重要な役割を果たす。人々は雑穀に依存し，雑穀は人に依存していると言ってもよい。第Ⅲ部では，熟達したフィールド科学者たちが南アジアとアフリカの雑穀の世界を説いてゆく。第 11 章ではインドにおける雑穀の世界を述べる。さまざまな地域からやってきたこれほど多くの穀物がインドの人たちの生活を支えているのである。第 12 章では擬穀の女王，センニンコクを述べる。新世界からやってきたセンニンコクは，ネパールの山麓を彩る作物としてだけでなく，神の穀物として人との関係を深めていく。第 13 章では南アジアでのゴマの世界を紹介する。栽培のゴマによく似た雑草ゴマの分析とゴマの調理・利用と呼び名の多様性の分析を通して，ゴマは南インドで栽培化されたと主張する。第 14 章では西アフリカの雑穀地帯における穀物利用の実相を調べる。ニジェール川に浮かぶ浮島の草，野生のヒエ，ブルグは，作物としての雑穀とかわらない立派な穀物である。半乾燥地ではすべてのイネ科植物の種子は穀物となり，その草も利用できる。イネ科の野生種はただの雑草ではないのである。第 15 章では，アフリカイネ，モロコシ，トウジンビエ，テフというアフリカ大陸の雑穀たちと持続的な人々の営みを民族植物学の視点からふれる。雑穀を素材としたフィールド科学の展望を通して雑穀の世界を締めくくる。

　わらのなかに混じった粉のような雑穀の種子が，そしてバラバラと落ちる雑草の種子が，みごとな方法で集められてゆく。雑穀は，知恵をしぼった丹念な調理によって，食卓を飾り，人々の糧を賄ってゆく。儀礼のなかでの雑穀は人の心も創ってゆく。雑穀のもたらす半乾燥地における持続的な人々の生活は，資源の限られたなかで生きねばならない将来の人類にとってのお手本でもある。

第11章 雑穀の亜大陸インド

木俣美樹男

1. インド亜大陸の環境と農業の概略

　インド亜大陸の範囲は現在の国名でいうと，インド，パキスタン，バングラデシュ，ネパール，ブータン，スリランカおよびモルジブの7カ国である。この広大な南アジア地域は亜大陸と称するに相応しく，東西・南北ともに約3400 kmに及び，標高も0 mのインド洋から8848 mの世界最高峰エベレストを戴くヒマラヤ山脈にまで及んでいる。著しく多様性に富む気候区を概観すると，ガンジス川中流域のヒンドスタン大平原は温暖湿潤気候，ガンジス川下流域から半島部のデカン高原はサバンナ気候，マラバル海・ベンガル湾東部は熱帯雨林気候，インダス川の中流・下流域は砂漠気候と半乾燥ステップ気候，および大ヒマラヤ地域はツンドラ気候である。

　また，インド亜大陸は宗教，言語などの文化要素においても著しく多様である。宗教はヒンドゥ教，イスラム教はじめ，キリスト教，仏教，シーク教，ジャイナ教などのほか，地域的な宗教も夥しい人々の信仰を集めている。言語はおおまかにみると南部はドラビダ諸言語，北西部はインド・アーリア諸言語，東部はシナ・チベット諸言語を用いており，さらに中・東部にはオーストロ・アジア諸言語を用いる民族が点在して居住している。これらの宗教や言語を含めて，複雑に文化要素を組合せた民族集団が，北方から南西アジア・ダルド系，ラマ仏教系，東南アジア系，北西インド系，東部インド系，西部インド系，半島部部族系，南部インド系，およびムスリム系集団というように，モザイク様の分布を呈している (Johnson, 1983)。

インドにおける主要穀類の1999年における生産量は，イネ8474万トン，コムギ7101万トン，そのほかの穀類3090万トン，および豆類1589万トンである。イネはカリフ季(夏作)に作付けされることが多く，沖積平野を中心に，東インドから海岸線を南下してケララ州にまで及んでいる。コムギはラビ季(冬作)にパンジャブなど北西諸州で作付けされている。トウモロコシはヒマラヤ南麓でカリフ季に栽培されている。これから述べるインドの雑穀は一般的にはカリフ季に栽培されるが，ガンジス川の下流やデカン高原ではラビ季にも栽培されている。人口が急増して2001年には10億人を大きく超えたインドでは，食糧の安全保障は緊急の懸案事項で，さらなる穀類の増産が求められている。このなかで，現在，雑穀はイネとコムギに対して補助的な役割を演じているが，将来にむけて安価，高栄養である点，また大半がC_4植物で耐旱性に優れ，半乾燥地での栽培が可能である点で，その再評価が著しく進んでいる。

インド亜大陸での雑穀栽培に関するフィールド調査は，これまで1983年，1985年，1987年，1989年，1996年から1997年，および2001年にかけて，滞在日数の合計延べ2年間にわたって行なった。この調査で直接見聞したことを中心にインド亜大陸で栽培されている雑穀について紹介し，とくにこれらの栽培化の過程について考えてみたい。

2．インド亜大陸で栽培されている雑穀

インド亜大陸で栽培されている雑穀を地理的起源によってつぎのようにグループ分けして(表1)，インド亜大陸への推定伝播ルートを示した(図1)。(1)アフリカ起源(IV)グループはシコクビエ，モロコシおよびトウジンビエである。(2)アジア起源グループのうち，中央アジア起源(I)はキビおよびアワである。東南アジア大陸部起源(IIb)はハトムギである。東南インド起源(IIa)にはサマイ，インドビエ，コドミレット，カーシーミレット，コルネおよびコラリが含まれる。これら栽培植物のうちハトムギおよびコドミレットはイネと同じく多年生植物であるが，この特性はその起源を考えるにあたって重要である。西南中国起源はソバおよびダッタンソバである。(3)新大陸起源(B)グループはアマランサスおよびキノアである。ここでは，ソバ，ダッタンソバ，アマランサスおよびキノアはイネ科ではなくヒユ科やアカザ

表1 インド亜大陸で栽培されている雑穀(主に阪本(1988)および Smartt & Simmonds(1995)をもとにして作成)

地理的起源/栽培種名	呼称	染色体数	年生	祖先種名
アフリカ起源				
Eleusine coracana	シコクビエ	$2n=36 (4x)$	一年生	E. coracana subsp. africana
Sorghum bicolor	モロコシ	$2n=20 (2x)$	一年生	S. bicolor var. verticilliflorum
Pennisetum glaucum	トウジンビエ	$2n=14 (2x)$	一年生	P. violaceum
アジア起源				
(1)中央アジア起源				
Panicum miliaceum	キビ	$2n=36 (4x)$	一年生	P. miliaceum subsp. ruderale?
Setaria italica	アワ	$2n=18 (2x)$	一年生	S. italica subsp. viridis
(2)東南アジア大陸部起源				
Coix lacryma-jobi var. ma-yuen	ハトムギ	$2n=20 (2x)$	多年生	C. lacryma-jobi var. lacryma-jobi
(3)インド起源				
Panicum sumatrense	サマイ	$2n=36 (4x)$	一年生	P. sumatrense subsp. psilopodium
Echinochloa frumentacea	インドビエ	$2n=54 (6x)$	一年生	E. colona
Paspalum scrobiculatum	コドミレット	$2n=40 (4x)$	多年生	野生型
Digitaria cruciata	ライシャン	$2n=-$	一年生	野生型
Brachiaria ramosa	コルネ	$2n=-$	一年生	野生型
Setaria glauca	コラリ	$2n=-$	一年生	野生型
(4)西南中国起源				
Fagopyrum esculentum	ソバ	$2n=16 (2x)$	一年生	F. esculentum subsp. ancestralis
Fagopyrum tataricum	ダッタンソバ	$2n=16 (2x)$	一年生	F. tataricum subsp. potanini
新大陸起源				
Amaranthus hypochondriacus	センニンコク	$2n=32$ or $34 (2x)$	一年生	A. cruentus (A. hybridus)
Amaranthus caudatus	ヒモゲイトウ	$2n=32$ or $34 (2x)$	一年生	A. cruentus (A. hybridus)
Chenopodium quinoa	キノア	$2n=36 (4x)$	一年生	C. quinoa subsp. milleanum

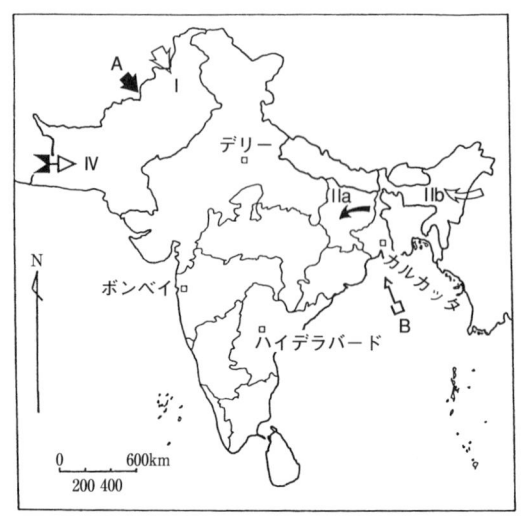

148　第Ⅲ部　半乾燥地の雑穀

図1　インド亜大陸への雑穀の伝播ルート

科に属するものであるが，その種子が穀物のように利用されているので雑穀に加えている。

　インド亜大陸の雑穀が栽培植物起源学の視点から興味深い主な理由を3つあげてみよう。1つは，インド起源の雑穀においては現在進行形で栽培化の過程を見ることができるからである。すなわち，野草から雑草，擬態随伴雑草，混作または間作の二次作物，さらにより洗練された単作の作物へとむかう栽培植物の進化の過程である。2つ目は，植物と人間との共生のモデルが植物を栽培化していく過程において典型的に認められるからである。たとえば，雑草が随伴雑草，擬態随伴雑草となり，さらに二次作物となる過程に植物と人間相互の真摯な掛け合いがあるからである。3つ目は，同じイネ科他種ばかりでなくマメ科，キク科など他科との混作や間作などの栽培体系ともかかわって，植物相互間にも多彩な関係性が生じ，擬態や共生的な生活様式の共進化が認められるからである。言い換えれば，植物と人間の混沌とした歴史性，空間性，これらを関係づける環境文化が真におもしろいのがインド亜大陸である。

　ここでは人間によって撹乱されることが少ない場所に生育する植物を野生型，路傍や畑地など撹乱される場所に生育する植物を雑草型，栽培されている植物を栽培型としている。また，栽培植物の畑に侵入して生育する植物を

その随伴雑草，これらのうち主要な栽培植物に擬態している植物をその擬態随伴雑草として，雑穀の栽培化過程における進化生態的地位を示している．

3. アフリカ大陸から伝播した雑穀(IV グループ)

シコクビエ *Eleusine coracana* はアフリカの東から南部の高地やサバンナ地帯で栽培されている一年生の穀物で，祖先種は *E. coracana* subsp. *africana* である．シコクビエは中央スーダンでは 5000 年前に栽培されていた可能性がある．その後，紀元前 1000 年紀にはインドに到達した．アフリカでは約 100 万 ha，インドでは北から南部諸州にかけて約 300 万 ha で栽培されている．subsp. *africana* はインドに広く伝播せず，カルナタカ州の農科大学農場内のシコクビエ圃場周辺にまれに生育しているのみである．ここではインドとアフリカの品種を交雑してインダフ品種を育種しているので，アフリカの品種の種子に混入して最近になって帰化したものと考えられる．

シコクビエは南インドでは今日でも主要な食糧となっている．花序の形態にもとづいてつぎの 5 品種群に分類されている (de Wet et al., 1984)．Corocana 品種群はアフリカとインドで広く栽培され，subsp. *africana* に似ており，中央の枝梗をよく発達させている．この枝梗は 5～9 本形成され，細く直線的である．この品種群はインドではモロコシとトウジンビエ畑で間作されている．Vulgaris 品種群はアフリカとインドで最も普通に栽培されているが，インドでは灌漑イネ栽培に続く乾期作物として，直播のほか苗床に播種，育苗後，移植栽培されてもいる．Compacta 品種群は北東インドからウガンダまでで栽培されている．インドではとりわけ曲がった枝梗に加えて下位に付く枝梗が特徴的である．Plana 品種群はインドの東西ガーツからマラウイにまで栽培されており，小穂は長く小花が花軸に密生し，リボンのような外観となる．Elongata 品種群は枝梗が長く，東アフリカのほか，インドの東ガーツでも栽培されている．インドではトウジンビエの栽培がシコクビエの栽培を圧迫してきているので，栽培面積はこの 20 年間に 200 万から 300 万 ha のあいだを変動し，減少傾向にある．

モロコシ *Sorghum bicolor* subsp. *bicolor* は半乾燥熱帯の農業における主要穀物である．インダスから農耕文化が南方へ伝播する際にインドでは熱帯の穀物が必要となった．紀元前 2000 年ないし 3000 年紀にはモロコシはエチ

オピアとの交易によってもたらされていた。ラジャスタンやグジャラート州からの考古学的証拠がこれを裏づけている。1990年には世界の総計4500万haで栽培され，内1530万haは東南アジアの作付けであった。

モロコシは栽培型亜種のほか，subsp. *arundinaceum* および subsp. *drummondii* に分類されている。さらに，subsp. *arundinaceum* は var. *arundinaceum*，var. *verticilliflorum* および var. *aethiopicum* の3変種に分けられている(de Wet, 1978)。モロコシの栽培型品種群は近縁種との複雑なかかわりあいによって成立している。直接の祖先種は var. *verticilliflorum* ($2n=20$)と考えられ，栽培型とこの変種は近縁野生種 S. *propinquuum* ($2n=20$)とも自然交雑し，S. *halepense*($2n=40$)とは，染色体数の倍化をともなって浸透性交雑の影響を受けており，著しく複雑な変異を示している(Doggett, 1988)。subsp. *drummondii* は栽培型と野生種が同所的に生育している地域で雑種起源の雑草となっている。品種群の分化過程はつぎのように考えられる。subsp. *arundinaceum* はアフリカで6000～5000年前に栽培化の過程にはいり，分裂選択によってモロコシの5栽培品種群および雑種を生みだした。アフリカの野生型亜種と S. *halepense* 間の自然交雑，栽培型と subsp. *arundinaceum* 間の交雑が各地で生じている。Guinea と Durra 品種群は東方へと伝播し，4000年ほど前にはインドへ，2000年ほど前には中国に伝播してアンバー・ケーンとコーリャンとなっている。S. *bicolor* と S. *halepense* の交雑で雑草性の著しいジョンソングラス，さらにアルゼンチンにおいて飼料用とされるコロンバス・グラス S. *almum*($2n=40$)がこの雑草と栽培品種の自然交雑によって生じている。19世紀以降にアメリカ合衆国へ導入されたアフリカの Durra，Kaffir および Bicolor 品種群は矮性品種を生じている。栽培品種群の特徴について少し整理してみよう。穎に包まれた耐鳥害性の小粒種子をもつ Bicolor 品種群は最初に，良好に加工できる中粒種子をもつ Guinea 品種群はつぎに発達した。エチオピアで発達し，耐旱性が強く大粒種子をもつ Durra 品種群はインドや東アジアまで伝播している。Caudatum 品種群は大変ユニークな特性を亀甲状種子の形態や色・味にもっている。Kaffir 品種群は南アフリカでバンツー族とかかわりをもって栽培されている(Harlan and de Wet, 1972)。Durra および Bicolor 品種群は擬態随伴雑草をもっている。今日のインドでは全インド＝モロコシ改良計画が中心となって品種改良や普及を行なっている。同じくハイデラバードに

あるICRISAT(国際半乾燥熱帯作物研究所)もモロコシやトウジンビエの品種改良に熱心に取り組んでいる。

トウジンビエ *Pennisetum glaucum* はアフリカ起源の一年生草本で，暑熱と乾燥に強く，アフリカでは1600万haで栽培されている。インド亜大陸ではパンジャブからタミル・ナドゥ州にかけて約1100万haで栽培されており，とりわけラジャスタン州では主要な食糧となっている。トウジンビエの近縁野生種は乾燥した東から西アフリカに広く分布している。Brunken (1977)は二倍体の栽培品種，雑草および野生種は頻繁に交雑していることを示し，これらを単一の種 *P. americanum* とし，さらに3亜種に分類し，栽培型 subsp. *americanum*，雑草性の subsp. *stenostachyum* および野生型 subsp. *monodii* とした。その後，Clayton and Renvoize(1982)はトウジンビエの分類学的に適切な名称を *P. glaucum* とし，近縁雑草を *P. sieberianum*，近縁野生種を *P. violaceum* として整理した。これら3種の違いは生育場所の選択と種子散布の機構にある。*P. violaceum* は祖先種であり，上記分類の subsp. *monodii* に相当する。また，*P. sieberianum* は subsp. *stenostachyum* に相当し，アフリカではトウジンビエ畑の擬態随伴雑草として花序の大きさや形態，栄養体の形態および開花期を類似させている。西アフリカでは雑草性の「半＝栽培品種」の雑種集団をシブラス(*shibras*)と呼んでおり，農夫にとっては普通に見られるいわば「汚染」植物である。シブラスは栽培型と雑草近縁種 *P. violaceum* との浸透性交雑によって生じており，花序の大きさや形，栄養体の形態および開花期で栽培型に類似する擬態随伴雑草といえる。しかし，これはインドでは見られない。

地理的にはつぎの4栽培品種群が認められる。卵型の頴果をもち，最も祖先型に近いTyphoides品種群は今日もアフリカで広く栽培されており，考古学的な証拠から4000年前にアフリカで栽培化され，品種分化が起こる以前，この品種群のみが北西インドに少なくとも3000年前に伝播した。しかし，ほかの3品種群はアフリカから外へは伝播していない。Nigritarum品種群はTyphoides品種群に類似し，50 cm以下の花序をもつ。Globosum品種群は長球形の頴果，100 cmを超えるローソク型の花序をもつ。Leonis品種群は先の尖った扁球形の頴果をもち，花序の長さや形は変異に富む。トウジンビエは旱魃に強いので，将来も乾燥地帯の農耕地で栽培が拡大，継続されることであろう。

4. 中央アジアから伝播した雑穀(Ⅰグループ)

キビ *Panicum miliaceum* は最も古い栽培植物のひとつで，少なくとも5000年前には中国で，3000年前には南ヨーロッパで栽培されていたとされる。ユーラシア大陸全域において各地の新石器時代の文明を支えた重要な食糧であった。キビは3亜種に分類されている(Scholz and Mikolas, 1991)。イヌキビ subsp. *ruderale* ($2n=36$) は栽培型 subsp. *miliaceum* ($2n=36$, 40, 49, 54, 72) からの逸出で，種子は小さく脱粒性，疎らな円錐花序をもち，ヨーロッパから東アジアまで広く分布している。subsp. *agricolum* ($2n=36$) は栽培型からの突然変異によって生じ，栽培型とイヌキビとの中間的特徴をもっており，除草剤耐性で中央ヨーロッパのトウモロコシ畑に生育している。栽培化の地理的起源には諸説がある。たとえば，Vavilov(1926)はユーラシア各地のキビの比較分類学的な研究により，東アジアから中央アジアにかけて高い遺伝的多様性を認めて，中国北部で起源したと考えた。一方，Herlan(1975)は中国とヨーロッパの両地域で独立・平行的に栽培化された可能性を示唆している。Sakamoto(1987)はインダス川の上流域へのフィールド調査を踏まえて，上記の諸説を総合して中央アジアからインド亜大陸北西部の地域において起源し，アジアとヨーロッパ各地へと伝播したと考えた。西トルキスタンへのフィールド調査(1993)で収集したキビの品種のなかに多分蘖性，疎穂で種子脱粒性が高い擬態随伴雑草が混入しており(Kimata, 1997)，またパキスタンからの収集品種にも同様の雑草型が認められた。ちなみに，伝播の末端である日本のキビの品種は大半が主稈のみが発達して，密な花序をつける非分蘖性である。他方，雑草型のイヌキビは多分蘖性で，疎らな花序をつける。これらの点からも現在のところSakamoto説の妥当性を支持したい。しかし，イヌキビまたは擬態随伴雑草が祖先種であるかについては結論がでていない(木俣，1994)。キビ属の栽培植物にはキビのほかに後に述べるサマイとメキシコ起源のサウイ *P. sonorum* がある。

キビはインド・パキスタン・ネパールおよびアフガニスタンの山地帯では主要な作物のひとつとして栽培が行なわれている。Lysov(1975)はキビをつぎの5栽培品種群，すなわち Miliaceum, Patentissimum, Contractum, Compactum および Ovatum 品種群に分類している。これらのうちインド

で主に栽培されているのは Patentissimum 品種群としているが，この品種群は疎らな穂で種子が熟した際には若干垂れる。インド亜大陸を俯瞰するとキビの変異は大きく，穂型はもとより草姿も非分蘖型から多分蘖型まで幅広く存在する。主な栽培地はガンジス川の下流域でイネの収穫後に播種されている。また，ヒマチャル・プラデシュとウッタル・プラデシュ州の2500 m以上の山地で栽培が維持されている。今日でもインド亜大陸をはじめとして中国，日本，中央アジアおよびウクライナなど各地で栽培されている。

　アワ Setaria italica はユーラシア全域で広く栽培されている一年生穀物で，祖先種はエノコログサ S. italica subsp. viridis である。エノコログサ属植物は雑草化し，S. sphacelata や S. palmifolia などいくつかの種が新旧大陸で野生穀物として利用されている。しかしながら，アワ以外で栽培化の過程にあるのは後述するように南インドでのコラリ S. glauca のみである。中国では約5000年来栽培されており，仰韶時代(黄河中流域で紀元前5000年から2000年ほど続いた農耕文化)にはキビと同様に重要な穀物であった。ヨーロッパでも新石器時代，約3600年前には栽培されていた。しかし，インドの新石器時代の遺跡からは今のところ見つかっていない。アワはつぎの2品種群に分類されている(Dekaprelevich and Kaksparian, 1928)。Moharia品種群は多数の稈と小さくて円筒型の穂をもち，主にヨーロッパや西アジアに分布する。Maxima品種群は1ないし少数の稈と長くて垂れ下がる穂をもち，ロシアから日本に分布する。後に Prasada Rao et al.(1987)がインドから東南アジアで栽培されている Indica 品種群を追加したが，これには分類学的な根拠はなく，農耕にかかわる地理的分布を参照したにすぎない。栽培化の地理的起源についてはキビと同様に諸説があるが，Sakamoto(1987)は，アワは中央アジアからインド亜大陸北西部で紀元前5000年以前に栽培化され，ユーラシア大陸の東西に牧民の手で漸次伝播して地方品種群を分化させていったとした。その根拠は，アフガニスタンやパキスタン北西部のアワの品種は祖先種エノコログサに類似して，小さな穂を多数つけ，分蘖性が高く，交雑花粉稔性からみて品種分化があまり進んでいないなどである(阪本，1988)。最近の栽培面積は中国で約400万ha，南インドで100万ha弱である。インドではモロコシと間作され，牧草としても高い価値があり，アンドラ・プラデシュ州を中心に高収性品種を導入して生産量を増加させている。

5. インド亜大陸およびその周辺で起源した雑穀(II グループ)

サマイ *Panicum sumatrense* はインド周辺のミヤンマー，ネパール，スリランカでも栽培されているが，インドの東ガーツでは重要な一年生穀物となっている(写真1A)。祖先種は雑草 *P. sumatrense* subsp. *psilopodium* で畑に積極的に侵入する。この雑草から由来した Nana 品種群は成熟時に種子散布能力をなくしている。サマイはモロコシとトウジンビエの間作穀物として，あるいはマハラシュトラ州ではイネの天水田の畦に栽培されることもある。Robusta 品種群は良好な土壌の畑では単作栽培される。民族植物学的フィールド調査では雑穀や関連する道具の呼称・地方名など言語学的な聞き取り調査も重要である。たとえば，サマイは興味深い事例を示している。サマイの雑草型を〝akki marri hullu″(米の小さな草の意)や〝yerri arasamulu″(脱粒性のサマイの意)などと呼ぶことから，農夫がサマイの擬態随伴雑草の特性をよく理解し，雑草をコントロールしていることを明瞭に示しており(小林，1990)，後述するように作物=雑草複合の内実，栽培化過程，伝播ルートなどを推定することが可能となる。

インドビエ *Echinochloa frumentacea* はインド周辺でのみ栽培されている一年生草本である(写真1B)。考古学的な発掘はインドではまだないので，栽培化は比較的新しい時代になされたのかもしれない。つぎの4品種群に分類されている(de Wet et al., 1983)。Stronifera 品種群は祖先種の *E. colona* に似ており，Robusta 品種群は大きな花序を有しており，インド中で広く栽培されている。Stronifera 品種群と Robusta 品種群が交雑して Intermedia 品種群を生じた。Laxa 品種群はシッキムで栽培されており，長くて細い穂を有している。バートやガンジーなどに調理されるが，飼料としても重要である。雑穀は種子を人間が，茎葉を家畜が食することで今日も重要性がある。同属の栽培種に日本で栽培されているヒエ *E. esculenta* がある。日本の東北地方ではかつてヒエの茎葉を馬に与え，種子を人間が食糧としていた。また，パーボイル加工を施したり，病人の滋養食としてかゆに調理している点も両種に共通していて興味が広がる。

コドミレット *Paspalum scrobiculatum* はインドのみで一年生穀物として栽培されているが，本来多年生の種である(写真1C)。この雑草型は旧大陸

写真1 インド亜大陸起源の主な雑穀。サマイ(A)、インドビエ(B)、コドミレット(C)およびコラリ(D)

の熱帯・亜熱帯の湿地に広く侵入している。栽培化されたのは少なくとも3000年前で，ラジャスタンとマハラシュトラ州の遺跡から出土している。栽培型と雑草型は種子脱粒性において明らかな差は認められるが，相互に交雑しているので両者の分化はあまり明瞭ではない。コドミレットの小穂は一般には2列であるが4列のものもある。この特性は収量増加にかかわるので農家は丹念に選抜しているが，雑草との自然交雑ゆえに固定することができないでいる。

ハトムギ *Coix lacryma-jobi* var. *ma-yuen* は主にアッサムおよび周辺の諸州で栽培されている多年生草本である。今日ではヒマチャル・プラデシュ州でも試作が行なわれている。雑草型の祖先種ジュズダマ *C. lacryma-jobi* var. *lacryma-jobi* は日本を含めて，東アジア各地に生育している。雑草型の種子は堅い苞鞘に包まれており，ロザリオや数珠に用いられている。栽培化された年代は不明である。東インドではジュズダマが水稲の擬態随伴雑草となっている事例もある。

ライシャン *Digitaria cruciata* はアッサムのカーシーヒルに居住する山地民によってトウモロコシや野菜畑の二次作物として栽培化された一年生草本である。バート（めし）などに調理されるが，飼料としての価値も高い。栽培化されたのはごく新しく19世紀とされている(Singh and Alora, 1972)。カーシーヒルへの入域ができなかったので，直接観察はしていない。同属のマナグラス *Digitaria sanguinalis* はローマ時代に南ヨーロッパで多く栽培されていたとされ，少なくとも19世紀までは南東ヨーロッパで栽培されていた。今日ではカシミールとロシアのコーカサス地方で栽培されている可能性があるが，残念ながらカシミール各地でお目にかかることができなかった。西アフリカでは同属のフォニオ *D. exilis* とブラックフォニオ *D. iburua* が栽培されている。

コルネ *Brachiaria ramosa* は一年生草本で，インドの東ガーツ山脈に居住する山地民に栽培されている。近年までカルナタカ州とアンドラ・プラデシュ州の境界の乾燥地域で約8000エーカー栽培されていた。1996年の調査でもこの地域で栽培され続けており，バートやロティ（非発酵パン）など9種類の調理の材料として用いられている。コルネは，本来，南アジアに広く分布し，林床，プランテーションの果樹林床や路傍などの生育地から，陸稲，ついでシコクビエ，サマイなどの畑に雑草として侵入し，飼料として利用さ

れるようになり，乾燥に強いので保険作物の地位を獲得し，さらに二次作物として単作される栽培植物になった。図2に示すように，栽培型は擬態随伴雑草型よりも穂が密で大きく，種子脱粒性が弱い。耐旱性に著しく優れ，雨が2回降れば収穫にいたると言われている。南インドでは単作されることが多いが，栽培もいたって簡単で，極端に言えば播いて収穫するのみである(Kimata et al., 2000)。西アフリカのサバンナ地帯でほぼ栽培化段階にいたっている同属の一年生種がアニマルフォニオ *B. deflexa* である。

　コラリ(キンエノコロ *Setaria glauca* または *S. pumila*)は南インドでときおり栽培されている一年生草本である(写真1D)。キンエノコロは日本でもごくありふれた雑草であるが，インドでは開けた林床，路傍や畑地に生育している。私たちの調査によれば，東南インドのキンエノコロは生態的に3分類できる。第一は，短い穂をもち，著しい種子脱粒性を示し，陸稲などの畑地に侵入している雑草型である。第二は，コドラかサマイに擬態随伴してい

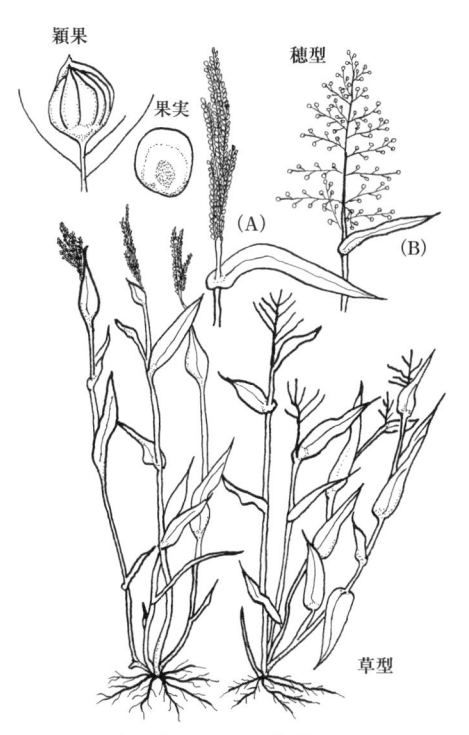

図2　コルネの栽培型(A)と擬態随伴雑草型(B)

る雑草型である。第三は，サマイと混作されている栽培型である。さらに詳細に異種間の擬態状況を見ると，興味深いことにコラリは現在も二元的な進化の方向を取っているようにみえる。ひとつは，オリッサ州において主にイネ(陸稲)，シコクビエ，コドミレットなどの畑に侵入し，擬態随伴雑草となった第二の雑草型であり，飼料としてのほかにほぼ保険作物の段階に達して食糧としても利用されている。もうひとつは，サマイの畑に侵入して擬態随伴雑草となり，さらにカルナタカとタミール＝ナドの州境地域においてサマイと混作され，ほぼ栽培化の完成段階に達している栽培型である。これはサマイと混合してバートなど6種類の調理に使われている。雑草型と比較すると，驚くほど穂が数倍も長く10cm以上，種子脱粒性が低下しており，早晩生，穎の色などで品種分化も生じている。とりわけ，サマイと種子の形状と色が類似しているコラリの種子は穎の滑らかさとつやによってのみ区別できる点は興味深い(Kimata et al., 2000)。

ソバ *Fagopyrum esculentum* とダッタンソバ *F. tataricum* は一年生草本である。多年生草本の *F. cymosum* が両種の祖先種とされていたが，近年，種子脱粒性の野生種が見つかり，ソバの祖先種は *F. esculentum* subsp. *ancestralis*，ダッタンソバの祖先種は *F. tataricum* subsp. *potanini* とされ，西南中国のヒマラヤ地域で5000年ほど前に栽培化されたと考えられている(Ohnishi, 1998)。カシミールに伝播したのは紀元1200年ごろである。現在，インドではヒマチャル・プラデシュからアッサムにかけて主に栽培されている。これらの丘陵地帯でカリフ季に2万ha作付けされ，6000トンの年間生産量をあげている(Joshi and Paroda, 1991)。

6. 新大陸から伝播した雑穀(Bグループ)

アマランサス(主に *Amaranthus hypochondriacus* と *A. caudatus*)は紀元1500年ごろにインドに伝播し，現在はヒマチャル・プラデシュからアッサム地域，南インドの山地帯で栽培されている。キノア *Chenopodium quinoa* はヒマラヤ地域などでまれに栽培が認められる。これらは種子ばかりでなく野菜として若い葉が利用されている(Joshi and Rana, 1991)。北インドでは伝統的な作物ではないので，栽培しても自らの食用とはせずに，換金作物としている。

7. インド亜大陸における雑穀の調理法

　雑穀の栽培植物起源学的研究は植物への人為選択を加味した進化の過程，栽培化を主題としているので，もちろん自然選択や適応という現象を探求してきた遺伝学や生態学などの植物学的手法が重要である。また，人間と植物の関係史の側面からみて，農耕文化基本複合，とりわけ栽培方法や加工・調理方法などにかかわる民族植物学的アプローチによるフィールド調査は欠かせない。こうした資料からも栽培化と伝播を明らかにする多くの事例がみえてくる。アフリカ起源の3種の雑穀がインド亜大陸に伝播し，受容された後，シコクビエは南中国をへて日本にまでたっしている。モロコシはトルキスタンと南中国をへて日本までたっしている。しかし，トウジンビエはトルキスタンや中国には最近まで伝播していない。インド起源の雑穀類はあまり広くは伝播せず，地域的な栽培に限定されている。これらの要因を究明することはこれからの関心事であるが，食文化の調査はこのことに解答を与えるひとつの手法となるであろう。

　食をめぐる文化複合の一端を表2に示した。雑穀の伝播を考えるうえで興味深い点をいくつか指摘することができる。たとえば，アジア起源の雑穀は

表2　インド亜大陸の主な穀物とその調理

栽培種名	バート (飯)	ウプマ	ロティ (非発酵パン)	ヴァダ (揚げパン)	ドーサ (薄焼き)	イドリ (蒸しパン)	ムッデ (おねり)	ガンジー (粉粥)	マヴ (しとぎ)
シコクビエ	△	○	○	○	○	○	◎	○	
モロコシ	○	○	◎	○	△		○	○	
トウジンビエ	○	○	◎				○	○	
キビ	◎	△	○	△			○	○	
アワ	◎	△	△	○	○		○	○	○
サマイ	◎	○	△	○	○		○	○	
インドビエ	◎	△		○			○	○	
コダミレット	◎		○						
ライシャン	◎		○						
コルネ	◎		○				○		
コラリ	◎		△				△	△	

◎：主な利用法，○：一般的な利用法，△：まれに作られるか混合補助材料として用いられる

主に粒食のバート，アフリカ起源の雑穀は主に粉食のロティとムッデ(おねり)の調理材料として用いられている。粒食のバートはイネの主要な調理法であり，ロティはコムギの古い調理法，ムッデはアフリカの雑穀調理法の影響を受けたものである。このことはインド起源の雑穀がイネ(陸稲)と強いかかわりをもっていること，アフリカ起源の雑穀がインドの北西方から伝播した可能性を示唆するものである。マヴ(しとぎ)はアンドラ・プラデシュ州においてアワとイネからのみ調理され，神々に供されている。湿式製粉法で加工されるマヴは日本のしとぎと同じものといえる。もう一点，興味深いパーボイル加工法について述べよう。この加工法は脱穀した穀粒をそのまま熱湯で煮た後，天日乾燥するものである。イネとインド起源の雑穀には施用されるが，キビとアワには例外的かほとんど適用されていない。この加工法上の違いから前者と後者は異なる食文化複合をもっているといえよう。インドではイネの大半がパーボイル加工を施されている。日本のヒエは白蒸法や黒蒸法でパーボイル加工されることが多いが，イネにも適用事例は少ないがある。パーボイル加工が，本来，脱粒性をもった栽培化初期段階植物あるいは擬態随伴雑草までを含んで，脱粒を避けるために未熟のうちに，あるいは朝露のあるうちに刈り取ることと関係していたとすると，加工方法も栽培化に影響したと考えられる(Kimata et al., 1999)。雑穀の調理がもっとも多様であるのはタミル＝ナドゥ州である。西から南下したムギ類およびアフリカ起源と中央アジア起源雑穀，東から南下したイネおよびインド起源雑穀が材料となり，それぞれの穀物をともなった調理法が影響しあってさらに多彩となっている場所が南インドのこの地域である(木俣，1988，1990)。

8. 雑穀の栽培化過程

インド起源のイネ科雑穀は，イネ(陸稲を含む)が東から南へ，湿潤地から乾燥地へと伝播する過程で，イネ自体に耐旱性を求めることが困難であったので，これに随伴した雑草のうちから新しい雑穀が二次作物として栽培化されてきたといえよう。これを助長したのは間作や混作で，この栽培方法は異種の栽培植物を同じ畑で栽培する一方で，多様な雑草の侵入と存在を許すことにもなる。インドにおいて雑草から雑穀へと栽培化されていく過程には，重複する2期に明瞭な4段階があると考えられる(図3)。第1期の第1段階

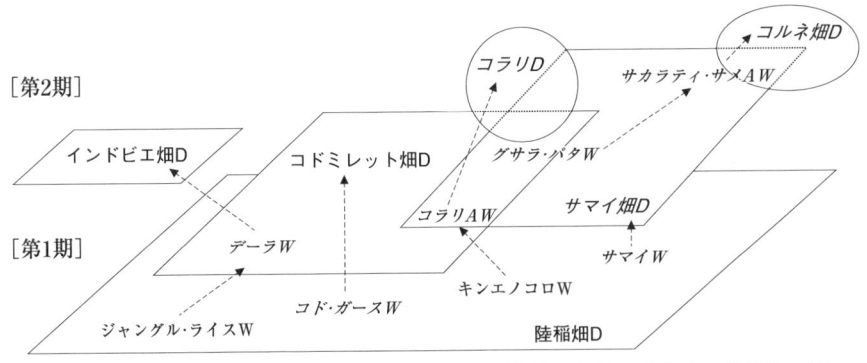

図3 インド起源の雑穀の栽培化過程(小林,1990に補足・改変)。太字は一般名称,斜体字は現地での呼称,Wは雑草型,AWは随伴雑草型,Dは栽培型を示す。矢印は同属別種または同種関係と栽培化の過程を示す。

は陸稲畑に雑草として侵入する。第2段階は人為選択圧を避ける方向で陸稲の擬態雑草となり,飼料としても利用される。第3段階は陸稲より強い耐旱性ゆえに保険作物となる。この第2から第3段階を半栽培の段階と考えることができよう。第4段階はついに二次作物(サマイ,コドミレット,インドビエおよびライシャン)として栽培化されることになる。第2期の第1段階は,第1期の第1段階における陸稲畑の雑草から引き続き,さらにコドミレットおよびサマイが栽培化された第1期の第4段階にこれらの畑にも侵入する。第2段階はコドミレットおよびサマイの擬態随伴雑草となり,飼料として利用される。第3段階の保険作物としての利用をへてコルネとコラリはほぼ二次作物として栽培化される第4段階にいたりつつある(Kimata et al., 2000)。

　この過程をみると,作物＝雑草複合が二次作物の栽培化にいかに重要であるかが明瞭である。この際に擬態随伴雑草は大きな役割を果たしているが,この現象は異種(属)間での擬態と同種内および近縁種間での擬態に区別する必要がある。異種間の擬態においては人為選択圧は主に除草の手を和らげる方向で栄養生長段階に働くが,サマイに対するコラリの種子の形と色における類似のように生殖生長段階にまで及ぶ場合すらある。他方,遺伝子交流が可能な同種内および近縁種間の擬態は穂型や種子の脱粒性が主要な区別点になるが,人為選択圧は生長の最終段階に働かせることになる。人間の側からみれば,栽培管理において除草の手を和らげるばかりでなく,収穫時の選抜

を厳密にしない，その結果として擬態随伴雑草の種子を混合したまま加工，調理し，さらに翌栽培期には同じく混合したまま播種する．すなわち，雑草を栽培化の方向へと誘導したかのようにもみえる．雑草の側からすれば，栽培型と野生型が交雑してできた雑草型と，栽培型から逸出してできた雑草型も含めて，人間の目をくらませてその種集団の存続をもたらしたとみえる．擬態は，人間と植物の共生への過程としての植物の栽培化過程において，相互の駆け引きを植物学的に検証するために興味深い現象である．

第12章 ネパールにおけるセンニンコク類の栽培と変異

南　峰夫・根本和洋

　雨期の明けた10月,ネパール西部の中山間地帯を歩くと,はっとするほど印象的な光景にしばしば出会う。急峻な段々畑の周囲が燃えるような赤色や黄金色にくっきりと縁取られている。縁取りとなっているのが,センニンコクとその仲間たちである。抜けるような青空と白銀をいただく大ヒマラヤの山なみを背景に,色鮮やかで大きな花序を天にむけて力強く突きだしているその姿は,まさに印象的である。

　センニンコクとその仲間は,ヒユ科Amaranthaceaeヒユ属Amaranthusの種子を食用とする栽培種で,本章ではセンニンコク類と総称する。センニンコク類は,日本では農作物としてアマランスまたはアマランサスとも呼ばれ,ソバ(タデ科)といっしょに擬穀類と扱われる。新大陸起源なので(Sauer, 1976),インドへは19世紀初めに伝播し,アジアにおける栽培の歴史は浅い。ネパールではセンニンコク*A. hypochondriacus*とヒモゲイトウ*A. caudatus*が穀物用に栽培されている(写真1)。野菜用にはハゲイトウ*A. tricolor*と*A. mangostanus*が栽培されている。

　ネパールは,沖縄付近の緯度にあたり,亜熱帯に位置する。東西に長い国土を行政的に南北にほぼ5等分した5つの地区に分けられている。東から,東部,中部,西部,中西部,極西部地区である。地形的には南からタライ平野,中山間地帯,山岳地帯に分けられる(図1)。タライ平野はインド国境から続く海抜300m前後の沖積平野である。中山間地帯は標高約600～2500mの地帯で,山岳地帯は2500～8000m以上のヒマラヤ山脈をへてチベット高原南端までを含んでいる。

　ネパールは,亜熱帯モンスーン気候のため,6月から10月にかけての雨

写真1 センニンコク類の花序の形態(ネパール・ドーティで南撮影)
左：センニンコク，右：ヒモゲイトウ

期と11月から5月にかけての乾期がある。ベンガル湾から北上してくるモンスーンのため，東部は西部より湿潤である。南北約180kmほどのあいだに，インド国境からヒマラヤ山脈まで8000m以上の標高差があり，複雑な地形とあいまって，亜熱帯から高山帯までの多様な自然環境にある。民族は20を超え，人文環境も多様である。

本章では，ネパールの人々に「神の穀物ramdana」と呼ばれ，マイナーではあるが，欠かせない作物となっているセンニンコク類が，この多様な自然と人文環境のもとでどのように人とかかわり，変異を示すかを紹介する。

1. センニンコク類の分布

私たちは1982年以来，ネパールのほぼ全域においてセンニンコク類の調査と収集を行なった。収集したセンニンコク類の種子サンプルは399系統である。センニンコクは347系統(87%)で大部分を占め，ヒモゲイトウは52系統(13%)である。

第12章　ネパールにおけるセンニンコク類の栽培と変異　165

	極西部地区	中西部地区	西部地区	中部地区	東部地区
山岳地帯	marshe tsuwa	marshe marse marcha marshi	latte	latte nana mendo*	latte philm*2 lunkupa*3
中山間地帯	bethe bethu bethwa marshe range rungya	marshe matte matiya	latte	latte	latte
タライ平野	rungya ramdana	matiya ramdana	latte ramdana	latte ramdana	latte ramdana

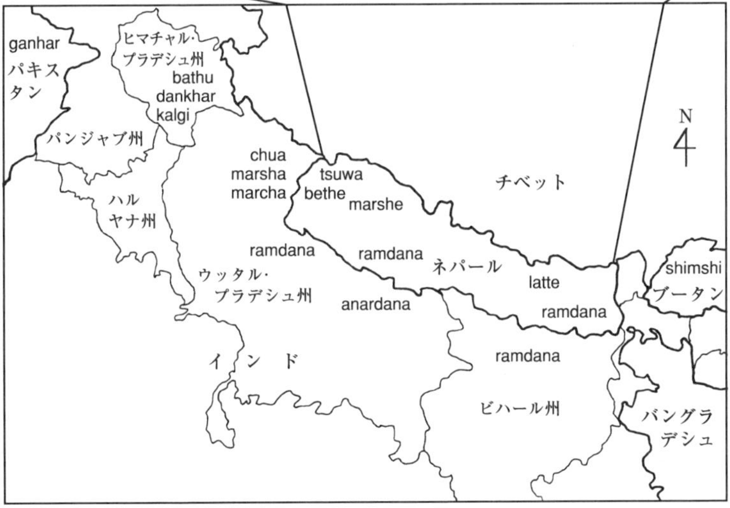

図1 ネパールと近隣諸国におけるセンニンコク類の呼称(根本ほか，1997から改写)。上図：大きな分布傾向のみられる地域を太枠で示している。
*タマン語，*2 シェルパ語，*3 ライ語

　中西部地区では最も多くの系統が得られ，53％を占める。極西部地区では22％，西部地区では10％，中部地区では9％，東部地区では7％で，東に行くほど少なかった。センニンコク類はネパール全地区に幅広く分布しているが，主要栽培地帯は中西部と極西部地区の中山間地帯から山岳地帯である。つまり，センニンコク類の栽培は，乾燥した西側の灌漑設備がなく天水に頼る中山間地帯の僻地ほど多い。そこは主穀となるほかの作物の栽培が困難な

ため，センニンコク類の栽培が多いのである。湿潤な東部地区や潅漑施設がある稲作地帯のタライ平野ではほとんど遺存的にしか栽培されていない。

　栽培のほとんどを占めているセンニンコクは全地区に分布している。標高90 m から 3400 m までの幅広い標高に分布し，1000〜3000 m のあいだに大部分のものが見られる。センニンコクをたくさん栽培する理由を農民は，「センニンコクは種子が白い」，「ヒモゲイトウはセンニンコクより晩生なので冬作が遅れてしまう」，「センニンコクの方が収量が多い」と言い，栽培も利用もともにセンニンコクがよいと言う。

　ヒモゲイトウはセンニンコクが栽培されている場所で同所的に見られ，ヒモゲイトウだけが栽培されている例はなかった。ヒモゲイトウは分布範囲も限られ，東部と極西部地区では収集されなかった。ヒモゲイトウのほとんどは 1500 m 以上に分布し，1000 m 以下では収集されなかった。ヒモゲイトウがセンニンコクより乾燥と高温に弱い（西山，1997）ことを裏づけている。

2．栽培方法

　ネパールでは，センニンコク類はどのように栽培されているのだろうか。現地で見られる栽培方法は以下の 6 つである。

(1) センニンコクだけを大規模に栽培する。センニンコクを換塩のために集落単位で大規模に栽培しているもので，中西部と極西部地区の一部だけに見られる。極西部地区のバジャン郡ゴイチャン村(2410 m)では，村の全耕地面積の約 7 割でセンニンコクが栽培されている。ここで収穫されたセンニンコクは農民により徒歩で数日間かけてディパイアルの市場へ運ばれる。1993 年当時，センニンコク 1 kg とインドから運ばれてきた塩 3 kg が交換されていた。価格にすると 1 kg あたり 9 ルピー（約 18 円）となる。ここからトラックで国境ぞいの市場に集荷され，最終的にインドへ 11〜13 ルピー（約 25 円）で輸出されていた。インドではヒンドゥー教の行事で使うための需要があり，推定で毎年約 100 トンが輸出されている(Nemoto et al., 1998)。輸出されるのはすべてセンニンコクのモチ性黄白色種子である。

(2) 小さな畑でセンニンコクだけを栽培する。主食にできるようなほかの作物が栽培できない潅漑設備のないやせた畑で栽培されることが多い。

(3) トウモロコシやシコクビエ畑の周縁に栽培する。かつては日本でも頻繁に見られたアゼマメのように，畑の縁の畦に栽培する。センニンコク類だけに見られる栽培方法で，乾燥して水の不足している中西部と極西部地区の急傾斜地の畑でよく見られる。貴重な水を逃がさないように畑の周縁に作られた畦にセンニンコク類は栽培される。わずかな降水があったときは，畦で囲まれた畑のなかに水が溜まり，そこに植えられた主穀作物に優先的に水が供給される。

(4) トウモロコシやシコクビエなどと混作する。ネパール全域で見られ，トウモロコシ，シコクビエ，アワ，キビなどと混作されている。ネパールの農業で混作はごく一般的であり，さまざまな作物を組合せた混作がある(南ほか，1998)。具体例を挙げると，中部地区のランタン谷のドゥンチェ周辺(2000 m 前後)では，トウモロコシ‐コムギ‐シコクビエの輪作が行なわれている。トウモロコシとセンニンコク類が3：1あるいは4：1の割合で混作されており，ときにはそれといっしょにダイズやインゲンマメなども混作されている。3月下旬から4月にかけてトウモロコシを播種した後，センニンコク類の小さな種子を播種する。均一にするために，センニンコク類の種子は土と混ぜて畑に播かれる。シコクビエとの混作も見られるが，それは播種したものではなく，前年のトウモロコシとの混作からこぼれ落ちたセンニンコク類の種子からの生育をそのまま利用している。栽培されているのはセンニンコクがほとんどであるが，ヒモゲイトウもあり，これら2種は区別されずに栽培し，収穫されるのが普通である。農家での種子はすべて両種の混合である。センニンコクのモチとウルチは区別されていないが，黒褐色種子の個体は収穫されずに廃棄される。

(5) 裏庭にわずかに栽培する。

(6) 播種をせず，自然に生えてきたものを利用する。

栽培がさかんな中西部と極西部地区では(1)〜(6)のすべての例が見られるが，(2)，(3)，(4)がほとんどである。ネパール全体としてみるとセンニンコク類は副次的に栽培されているにすぎず，(4)と(5)が多い。(5)と(6)は野菜として利用する場合で，とくに(6)は東部地区でよく見られる。

3. 栽培者の意識

　ネパールではこのように，センニンコク類は，ほとんど混作されるか，畑の周縁でほかの作物と組合せて栽培されている。センニンコク類のみで栽培されるのはごく限られた地域である。では，農民はセンニンコク類を作物としてどのように位置づけ，植物としての特性をどのように把握して栽培しているのであろうか？　聞き取り調査から彼らの意識をみてみよう。彼らのいう要点は7点になる。

(1)食料として多くは要らないが，必要である。これは主食として利用されるのではなく，おやつや菓子といった嗜好的な目的に利用されることと関係している。宗教の儀式とも結びついているため，多くは要らないが必要である。ヒンドゥー教では断食中に食べることが許されている唯一の穀類であり，祭りではセンニンコク類のお菓子が作られる。チベット仏教の法要でも供物とされる。

(2)センニンコク類を栽培する土地があったら，トウモロコシやシコクビエなどを栽培する。食料に乏しい中山間地帯の人々は，余分な畑があれば，主食となる作物を少しでも多く栽培したい。しかし，中山間地帯と山岳地帯の人々は自給自足の生活を強いられるので，わずかな土地のすきまからでも食料を得るため，混作や畑の周縁での栽培などにセンニンコクを作る方法を築き上げてきたのである。

(3)トウモロコシやシコクビエよりも乾燥に強い。

(4)混作によっていっしょに植えた作物の生育が抑えられる。シコクビエとの混作をしている農民は倒伏が抑えられるといい，また，「センニンコク類は地力を食うので，後作として栽培するジャガイモが大きくならない」とも言い，農民はセンニンコク類が強健に生育し，養分の吸収力の高い性質をもつことをしっかりと認識している。

(5)トウモロコシ畑の鳥害を防ぐ効果がある。赤い花序のセンニンコクをトウモロコシ畑の周縁に栽培すると，カラスなどの鳥が寄りつかないので，鳥害を防げるというものである。赤色がある種の鳥類に忌避効果を示すのはよく知られており，インドにおいても同様な農民の認識が報告されている。

(6)勝手に生えてくる。主に野菜として利用する人々の認識で，播種と採種を行なわないために栽培しているという認識はまったくないが，野菜が不足する時期には積極的に利用する。

(7)花序がきれいである。センニンコク類を栽培する多くの農民から聞かれる認識である。タマン族はセンニンコク類を「花(mendo)」と呼んでいる。センニンコク類の色鮮やかで美しい花序が強く認識されている。

センニンコク類を混作したり畑の周縁に栽培している農民たちの共通の意識は(1)と(2)であり，センニンコク類の副次的作物としての位置づけを示している。主穀となる作物が栽培できない乾燥したやせ地の畑や水分吸収に不利な周縁の畦での栽培では，(3)と(4)の乾燥に強く，養分吸収力が高いセンニンコク類の植物としての特性を認識しているのである。

4．利用方法

つぎに，収穫されたセンニンコク類の利用方法をみてみよう。食用としての利用部位は種子と茎・葉に分けられる。

種子は主食としてはほとんど利用されず，おやつや間食として嗜好食品的に利用される。利用形態としては，粒(酒，粥)，ポップさせた粒(お菓子など)，粉(チャパティ，ロティ)がある。ネパール各地に共通した利用方法は，煎ってポップさせた種子をそのまま食べる，もしくはそれをミルクティーまたはミルクにいれて食べる方法である。

野菜としての利用も重要で，タライ平野や東部地区では穀物としてよりも野菜としての利用が多い。間引きした幼植物全体あるいは下から順々に葉を収穫して，茹でたり煮たりして食べる。

「のどやお腹が痛いときに食べると治る」という薬としての利用もされている。

5．呼称の分布と伝播経路

作物の伝播経路を知るうえで，呼称の分布は重要な情報となる。ネパールと近隣諸国におけるセンニンコク類の呼称をみてみよう。

ネパールでの呼称の分布には大きく3つの広がりがある(図1)。第一はタ

ライ平野にみられる ramdana である。ram はヒンドゥー教の神のことで，dana は穀物の意味であるので，ヒンドゥー教とのつながりが暗示される。第二は東部，中部，西部地区の中山間地帯と山岳地帯に主にみられる latte である。この地域には多くのビルマ・チベット語系民族が住んでいて，各民族は固有の呼称をもっている。しかし，アーリア系の人々が使う latte は広く共通して使用されていて，latte は民族が違っても通じる。この呼称はヒンドゥー教の行者の独特な長い髪の毛 latta がセンニンコク類の花序と似ていることに由来する。第三はセンニンコク類の栽培が最もさかんな極西部，中西部地区の中山間地帯と山岳地帯の marshe, matiya, bethu など多様な呼称である。

ネパールはインドとチベットに挟まれた国であり，ネパールへの伝播にはどちらかを経由しなければならない。生育に高温を好むセンニンコク類の性質から，インド経由と考えるのが妥当であろう。インドのビハール州での呼称 ramdana はタライ平野での呼称と一致する。タライ平野とビハール州の人々は同じ北インド系民族で，国境を越えて自由に行き来している。ネパール極西部地区と国境を接するウッタル・プラデシュ州西北部の marcha とヒマチャル・プラデシュ州の bathu という呼称はネパール極西部地区と中西部地区の呼称と共通している。

これらの呼称の分布は，ネパールへのセンニンコク類の伝播が，少なくともふたつの経路を辿ったことを暗示させる。

6．ネパール産センニンコク類の変異

私たちが収集したネパール産センニンコク類は，多様な自然と人文環境のもとで成立してきた在来品種である。それぞれの栽培環境に適応した在来品種は，外部形態や生理生態的形質に幅広い変異を示す（南ほか，1998）。以下にいくつかの例を示そう。

種子色とモチ－ウルチ性
イネ科植物の種子では重複受精により生じた内胚乳にデンプンが貯蔵されているが，センニンコク類では母体の一部である胚嚢をとりまく珠心の変化した外胚乳に種子デンプンが貯蔵されている。センニンコクの種子デンプン

にはウルチ性とモチ性がある(阪本, 1982)。モチ性の存在はイネ科植物以外では唯一の例である。

センニンコクの種子色には黄白色と黒褐色がある。黄白色種子はさらに外胚乳部分が半透明となるウルチ性と不透明となるモチ性に分けられる。ウルチ米やモチ米と同様にセンニンコクのモチ・ウルチは外観で識別可能で，モチ性の種子はウルチ性の種子よりも白く見える(図2上A, B)。黒褐色の種子にもモチ・ウルチがあるが，外観では区別できない。ヒモゲイトウの種子には，黄白色，淡赤色(赤色の胚が透けて見える)，黒褐色の3種類がある。ヒモゲイトウの種子貯蔵デンプンはウルチ性のみで，モチ性は見つかっていない(阪本, 1982)。

つぎに，ネパールのセンニンコク類の種子色とモチ－ウルチ性の地理的分布を検討してみよう。モチ－ウルチ性は外観による判断では誤りを犯すのでヨード反応で調査した。

センニンコクの収集系統は地区にかかわらず，90%以上でモチ性がみられ，70%以上が黄白色であった。ネパールではモチ性で黄白色の種子をもつ系統がひじょうに高い割合で栽培されていた。阪本(1989)は，モチ性を好むモチ

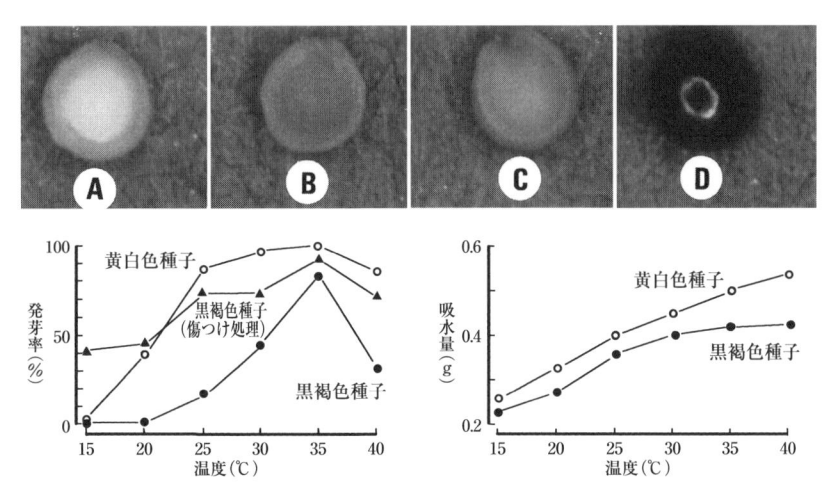

図2 センニンコクにおける種子色と発芽特性の関係。
上：種子色の変異(南撮影)。A：黄白色モチ性，B：黄白色ウルチ性，C：黄色モチ性，D：黒褐色モチ性(中央部のリングは照明の反射によるものである)
下：発芽率(7日目)と吸水量(置床後24時間，種子1gあたり)の差異および傷つけ処理の効果(根本ほか, 1992より)

文化圏でないネパールでモチ性が優占した理由を，調理に適した白い種子を選択する過程でウルチ性種子よりも白く見えるモチ性が無意識的に選択され優占していったと推測している。事実，ネパールにはモチ性を意識した利用方法はまったく見られない。

　ヒモゲイトウの種子色はほとんどが淡赤色であるが，中西部地区で黄白色種子と黒褐色種子の系統が見られた。ネパールのヒモゲイトウはすべてウルチ性であった。モチ性系統はまったく見られず，阪本(1982)の報告と一致した。しかし，私たちは最近導入した新大陸のヒモゲイトウにモチ性を見つけている。

種子色と発芽特性

　センニンコク類には種子発芽の悪い系統が見られる。興味深いのは，それらはすべて黒褐色の種子をもつものである。センニンコクでは黄白色種子と黒褐色種子の吸水能力には明らかに差が見られ，黄白色種子よりも黒褐色種子の吸水能力が低い。走査型電子顕微鏡を用いて種皮を観察すると，黄白色種子の種皮の厚さは約 7 μm である。黒褐色種子の種皮は約 20 μm で，約 3 倍の厚さである(写真 2)。黒褐色種子をサンドペーパーでこすり，種皮に傷をつけると黄白色種子と同様の発芽率となるので(図 2 下)，黒褐色種子の発芽率の低さは硬実，つまり厚い種皮による酸素や水の吸収阻害を主因とした休眠によるものである。

　植物の栽培化の過程では，播種と栽培の繰り返しによって，自動選択が働き，植物体は初期生長量の増大，種子生産量の増加，非脱粒性などの性質を獲得する。種子は，種皮が薄くなるなどの仕組みで休眠性を喪失していっせいに発芽する(ハーラン，1984)。農民が種子色の白いセンニンコク類を好み，黄白色種子をもつ系統の播種と収穫が繰り返されるので，自動選択により成立した種子の非休眠性は種子の黄白色とともに維持されるが，人の手助けが加わらない黒褐色種子をもつ自然生えの個体は，自然選択によって高い休眠性を維持していると考えられる。

　黄白色種子と黒褐色種子が混ざったひとつの収集系統を，種子色でふたつに分けて発芽試験をすると，両者に明らかな差がある場合とない場合がある。発芽に差が見られるのは，黄白色種子のセンニンコクを収穫する際に黒褐色種子が混入した場合である。発芽に差がない例は，黄白色種子の系統と黒褐

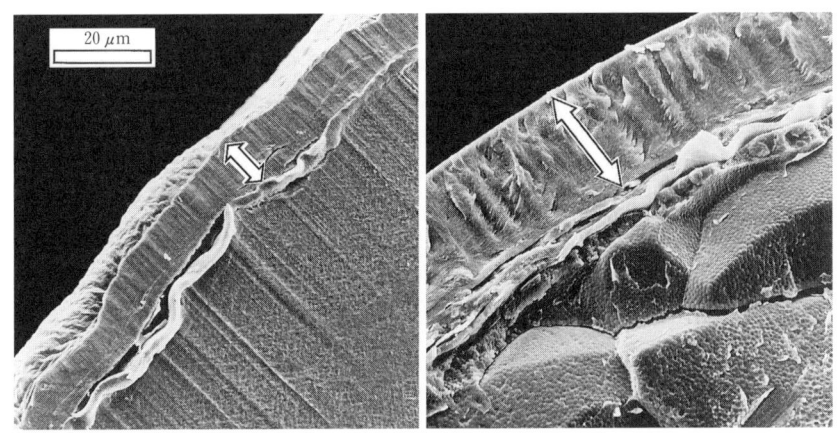

写真 2 センニンコク種子断面の電子顕微鏡写真(児玉幸子氏撮影)。×1000
左：黄白色種子，右：黒褐色種子

色種子の系統に自然交雑があり，その後代で種子色を支配する遺伝子と休眠を支配する遺伝子のあいだで組換えが起きて，分離しているものである。休眠性の低い黒褐色種子の系統がそうとう見られるので種皮色と休眠性の遺伝的連鎖はそれほど強くないであろう。

出蕾と開花

花芽形成と開花のような生殖に関与する形質は，種の存続と直結した最も基本的で重要な形質である。その早晩性は収集地域の栽培環境条件と密接に関係している。センニンコクでは，播種から出蕾(茎の頂端部に花序が肉眼で認められる)までの日数に 63〜93 日，開花までの日数に 84〜132 日までの系統間差異が見られ，晩生は早生の 1.5 倍の期間を要する。ネパールの東側で収集した系統が西側よりも晩生の傾向にある。出蕾してから開花するまでの日数には 12〜40 日までの系統間差異が見られ，開花の様式により 2 群を認めることができる。ひとつは，出蕾後しばらくして開花を始め，花を咲かせながら花序を生長させていく無限花序である。極西部と中西部地区の系統に多く見られる。早く開花を始めるので結実を確保できるが，同化産物を種子だけでなく，花序の生育へも分配するために種子収量は劣る。もうひとつは，花序を十分に生長させてから開花する有限花序に似たものである。西部地区のタライ平野と中部地区のランタン谷周辺の系統に見られる。開花の開

始が遅くなるので結実できない危険もあるが，同化産物を種子に集中できる利点がある。暖かなタライ平野では霜にあうことがないため，このような開花習性をもつ個体が選択されてきたと考えている。

RAPD 分析

私たちは，センニンコク類の呼称の分布から，ネパールへのセンニンコク類の伝播経路は複数であると考えた(図1)。この仮説を確かめるために，パキスタン，北インド，西部および東部ネパール，ブータン，スリランカ産および中南米産のセンニンコクについて RAPD(random amplified polymorphic DNA)分析により遺伝的な違いを評価した。まだ最終的な結論を導きだすのに十分な変異は調べていないが，これまでの結果では，東ネパールとブータン産は互いによく似ており(図3)，また，西ネパール，北インド，パキスタン，スリランカ産が互いに似ていた。このように，アジア産のセンニンコクはふたつの群に分けられた(図3)。西ネパール，北インド，パキスタン産のセンニンコクはまったく同じ RAPD パターンを示した。ネパール産センニンコクでは西部産と東部産との違いが明らかで，呼称の分布とあわせると経路の異なる複数の伝播があったものと推定される。

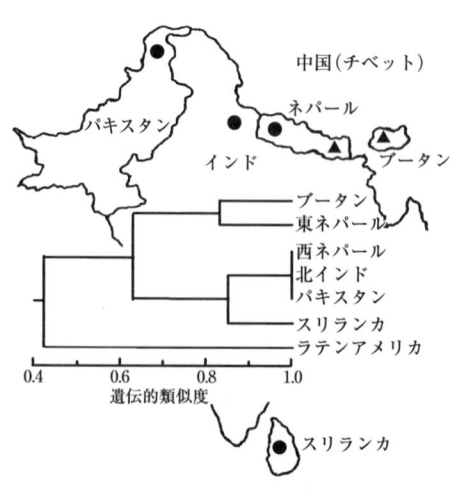

図3 RAPD 分析によるアジア産センニンコクの類縁関係と地理的分布(Nemoto et al., 1998 から作成)。供試プライマー 9 種類，多型バンド 13 本をもとに作成。

ネパールにおけるセンニンコク類の栽培の歴史は200年に満たないにもかかわらず，農民たちは混作や畑の周縁での栽培などの栽培方法を作り上げ，さまざまな栽培環境に適応した変異をもつ在来品種を成立させてきた。これは乾燥に強く，養分吸収力が高いセンニンコク類の植物としての特性をしっかりと把握した農民たちの確かな観察力とわずかな土地のすきまからでも食料を得ようとする努力の結晶である。センニンコク類は主穀を栽培できないやせた畑で栽培できる雑穀であるからこそ，ネパールで定着した作物になったのである。

第13章 南アジアにおけるゴマの利用と民族植物学

河瀨眞琴

　ゴマ(胡麻)を知らないという人は日本にはほとんどいないであろう。しかし，実際に畑に育っているゴマ *Sesamum indicum* や花をつけた植物や収穫されている莢(蒴果)を見た人は意外と少ないのではなかろうか。現在，日本国内でのゴマの栽培面積は数百 ha ほどで，なかなか目にできないほどになった。輸入量は少しずつ増え，年間およそ 15 万トンが輸入されているから私たちの生活のなかで決して重要でなくなった訳ではない。本章では，ゴマをよく知るために，現在の利用，形態的特徴とゴマ属植物の種類，ゴマの野生祖先種と起源，インドで見た在来品種と伝統的利用法を紹介する。

写真1 インド中部には分枝の少ないゴマもある。自分で選抜しているという農家の婦人

1. ゴマの利用

　近くのスーパー・マーケットを覗いて見るといくつかのコーナーでいろいろなゴマ製品に出会う。ゴマ粒の形がないものには，ゴマ油，練りゴマ，ゴマ・バター(ペースト)，ゴマだれなどがある。陳列棚で褐色がかったゴマ油は，種子を焙煎・蒸煮して，圧搾して絞り，さらに油を濾過して得た独特の芳香がある「焙煎ゴマ油」である。焙煎せずに圧搾し，夾雑物を除去して精製した「ゴマサラダ油」もある。ゴマ油はてんぷらのような揚げ物などさまざまな調理に利用され，医薬用や工業用としても重要である。種子の形を残しているゴマ製品には，まず炒りゴマがある。これを摺ればスリゴマ，刻めば切りゴマとなる。小分けされたいろいろな総菜にはゴマが振りかけられている。昆布やワカメの煮染めや，魚の干物にもゴマは振りかけられている。下ごしらえされた焼き肉用の肉にもゴマが振りかけられている。煎餅にも，お菓子のなかにもトッピングとしても，新しいところではファストフードのハンバーガーにもトッピングとして振りかけられている。ゴマ塩もあれば，ゴマ豆腐もある。

　近年，健康によいいろいろな食材や成分がマスコミにつぎつぎと取り上げられ，ゴマも健康機能性食品としてブームになっている。ゴマの健康機能性の原因には，とくに種子に含まれるゴマリグナン類が注目されている。ゴマ油やゴマサラダ油が酸化的劣化がしにくく安定なのはこれらの成分の働きと考えられている(福田, 1992)。セサモリンを前駆物質としてセサモール(焙煎ゴマ油)やセサミノール(ゴマサラダ油)などの抗酸化性物質ができるからである。これらの物質は，油の化学的安定性や保存性に寄与するだけでなく，食物として摂取された後，生体内では過酸化反応の抑制(山本ほか, 1990)にかかわり，突然変異や発癌作用の原因物質を抑制するなど(Osawa, 1992)，幅広い機能性をもつとされる。セサモールやセサミノールのほかにもセサミンなど健康機能性をもつ多くのゴマリグナン類も知られている。

　健康機能性という言葉がなかった時代に，すでに日本ではゴマは体によい食材や高級食用油の原料と考えられ，伝統的な日本料理のなかでさまざまな形で利用されてきた。日本のゴマ調理法には，ゴマ塩，ゴマ味噌，ゴマ豆腐，いろいろな材料を使ったゴマあえ，ゴマよごし，ゴマだれ料理のほか，きん

ぴらゴボウ，油揚げ，はんぺん，がんも，けんちん(汁)への利用があり，そして江戸時代から始まったとされるてんぷら料理への利用もある(小林，1989a)。近代以降，それはてんぷらを添えた天丼，天そば，ゴマ油を多く使った中華丼，そしてゴマ風味のラーメンなどに発展し，これらは現在きわめて日常的な食べ物となっている。ゴマやゴマ油の利用は大陸からの影響が大きいことも事実である。もとをたどれば，仏教の伝来にしたがって肉食の禁忌とともに大陸からさまざまな料理が導入され，植物食材の調理法が発達した。肉類にかわる植物タンパク質源としてはダイズが，脂質源としてはゴマ油が広く用いられるようになり，このような料理から日本独自の精進料理や懐石料理が発達したと考えられる。

　栽培ゴマの起源については後で述べるが，まだよくわかっていない問題がある。日本人の食生活にはしっかりと根をおろしているゴマだが，いつごろから栽培されていたかは明らかではない。奈良時代には日本ではすでに重要な作物であったことを示す文献があり，利用はおそらく縄文時代にまで遡るかもしれない。栽培の歴史は世界的にはひじょうに古いようである。中華料理や韓国(朝鮮)料理でも，ゴマ油は欠かすことのできないものである。中国では前漢の時代，紀元前2世紀後半に西域開発や匈奴との戦いで名を馳せた張騫(？〜BC 114)によって西方よりもたらされたとされている。それは史実なのかもしれないが，あるいはもっと古くから栽培されていた可能性ある。さらにアフリカ，中近東，南アジアではより長い栽培の歴史が考古学的研究から示唆されている。インドではアーリア人の侵入以前にすでに栽培され，インダス文明の基礎をなし，古代エジプトやメソポタミアでもすでに栽培されていた。

2. 栽培ゴマの形態的特徴

　ゴマはゴマ科 Pedaliaceae ゴマ属 *Sesamum* の一年生栽培植物で，種子は脂質とタンパク質に富み，搾油用や食材あるいは薬用に利用される。茎は，長さ80 cm〜1.7 m，稜のまるい四角形となり，旺盛に分枝する品種からまったく分枝しない直立型の品種まであり，いろいろな草型の品種が知られている。分枝する品種には茎の下部から分枝する品種や上部からする品種がある。葉は長楕円形ないしは披針形で，長さ10〜20 cm，基本的には互生す

るがほぼ対生に近くなるものもあり，まれに輪生する．茎の下部につく葉は，全縁となることもあるが，品種によって3裂あるいは5裂する．上部につく葉は全縁で細い．茎は多くは軟毛に被われている．茎の上部の葉腋に1個あるいは3個(まれに2個や4個)の唇状の花をつける．ひとつの節に1個の花をつける品種ではその両脇に花が退化した花外蜜腺がある．花冠は，長さ3cm前後で，色は淡いピンクを帯びた白色で，花の色は品種によりピンクの濃さが異なる(写真2)．経験的には，黒ゴマなど種子の色の濃い品種が，白ゴマに比べピンクの濃い傾向にあるようだ．花冠の先端は5裂し，最下裂片(唇弁)がやや長くつきだし，その表面には淡い紫色の斑紋がしばしば認められる．雄蕊は4本あり，2本が長く，花冠の上部の内側で雌蕊を挟むように位置している．自家和合性で，送粉昆虫により他家受粉する．果実は，長さ2〜3cmの蒴果となり内部に4室(2心皮)あるいは8室(4心皮)(まれに6室)あり，種子は重なって並んでいる(写真3)．雌蕊は2心皮よりなり，心皮基部の子房部は中軸胎座となり，胚珠は珠柄についている．熟すと果実は，

写真2 ゴマの花序

写真3 蒴果の付き方もいろいろである．3蒴ずつ付くもの(右)と1蒴ずつ付くもの(中・左)．後者のうち中央の写真はほぼ対生だが，左はずれていて互生的である．

乾燥して多数の種子を散布する。種子は，長さが1.5〜4 mm，重さはおよそ2〜4.5 mgで，4心皮の果実では2心皮に比べ種子が小さく軽い傾向にある。種皮には白色，黄色，茶褐色，褐色，黒褐色，黒色など多くの変異が認められる。黒色や褐色の品種では種皮が厚くざらざらしたものもある。黒色の種皮にはアントシアン，黄色や褐色の種皮にはフラボン，白色や灰色の種皮にはシュウ酸カルシウムが含まれる(小林，1989b)。種皮の内側には痕跡的な胚乳層(残存胚乳)があり，その内側の胚は子葉と幼根となっている。発芽するとこの子葉が開いて双葉となる。品種によって異なるが種子には脂質が50%前後，タンパク質が20%強，炭水化物が20%程度含まれる。脂質に含まれる脂肪酸は，リノール酸，オレイン酸がひじょうに多く，パルチミン酸，ステアリン酸も比較的多く含まれる。また，ゴマの種子にはビタミンやミネラルも豊富なうえ，さまざまな抗酸化物質が含まれる。この抗酸化物質の働きによってゴマの種子は多量の脂質を含むにもかかわらず長期間の貯蔵に耐え，ゴマ油は酸化的劣化しにくい。

3. 栽培ゴマ，ふたつの系譜

栽培ゴマはどこで栽培化(馴化)されたのだろうか。そしてその野生祖先種はどんな植物だったのだろうか？　これを考えるために，つぎにゴマ属の種類をみてみよう。

これまで栽培ゴマの起源地は，アフリカあるいは南アジア(インド)とされてきた。アフリカを起源とする根拠は，近縁種がアフリカに多数分布し，それらの一部が伝統的に有用植物としてしばしば利用されていたからである。Bentham(1876)は，栽培ゴマのほかにアフリカに1種，インドに2種のゴマ属野生種を記録しただけであった。この後，Stapf(1904, 1906)，Bruce (1953)，Merxmüller(1959)らによってアフリカから多数のゴマ属植物が記載され，Ihlendfeldt and Seidensticker(1968)，Grabow-Seidensticker (1988)らは体系的な整理を試みている(表1)。ゴマ属はアフリカで多様性であるといってよい。いっぽう，南アジアに分布する野生種の数は限られているが，栽培ゴマにきわめて近縁の *S. mulayanum* が分布している。遺伝子の解析のような分子レベルでの系統分化はまだ研究されていない。アフリカには蒴果の先端にある突起の形態の違いから別属(*Ceratotheca*)とされるゴ

表1 *Sesamum* 属の主な種とその分布

学　名	染色体数	分布地域	備　考
S. radiatum	2n=64	熱帯アフリカ(栽培種)	野菜としても利用される
S. schinzianum	2n=64	南西アフリカ・熱帯アフリカ	
S. rigidum 　subsp. rigidum 　subsp. merenskayanum	——	南西アフリカ(アンゴラなど)	
S. marlothii	——	南西アフリカ	
S. calycinum 　subsp. calcynum 　subsp. pseudoangolense 　subsp. baumii 　subsp. repens 　subsp. parviflorum	——	熱帯アフリカ(アンゴラ，モザンビークなど)	
S. angustifolium	2n=32	熱帯アフリカ(コンゴ，ウガンダ，モザンビークなど)	食用油を採取していた記録がある
S. angolense	2n=32	南西アフリカ(アンゴラなど)	
S. latifolium	2n=32	東アフリカ(ケニアなど)	
S. lepidotum	——	アフリカ	
S. prostratum	2n=32	インド	S. laciniatum と生物学的に同一種
S. indicum	2n=26	世界各地で栽培	ゴマ(栽培種)
S. mulayanum	2n=26	インド・パキスタン	
S. alatum	2n=26	熱帯アフリカ(スーダン～マリなどサハラ南部)	食用油を採取していた記録がある
S. capense	2n=26	南アフリカ	
S. abbreviatum	——	南西アフリカ	
S. triphyllum 　var. triphyllum 　var. grandiflorum	2n=26	南西アフリカ	

マ属にきわめて近縁の植物も分布している。*Ceratotheca* 属の主な種には *C. sesamoides* や *C. triloba* がある。これらの染色体数は $2n=32$ である。

　ゴマ属には $n=13$ と $n=16$ の 2 種類の基本染色体数が認められる(表1)。基本染色体数 $n=13$ をもつグループには数種あるが，いずれも二倍体である。栽培ゴマ *S. indicum* は南アジアに分布する二倍体の *S. mulayanum* から栽培化されたと考えられるので *S. mulayanum* と *S. indicum* とは生物学的には同一種となる(後述)。南アジアの *S. mulayanum* とアフリカの二倍体野生種とは花序や茎葉の形態も，染色体の形態(核型 karyotype)も異なり，

これらを人為的に交雑しても発芽力のある雑種種子を得るのはきわめて困難である。S. alatum や S. capense の種子には大きな翼が発達し，翼は種子の自然散布を助けている。

　基本染色体数 $n=16$ のグループには二倍体と四倍体が認められ，二倍体は野生種のみである。栽培種の S. radiatum は四倍体の野生種 S. schinzianum から栽培化されたと推定される。S. radiatum は，しばしば野生種と扱われるが，種皮も薄く，栽培ゴマ S. indicum と同じように種子休眠性をまったく示さないから完全な栽培種と考えてよい。S. radiatum は，現在ほとんどかえりみられていないが，少なくとも一度は広く栽培された植物と考えられる。S. schinzianum は厚く堅牢な種皮をもつ野生種である。S. radiatum と S. schinzianum とは花序の形態もよく似ていて，交雑親和性も高く，生物学的に同一種である。ニジェールで先駆的な調査を行なった中尾 (1969) は S. radiatum の栽培を確認している。

　ゴマ属にはまだ染色体数すらわかっていない種も多いが，数種ではわかっており，いくつかの組合せでは人為的な交雑実験もある。それらを総合すると，S. indicum は南アジアで，S. radiatum はアフリカで，独立して栽培化されたと考えるのが妥当であろう (表2)。

表2　細胞遺伝学的研究から示唆される Sesamum 属の種の関係

基本染色体数 体細胞染色体数	野生種 アフリカ	野生種 南アジア	栽培種
$n=13$ $2n=2x=26$	S. alatum S. capense S. triphyllum	S. mulayanum	⟶ S. indicum (ゴマ)
$n=16$ $2n=2x=32$	S. angustifolium S. angolense S. latifolium	S. prostratum	
$2n=4x=64$	S. schinzianum		⟶ S. radiatum

⟶：祖先野生種からの栽培化を示す

4. *S. mulayanum* をめぐる混乱

南アジアに分布する二倍体の *S. mulayanum* から栽培ゴマ *S. indicum* が栽培化されたとする説は必ずしも広く認められてはいない。南アジア(インド亜大陸)は早くから植物が研究された地域で，ゴマ属野生種の存在はいく人かの植物学者によって認められていたが，当初これらは単に *S. indicum* としか扱われなかった。John et al.(1950)はインド南部で収集されたゴマ野生種を "*Sesamum orientale* var. *malabaricum*" と記載した。しかし，植物分類学的に正しい手続きではなかったので(裸名)，この群は正式には認められなかった(Bedigian et al., 1985)。インドの育種家たちは，現在もこれを "*S. orientale* var. *malabaricum*"，"*S. indicum* subsp. *malabaricum*"，あるいは単に "*S. malabaricum*" などと扱っている。この野生種は栽培ゴマと交雑可能で完全な稔性をもつ雑種が得られるので，すでに育種のうえでの利用も試みられている。

　S. mulayanum は，インド北部で収集された "*malabaricum*" にあたる標本を基に記載された(Nair, 1963)。この種はインド全域に広く分布しているとされ(Bedigian and Harlan, 1986)，さらに，インド南部では *S. indicum* var. *yanamalai* と var. *sencottai* とされている(Amirthadevarathinam and Subramanian, 1976; Amirthadevarathinam and Sundaresan, 1990)。

　S. mulayanum と栽培ゴマとの関係には3種類の仮説がある。第一の仮説は「*S. mulayanum* は栽培ゴマと未知の野生種の交雑から生じた随伴雑草である(Nayar and Mehra, 1970)」というものである。Abraham(1945)によってインド南部で発見された染色体数 $2n=26$ の野生種がこの仮説の根拠となっている。彼はこの野生種に "*S. grandiflorum*" という名を暫定的に与えたが，これはその後の混乱の原因となっている。"grandiflorum" という epithet(修飾語)はすでにアフリカの野生種に与えられていたからである。アフリカに自生する野生種をインド南部で見出したのか，それともまったく別物であったのかは，よくわかっていないが，彼は "*S. grandiflorum*" と栽培ゴマは形態も核型も異なり，交雑は難しかったが，花期の終わりごろにわずかに種子が形成されたとしている。Abraham(1945)のいう "*S. grandiflorum*" がアフリカの野生種 *S. grandiflorum* (現在の *S. triphyllum* var.

grandiflorum) と同じであれば，雑種はできにくかったろうし，種子ができたとしてもその子孫は得られなかったであろう．どちらにせよ，*S. mulayanum* がこれらの雑種に由来するという仮説にはかなり飛躍がある．

　第二の仮説は「栽培ゴマはアフリカの野生種 *S. latifolium* から栽培化された．*S. mulayanum* はその栽培化の早い段階を示している (Ihlenfeldt and Grabow-Seitensticker, 1979)」というものである．*S. latifolium* は，ゴマの祖先野生種ではないかとされた種であるが，この仮説を証明するには染色体数が $2n=32$ (*S. latifolium*) から $2n=26$ (ゴマ) にどのようにして減少したのかを説明しなければならない．*S. latifolium* と栽培ゴマの人為交雑は今まで成功しておらず，形態的にも大きく異なり，両者がそれほど近縁とは考えられない．*S. mulayanum* が栽培化の早い段階を示しているという表現はあいまいだが，ゴマと *S. mulayanum* がきわめて近縁で，共通の祖先から生じたことを暗示している．

　第三の仮説は「ゴマはインドに広く自生する祖先野生種 *S. mulayanum* から栽培化された (Bedigian et al., 1985)」というものである．単純であるが現在もっとも信頼できる仮説である．ただし，Bedigian らは "*S. orientale* var. *malabaricum*" という学名が命名規約上正式には認められないことに言及したうえでカッコ書きで引用しており，*S. mulayanum* という学名は使っていない．

5. 路傍雑草と随伴雑草としての *S. mulayanum*

　南アジアのフィールド調査では自動車道路の路傍や畑の脇の小径などで *S. mulayanum* を見ることができる (写真4)．Bedigian and Harlan (1986) は，この野生種が花崗岩の路頭の砂利状の割れ目に自生し，インド各地に雑草として分布しているとし，北はデリーからインド南端に近い Trivandrum にいたる北緯28〜8度，東経73〜78度の範囲で収集している．これ以外でも，Mitra and Biswas (1983) は西ベンガル州で，私たちもパキスタン北部でその自生を確認している．パキスタンにおける1985年のフィールド調査の最中にはそれがゴマの野生種とは気がつかなかった．1992年に行なったインドでのゴマ調査の後，パキスタンで撮ったゴマのスライドで花序や花蓋蜜腺の形態が普通のゴマとは違うのに気づいた．収集した種子の形態を調査

写真4 インド南部でよく見られる分枝の多い熱帯型のゴマ

写真5 栽培ゴマの野生祖先種と考えられる *S. mulayanum* の路傍雑草型。パキスタンで撮影。

すると，これは *S. mulayanum* であった(写真5)。

　S. mulayanum は，真の野生種というよりは撹乱環境に生える雑草性の強い植物であるが，その形態的特徴や生育状態をよく見ると，路傍や畑の小径などに生えるものと，ゴマ畑のなかに生えるものとに違いがある(Kawase, 2000)。路傍に生える *S. mulayanum* には形態的な変異があるが，多くは淡紫色の花冠をもち，唇弁には濃い紫色の明瞭な斑紋が認められる。下部の葉はしばしば3～5裂し，深裂ではなく複葉となることもある。上の方に蕾や開花中の花が残っていても，茎の下部で熟した蒴果は，裂開し，種子をこぼしている。これに対して，ゴマ畑のなかに生えている *S. mulayanum* は形態的に栽培のゴマとよく似ている。擬態しているといってもよいかもしれない。このような作物擬態(crop mimicry)は，縁の遠い植物が作物(栽培植物)に外見上類似する現象を指し，多くの例が知られている(Barrett, 1983)。ゴマの場合，きわめて近縁の種のあいだでの擬態と考えてよいだろう。現地の農家からは，ゴマ畑の *S. mulayanum* を栽培ゴマと明確に区別しているという話は聞けなかった。花冠の色も栽培ゴマほどではないがやや薄く，畑

のなかでは両者は区別しにくい状態にある。茎の下部の蒴果は生長の早いうちに熟して裂開するが，そのようすは路傍の S. mulayanum と少し異なっている。葉腋から斜めに突きだした蒴果は，上面が裂開し，種子をこぼすが，下面はほとんど裂開せず，種子が残っている。この半裂開性ともいえる状態は日本で育てても再現できないが，現地では一部の種子は散布され，一部は栽培ゴマとともに収穫されている。このような半裂開性と同様の現象は，マメ類やナタネ類の半裂莢性と同じようにいくつかの栽培植物の随伴雑草型にもしばしば見られる性質である。

　私はフィールドでの観察にもとづいて，路傍の S. mulayanum を路傍雑草型，ゴマ畑の S. mulayanum を随伴雑草型と呼んでいる。どちらも意図的に栽培されているゴマではないという点では野生である。どちらも種子には休眠性があり，種子を播いても揃ってすぐに発芽する訳ではない。しかしすでに述べたように S. mulayanum には生態と形態的特徴の明らかに違う2種類があり，それを路傍雑草型と随伴雑草型と名づけたのである。

　このふたつの型と栽培ゴマとの関係はどのようになっているのだろうか？収集した種子から植物体を育て，それぞれを栽培ゴマとのあいだで人為的に交雑すると，雑種第一代(F_1)は容易に得られる(Kawase, 2000)。F_1 雑種は，いずれの場合も両親の中間的な形態を示し，旺盛に生育する。おもしろいことに栽培ゴマと S. mulayanum の路傍雑草型との交雑では母親と父親の組合せをかえても(相反交雑)，F_1 の花粉稔性は約50％と低く，蒴果あたりの種子数も両親の半数ほどしかつけない。これに対し，栽培ゴマと随伴雑草型との相反交雑の F_1 では，花粉稔性は正常で95％以上，蒴果あたりの種子数も親と同じか上回る程度である。栽培ゴマと路傍雑草型との半不稔の雑種 F_1 から得た後代(F_2)の96個体を調べると，花粉稔性の高い個体と半不稔の個体がおよそ1対1に分離する。

　このような半不稔性が両親の種の類縁関係を示しているとすれば，S. mulayanum のなかには少なくとも遺伝的な分化が生じていると推定できる。S. mulayanum の随伴雑草型は路傍雑草型 S. mulayanum と栽培ゴマとの交雑から生じたのかもしれない。しかし，随伴雑草型の種子から子供を育てても，栽培ゴマの性質を示す個体は分離しないので，交雑にともなうできごとは最近のことではなく，昔の交雑のあと随伴雑草型は長い年月のあいだに確立したと考えた方が適切である。栽培ゴマや S. mulayanum は容易に他家

受粉するので，同所的に生育していれば雑種は容易にできるだろう。
　Harlan and de Wet (1971) は一次，二次，三次という3種類の「ジーンプール」という概念を導入して栽培植物と近縁野生種との関係をわかりやすく整理した。一次から三次のジーンプールは，遺伝子のやりとりすなわち交雑の容易さや生殖的隔離の程度を基準に決められる。ジーンプール概念は，交雑による育種を念頭においたきわめてプラグマティックな分類であるので，やや画一的にすぎるが，栽培植物と近縁野生種との関係を理解するには便利な概念である。この概念に従えば栽培ゴマや路傍雑草型と随伴雑草型の *S. mulayanum* は生物学的には同一種となり，互いに一次ジーンプールの関係にある。現在これらのあいだでどの程度の遺伝子のやりとりがあるかは興味深い点である。

6. インドにおけるゴマの在来品種と伝統的利用

　ゴマは *S. mulayanum* を野生祖先種としてインドを中心とする南アジアで栽培化されたことが明らかとなった。ゴマの起源地と推定されるインドでは，どのような変異があり，どのように呼ばれて，伝統的にどのように利用されているのだろうか。限られた見聞ではあるが，1992年にインドで農家を訪れて聞き書きした野帳をもとにみてみよう。1992年の調査では，マハラシュトラ州のプーネからいったんカルナタカ州にはいり，アンドラ・プラデシュ州の一部ををかすめて再度北上して，マハラシュトラ州を縦断し，マディヤ・プラデシュ州を北上，ウッタル・プラデシュ州とラジャスターン州をかすめるようにしてデリーにいたるルートを車で移動した (Komeichi et al., 1993)。カルナタカ州，アンドラ・プラデシュ州，マハラシュトラ州にまたがるデカン高原では，風化しかけた岩山の露呈しているような場所の近くで乾燥した耕地にゴマをしばしば見つけることができた。乾燥に強いゴマでも，さすがに生育が悪くて，萎凋しているのも多く見られた。水の得やすいところにはイネ，つぎに雑穀やマメ類がある。雑穀のなかでも乾燥に強いトウジンビエさえつくれそうにない乾いた土地にゴマが栽培されているという印象であった。
　調査地域を便宜的に北部 (ウッタル・プラデシュ州，ラジャスターン州およびマディヤ・プラデシュ州) と南部 (マハラシュトラ州，カルナタカ州およ

表3 インドにおけるゴマの形態的特徴に関する観察

調査地域	総観察地点数	草型 熱帯型	草型 他の分枝型	草型 無分枝型	葉腋あたりの蒴果数 1	葉腋あたりの蒴果数 2	葉腋あたりの蒴果数 3	蒴果の心皮数 2	蒴果の心皮数 3	蒴果の心皮数 4	蒴果の着位 対生的
北部	42	8	11	9	33	4	26	28	2	2	16
南部	37	13	4	—	16	2	4	22	5	12	—

現地調査中に，個々の特徴を確認し記帳した地点の数を示す。複数の変異が観察された場合，重複してカウントした。また，いくつかの形質の観察をしていない地点も多い。これらの形態的な観察は同一条件で栽培して比較したものではなく，調査地点数にも偏りがあるが，各地域でどんなゴマが栽培されているのかの大まかな目安になる。

びアンドラ・プラデシュ州)に分けて，観察されたゴマの形態をおおまかにまとめてみよう(表3)。南部はいわゆるデカン高原である。まず草型に関しては，南部のデカン高原では高位の節から分枝する熱帯型が多かったのに対し，北部では枝分かれしない無分枝型の頻度が高かった。下位葉は，南部では3深裂葉が圧倒的に多く，これも熱帯型のひとつの特徴となっている。北部では全縁葉が多かった。蒴果は，南部ではほとんどが互生していたが，マハラシュトラ州から北部にかけては対生や対生に近いものの頻度が高かった。葉腋あたりの蒴果の数は，南部では1個が多く，北部では，ほとんどの地点で1個のものと3個のものが混じっていた(写真3)。種子は，全体に白色が多かったものの黒色や褐色などさまざまであった。

　インドの州は言語州といわれるように，インドは言語のうえでも多様である。とくにインド南部では基本となる共通語が州ごとに異なっており，方言も多様である。現地での農家へのインタビューは簡単ではない。現地の農民の発音を同行したインド人研究者にアルファベットで表記してもらったが，その研究者も母語であるカンナダ(Kannada)語と主要公用語であるヒンディー(Hindi)語には精通していても，ほかの言語は難しかったようだ。そのような背景もふまえてゴマの表現をみてみよう。北部ではヒンディー語が共通語としての役割を大きく果たしている。そのせいか，ゴマの呼称も til, tili, tilli といったものが普通にみられる(表4)。マラティ(Marathi)語が共通語のマハラシュトラ州では hauri や hawri，カンナダ語のカルナタカ州では主に ellu が分布している。白ゴマ，黒ゴマの区別は白いとか黒いという形容詞で区別することが多いが，tili と til といった区別は興味深い。イン

表4 インドの調査地域におけるゴマの方名，白ゴマ・黒ゴマの区別ならびに在来品種の名称（河瀨・古明地，1993 をもとに改変）

地域	州（主要言語）	ゴマの方名	白ゴマ・黒ゴマの別 白ゴマ	白ゴマ・黒ゴマの別 黒ゴマ	在来品種名の例（意味）
北部	ウッタル・プラデシュ州 Uttar Pradesh（Hindi 語）	tili, til	sufaid tili tili	kara tili til	
北部	ラジャスタン州 Rajastan（Rajastani 諸語）	tilli	?	?	Chauphari tilli Desi tilli（地方のゴマ）
北部	マディヤ・プラデシュ州 Madhya Pradesh（Hindi 語）	tilli, tili	sufaid tilli	?	Chaufara tili
南部	マハラシュトラ州 Maharashtra（Marathi 語）	hauri, hawri, til, tilli	hawri pandhra til	?	Desi til（地方のゴマ） Gopi til Daundha til Diwadi til（Diwadi 祭の前に収穫されるゴマ）
南部	カルナタカ州 Karnataka（Kannada 語）	ellu, til	bile ellu bili ellu pandhari ellu	kare ellu kari ellu	Entane ellu Ish ellu（毒のあるゴマ） Chitt ellu Jawari ellu（地方のゴマ）
南部	アンドラ・プラデシュ州 Andhra Pradesh（Terugu 語）	nuvvulu	?	?	Manchinullu

現地語のローマ字表記は同行のインド人研究者によるものであるが，その発音すべてをローマ字で表記することには無理がある。ここで示した資料は記述言語学や音声学的による検討をへたものでないことを予めお断りしておく。？は確認できなかったことを示す。

ド北部では個々の品種名はあまり聞けなかったが，南部ではひとつひとつの在来品種に個別の品種名で区別しているのが多かった。

　つぎに，食品素材としての伝統的な利用法はどうだろうか。ゴマの調理には主に5つある（表5）。インド料理といっても多様で，とくに北インドと南インドとのあいだや，宮廷料理に由来する高級料理と庶民の食事では同じ名前でも大きく異なる。ここでは庶民的な利用法を紹介する。

　(1) サトウキビの粗糖（jaggery）にゴマを加えて作る甘いお菓子。地方に

表5 インドにおけるゴマの伝統的調理法と呼称(河瀬・古明地, 1993 をもとに要約)

地域	州(調査地点数)	粗糖と合わせて作る菓子	サンクランチ祭の菓子類	甘い詰め物入りの揚げパン	チャットニィ(ペースト状の薬味)	マサラ(masala)への添加	ピクルスへの添加	パンなどのトッピング	その他
北部	ウッタル・プラデシュ Uttar Pradesh (7)	laddu, papadi, revadi, gajak	laddu			+			炒って(粗糖をつけて)食べる、団子やrotiやpalataに混ぜる
	ラジャスタン Rajastan (3)	laddu, revadi, papadi, shakkar para, gajak	+					雑穀のroti	pakora、雑穀のご飯、炒って粗糖をつけて食べる
	マディヤ・プラデシュ Madya Pradesh (9)	laddu, revadi, gajak, bharfi, patti	laddu	gujia		+		まれに雑穀のroti	炒って食べる、生で食べる、団子
南部	マハラシュトラ Maharashtra (14)	laddu または laddu, まれにrevadi, karanja, chikki, barif	til gul	poli, まれにmasodi	chutney, まれにkharda	一般的	+(mango)	雑穀(まれにコムギ)のroti, お菓子, wada(揚げパン), papad	炒って粗糖をつけて食べる
	カルナタカ Karnataka (23)	laddu, undi (ellu undi), まれにchigli	laddu, kusurellu, ellu bella, ellu sakri, chigli, til gul	holgi(ellu holgi), まれにpalya, poli	chutney, khar, khara, hindi	一般的	uppin'kai	雑穀(まれにコムギ)のroti(rotti), お菓子, kadabu(詰め物入り揚げパン), sandige(キャメメ粉の揚げパン)	
	アンドラ・プラデシュ Andhra Pradesh (3)	laddu	karjikai	karjikai	uruminde, chutney	+	uppin'kai	雑穀(まれにコムギ)のrotti	

+：呼称は不明だが聞き取ることができた

第 13 章 南アジアにおけるゴマの利用と民族植物学　191

写真 6　ゴマと粗糖のお菓子(revadi)

よって，あるいは大きさや形によってさまざまな呼称がつけられており，ladu, laddu, undi, revadi などと呼ばれる。
(2) ゴマを粗糖に混ぜ，カルダモンなどで味や香りをつけたものをドゥ(パン生地)に詰め，油で揚げたり，焼いたりして作る菓子パン。ゴマ入りの甘い詰め物をした揚げパンは poli とか holgi などと呼ばれ，とくに南インドで好まれる。
(3) チェットニィ(チェツネ，chutney)。北インドでは果物などがはいった甘いジャムのようなチェットニィもあるが，南インドの農村ではいろいろな香辛料を吸水させたキマメとともに摺りつぶして作る。ゴマはこれに欠かせない素材である。
(4) 野菜料理や肉料理に広く使われるマサラ(masala, 香辛料ミックス)の材料。
(5) ロティ(roti, 無発酵パン，チャパティ chapati ともいう)やお菓子のトッピング。南インドの農村ではトウジンビエやソルガムなどの雑穀で作ったロティにゴマをよくトッピングしている。突然お邪魔した農家でご馳走になったが，焼きたてのロティを右手でちぎってチェットニィをつけて食べると，ゴマの芳香やトウガラシの辛みがロティの香ばしさとよくマッチして美味しいものである。

ゴマはマンゴーのピクルスにも添加するし，ゴマの種子を炒って粗糖をつけて，あるいは生でも食べる。ゴマは1月中旬のサンクランテ（サンクランマナともいう）祭とも結びつき，このヒンドゥー教の重要な祭りに欠かせない食材となっている。ゴマと粗糖でつくったお菓子やゴマ入りの甘い詰め物をした揚げパンを神に捧げ，そして家族やまわりの人々と分かちあう。このときのお菓子はいつもと同じような作り方でも違う名前で呼ばれたりする。この祭りの日には，つぶしたゴマやゴマ油を体に塗り，沐浴する人々もいる。上座（小乗）仏教が広く信仰されているミャンマー（ビルマ）では，2月ごろの満月の日にタマネー儀礼というのが行なわれる。蒸したモチゴメにゴマ種子，ゴマ油，落花生や各種の香辛料などを混ぜて，搗き捏ねてタマネー（tʰəmənè:）と呼ぶ餅状の料理をつくり，まわりの人々にふるまう。ヒンドゥー教，上座仏教と異なってはいるが，タマネー儀礼もインドのサンクランテ祭と同じルーツの収穫祭だったのではないだろうか。

インドでは，生産されるゴマの8割近くが搾油に用いられる。搾油は，基本的に焙煎をしないゴマサラダ油で，そのほとんどが食用を目的としている。調査した村々では，機械で搾油されていたが，ゴマ油は値段の高い高級品である。マンゴーのピクルスにはゴマ油が選択的に使われるが，ほかにゴマ油でなければならないという調理は聞かなかった。インドでは通常の調理にはほかの植物油脂やギー（本来の意味は水牛の乳油だが，実際には混合物）が広く用いられているようだ。搾油されたゴマ油のほとんどが植物性加工食用油脂であるバナスパティ（植物性硬化油）の生産に利用される。もちろんバナスパティはさまざまな植物性油脂を原料に生産されているが，インドではゴマ油を最低5％混ぜることが義務づけられている。それ以外のゴマ油の伝統的利用法としては，インドの漢方にあたるアユルベーダ（伝統的民間医療）で，ゴマ油をさまざまな薬草類と混ぜて体に塗るなどといった方法で用いている。

関東地方の北部で農家を訪ねて伝統的な作物に関する調査を行なっていたときに，「うちではゴマを作らない」という農家に出会ったことがある。それも1カ所ではなかった。それらの農家では，ゴマではなくシソ科のエゴマ *Perilla frutescens* が油糧作物として栽培されていた。これには由緒というか言い伝えられた理由があり，要約するとほぼ共通して，「ご先祖が戦いに敗れて，敗走するさいにゴマ畑で足を取られ，ゴマの切り株で目を突いたか

ら」というような説明であった。特定の作物に対する禁忌(タブー)というものが，どのような過程をへて成立するのかよくわからないが，日本人とゴマとの長くて深いかかわりのひとつの傍証である。

本章では，著者が見聞したインドにおける人々とゴマのかかわりを述べたが，そこにも長い歴史を感じることができた。アフリカ大陸諸国においてゴマがその近縁種とともに古くから重要な植物であったことも多くの研究者の報告からうかがい知ることができる。今後，世界各地のゴマを対象に遺伝的な研究が進めば，ゴマと人間の長い歴史はさらに明らかになるであろう。

第14章 作物になれなかった野生穀類たち

三浦励一

　農耕の発生以前には，野生のイネ科穀粒を採集する段階があったと考えられる。世界の人口の大部分が食糧を農業に依存するようになってからも，農業が困難で，かつ有用なイネ科資源の存在する地域では，その採集利用が続けられてきた。なかでも，北米の先住民によって大量に採集されてきたマコモの一種 $Zizania\ aquatica$ は，ワイルドライスの名でよく知られている。日本は気候的に草原が発達しないうえに農業も可能であり，野生のイネ科穀粒が利用されやすい条件下にはなかった。それでも，ササの一斉開花後に実る穀粒を「野麦」や「笹米」と称して食用にすることがあったし，奥州や熊野では「菰米」（マコモの穀粒）を産したという記録もある。平安時代，正月に供する「七種粥」は7種類の穀物から作るものであったといい，そのなかにみえる「葟子」はムツオレグサにあたるという。

　このような野生穀類の利用は，多かれ少なかれ，世界各地で最近まで続いていた。しかし，現代においてなお，さまざまな野生穀類がさかんに採集利用されている点では，西アフリカの半乾燥地帯が世界随一といわれる。1968年1月，マリ共和国北部の古都，トンブクトゥを訪れた中尾佐助は，その驚きをつぎのように記している（中尾，1969）。

　　籠に入れた穀類がズラリとならべられている。コムギ，トウモロコシ，トージンビエ，ソルガムといっしょに，数種のコメも売り出されている。（中略）ニジェール川の中に野生しているオリザ・バルティー（$Oryza\ barthii$）という種類も見つかった。ヒエも売られている。これもニジェール川の中に野生している種類（$Echinochloa\ stagnina$）を採集したものだ。フォニオ（$Digitaria\ exilis$）も野生フォニオもある。こ

んなに変わったいろいろな雑穀が，狭い市場でバタバタと買える場所は，ここ以外ほとんどない。

私は 1996 年と 1998 年，トウジンビエ栽培の調査のためマリ共和国を訪れた際に，わずか数日ずつではあったがこの地域に足をのばすことができた。季節はずれのせいもあって中尾が描いたような市場の賑わいはなかったが，それでも野生穀類についていくつかの観察や聞き取りができた。ここでは，そのわずかな見聞を文献で補いながら，どのような種がどのような環境下で利用されているのかを紹介したい。

1. ニジェール川のブルグ

Echinochloa stagnina はニジェール川の漁民によって利用されている野生のヒエの一種である。ここでは現地で広く通用するバンバラ語名，「ブルグ」を用いることにする。普通，フランス語式に bourgou と綴られる。*E. stagnina* は東南アジアにも分布するが，東南アジア産が四倍体($2n=36$)であるのに対し，西アフリカ産は六倍体($2n=54$)である (Yabuno, 1966)。

ニジェール川は西アフリカ唯一の大河であるが，水位の季節的変動が大きい。集水域が広大で起伏が少ないためであろうか，増水期は雨期よりも遅れてやってくる。モプティとトンブクトゥの中間点では，この川は増水期になるとあたりを水浸しにして，琵琶湖よりひとまわり小さいほどの湖，デボ湖をつくる。このあたりがブルグの本場である。

1996 年と 1998 年の 10 月，私が訪れたときのデボ湖は，ほぼ最高水位に達していた。湖の上流側ではニジェール川はいくつにも分流して，内陸デルタと呼ばれる地形をつくる。デルタの末端付近は，見渡す限り続くブルグ原のなかをいくつもの細いクリークが走るという景観を呈していた。ブルグ群落は，草高，茎の色，出穂期などが異なるさまざまな大きさのパッチからなっている。個々のパッチは均質なので，おそらくそれぞれがひとつのクローンからなるものであろう。もし自分が舟に乗っているのでなければ，ブルグ群落は休耕田のイヌビエ群落とさしてかわりないように見えるかもしれない。しかし，このブルグは水中に長く稈をのばしてその先は湖底に続き，浮きイネに似た習性を示す (図 1)。水面近くの稈は肥大して中は海綿状となり，浮きの役割を果たす。この浮力によって，柔らかい稈は水底から水面ま

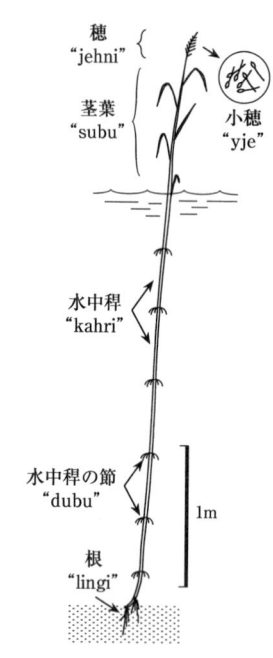

図1 ブルグ Echinochloa stagnina の出穂期の形態とソンガイ語による各部の名称

でほぼ直立し，さらに水上にでた高さ1mほどの茎葉部をしっかりと支えている。ニジェール川には，このほかにも Oryza longistaminata, Paspalidium geminatum, Vossia cuspidata など，浮きイネ状の生長を示すイネ科植物がある。湖岸や川岸の近くにはこれらが混生した群落ができるが，より水の深いところはブルグの純群落となる。これはおそらく，稈の伸長能力においてほかの種がブルグに及ばないためであろう。このような純群落数カ所の水深を棹で測ってみたところ，最大3.2mであった。増水期の伸長能力が大きいことは，他方で，渇水期に最後まで湿潤な場所を占めることができることを意味する。なお，浅い湿地ではブルグは水中稈をのばさず，イヌビエに似た生育型をとる。

やがて水位が低下すると，太い水中稈は長々と水面に横たわり，その各節から新しいシュートをのばし始める。水が完全に引くと，各節からでたシュートはそれぞれ根をおろし，あたりを陸生の草原にかえる(François et al., 1989)。実は，ブルグがこの地域で経済的に重要なのは，穀粒のためではなく，茎葉が家畜の飼料として優れているからである。半砂漠に位置するこの地帯が熱に灼かれる乾期の最中に，この植物は豊かな草原をつくる。こ

のころには，牛群を連れて季節的移動を行なうフルベ族牧畜民の一部が，ここに集まってくる。水があるときは牛は来ないかわりに，漁民が水上にでた草を集め，そのまま舟で湖岸の市場に運ぶ。近年はヨーロッパの援助機関によりブルグの増殖が奨励されているが，これも飼料化を目的としたものである(François et al., 1989)。

　2度の訪問の際，ブルグの収穫風景にぶつかることは残念ながらなかった。しかし，1996年，湖畔のAka村(北緯15度24分，西経4度14分)に住むソニンケ族のある家を訪れたときには，婦人がブルグの穀粒を精選している最中であり，器には今朝食べたというブルグのお粥が残っていた(写真1)。この家の家長である老人から，通訳を介して，ブルグの利用法について聞き取りをすることができた。聞き取った語彙はソンガイ語である。1998年の再訪の際は，水位が例年になく高いためブルグの稔実が悪く，漁民は採集を見合わせていた。しかしながら，ボゾ族の漁民数名に頼んで，採集の方法を実演してもらうことができた(写真2)。会話が困難で詳しい聞き取りはできなかったが，観察の結果は1996年の聞き取りを裏づけるものであった。

　ブルグはソンガイ語ではクンドゥ，ボゾ語ではホン，コンまたはブガと呼ばれる。種子が熟するのは10月から11月である。採集には三人が一組で漁

写真1　デボ湖畔の漁民の家で食用にされていたブルグの穀粒。1996年10月11日撮影。上左：風選後，精選前の穀粒と内・外穎の混合物。上右：フィントーによる精選後の穀粒。これらはヒョウタンの器にはいっている。下左：除去された穎。下中央：発酵乳を加えた粉粥。

198　第III部　半乾燥地の雑穀

写真2　デボ湖のボゾ族によるブルグの収穫法。1998年10月22日撮影。この年は実りが悪く，実際には収穫が行なわれていなかったが，実演してもらったもの。

船に乗ってでかける。このあたりの漁船というのは木造で，全長10〜15 m，最大幅1 m半，舟べりが水面から30 cmほどしかない，手漕ぎの小舟である。舟のなかにはソンガイ語でバリ，ボゾ語でシエイと呼ばれる幕を縦方向についたてのように立てておく。よくできたブルグ群落の穂は水面から1 mほどの高さになるが，幕もこれと同程度の高さにしてある。この幕は昔はパルミラヤシの葉を編んで作るものであったというが，現在では化繊でできた穀物袋の廃物が利用されている。三人のうち一人は船尾に立ち，棹を使って舟を押し進める。ほかの二人は両舷に立ち，長さ2 mの木の棒でブルグの穂を横なぎにし，幕に打ちつける。この棒には何の特別な加工もされていない。熟した小穂は容易に脱落し，舟底にたまる。この三人のなかで最も重労働となるのは，棹で舟を押し進める者である。

　家に持ち帰った小穂は，天日で乾燥した後，芒をつけたまま保存する。ほとんどは自家消費されるが，収穫が多ければ売ったり，親類に配ったりすることもある。食べるときには木臼と竪杵で搗いて脱ぷ（もみすり）し，風のあるときに器から落とすことによって風選する。ここまでの工程はほかの雑穀の場合と同様である。しかし，ブルグの場合，風選だけでは穎果を比較的重

い内・外穎からうまく選り分けることができないらしく，フィントーと呼ばれる道具を用いてさらに精選していた。フィントーは，パルミラヤシの葉を編んで作った直径 35 cm ほどの縁のない円盤で，食器の蓋やウチワがわりなど多用途に使われるありふれた道具である。この上に穎果と穎の混合物を載せ，水平に円を描くように揺っていると，しだいに両者が分かれてくる。丸くてころがりやすい穎果と扁平でひっかかりやすい穎の形の違いを利用した精選法で，原理自体はベルベットロールなどと呼ばれる近代的な種子精選機にも利用されているものである。道具の形状は箕に近くても，これは風選ではない。こうして調製された穀粒を見ると，搗き減りがたいへん大きい。パーボイルすれば少しはましかもしれないが，そのような例は聞かなかった。

　ブルグの調理法はトウジンビエなどと同様で，再度臼で搗いて製粉し，おねりや粉粥を作る。トウジンビエよりうまいという者も，まずいという者もある。写真 1 の食器のなかにあるものはソンガイ語でビタ，バンバラ語でモニと呼ばれる一種の粉粥で，発酵乳が混ぜてあり，酸味とかすかな渋味があった。

　ブルグには，もうひとつ，糖原料としての利用法もある。聞き取りの結果は，Harlan(1989) が紹介しているものとほぼ同様であった。乾期のさなかの 2 月ごろ，湖の水位が膝丈くらいまで低下したころ，水面に浮いた太い稈を手で引っ張って集める。稈に糖が蓄積されるのはこの時期だけである。子供は稈の皮を剥いで髄をかじるのを好む。この稈を数日間天日で干し，焚火の上で軽く焼いて根や葉を除去し，茶色にローストしたものを搗いて粉にする。かめに水をいれて火にかけ，ざるを載せ，ざるの底に水で湿らせた粉を固め入れて蒸す。これに水を少しずつ注ぎ，甘い抽出液を得る。ソンガイ語でクンドゥハリ (「ブルグ水」の意) という。この季節，最低気温は 15°C ほどまで下がり，この地域の人々にとっては十分に寒い。甘くて暖かいこの飲み物は，たいへん喜ばしいものであるらしい。甘味料として粥に加えることもあり，煮詰めてカツと呼ばれる粗製糖を作ることもある。抽出液を数日間放置して自然に発酵させ，酒の一種アムルを造ることもあるが，これは主たる目的ではない。南米産の比較的安い砂糖がこのような奥地にまで運ばれるようになった現在，糖原料としてのブルグの利用は衰退しつつあるようである。

　デボ湖の漁民は住居の周辺にわずかばかりのトウジンビエを播くこともあるが，基本的には獲った魚を市場で売って穀物を買い，生計を営んでいる。

これがうまくいっているうちは野生穀類を採集する必要はないが，不作による値上がりなどで十分な穀物が手にはいらないときにはさまざまな野生穀類の採集に精をだすことになるという。なかでも，収穫に舟を必要とするブルグは，漁民にのみ利用が許される資源である。町村の近くでは干上がった土地に所有権がある場合があり，そのような場所に生えたブルグの採取権は土地所有者に属する。しかし，広範に生える自生のブルグは誰が採集してもよい。

上に述べたブルグの採集法は，北米先住民によるワイルドライスの採集法(Steeves, 1952)とひじょうによく似ている。しかし，ブルグの場合，ワイルドライスのように湖畔の住民の食糧の大半を供給するほどの重要性はもたなかったし，関連する儀礼や規制も発達していない。伝統的方法によるワイルドライスの収穫能率は，二人一組で1日に小穂34〜90 kg，収穫に値する最低限の群落の生産量(収穫量ではない)は可食部にして336 kg/haという(Steeves, 1952)。ブルグについてはこれと比較するほどのデータはないが，ごく粗い推定値を示しておく。ボゾ族の漁師によれば，三人一組で1日に収穫することができる小穂の量は，よい群落で100 kgほどということであった。稔実した小穂のみをとれば可食部(穎果)の割合は65〜71%と比較的高いが，実際の収穫物にはさまざまな割合で不稔粒が混じる。よく実ったブルグ群落を選んで1 m² の枠6個から穂を採取して調べたところ，生産量は可食部換算で290〜680 kg/haと推定された。実際にはこれより見劣りのする群落が大部分であったから，ワイルドライスの基準を参考にするならば，収穫に値しない群落が案外多いのかもしれない。

ところで，ワイルドライスは近代になってから積極的に育種され，脱粒性が除去され，作物へと昇格した(それでもまだワイルドライスと呼ばれている)。ブルグの場合，芒や脱粒性がなくなったら，有用な雑穀になりうるであろうか。そのような育種は不可能ではないかもしれない。しかし，この湿地帯では，雲がたなびくように群舞するハタオリドリの仲間の格好の標的にされることを覚悟しなければならないであろう。

2. 西アフリカで利用されるほかの野生穀類

Peters et al.(1992)およびBurkill(1994)から，サハラ以南のアフリカに

おいて食用にされた記録のある野生穀類を拾いだすと，合計79種になる(表1)。このなかにはおそらく，より頻繁に利用される少数の種と，あまり利用されない多数の種が含まれているであろう。西アフリカで利用頻度の高い種は，Harlan(1989)によればつぎのとおりである。

サハラ砂漠：*Aristida pungens*，*Panicum turgidum* および *Cenchrus biflorus*。

表1 サハラ以南のアフリカで食用にされている野生穀類(Peters et al., 1992 および Burkill, 1994 にもとづく)

Anthephora nigritana, A. pubescens
Brachiaria brizantha, B. comata, B. deflexa, B. dura, B. jubata, B. lata, B. serrifolia,
 B. stigmatisata, B. villosa, B. xantholeuca
Cenchrus biflorus, C. prieurii
Chloris lamproparia
Cynodon dactylon
Dactyloctenium aegyptium, D. giganteum
Digitaria ciliaris, D. debilis, D. leptorachis, D. nuda, D. velutina
Echinochloa colona, E. crus-galli, E. haploclada, E. obtusiflora, E. pyramidalis, E. stagnina
Eleusine indica
Enteropogon prieurii
Eragrostis cilianensis, E. ciliaris, E. curvula, E. minor, E. pilosa, E. planiculmis,
 E. tremula, E. turgida
Eriochloa fatmensis
Hyparrhenia nyassae
Ischaemum afrum
Leptochloa uniflora
Leptothrium senegalense
Oryza barthii, O. longistaminata, O. punctata
Oxytenanthera abyssinica
Panicum coloratum, P. deustum, P. fluviicola, P. infestum, P. laetum, P. maximum,
 P. novemnerve, P. pansum, P. subalbidum, P. turgidum
Paspalum scrobiculatum
Pennisetum unisetum
Rottboellia cochinchinensis
Saccharum spontaneum
Sacciolepis africana
Setaria lindenbergiana, S. pumila, S. sphacelata, S. verticillata
Sorghum arundinaceum
Sporobolus africanus, S. festivus, S. fimbriatus, S. panicoides, S. pyramidalis, S. spicatus,
 S. virginicus
Stipagrostis plumosa, S. pungens
Urochloa mosambicensis, U. trichopus

サバンナ：*Panicum laetum*，*Eragrostis pilosa* など，混合状態で収穫されチャドでは kreb と総称される 10 種あまりのイネ科。

湿地帯：*Oryza barthii*，*O. longistaminata*，*Paspalum scrobiculatum* および *Echinochloa stagnina*。

これらの野生穀類は，往時は大量に市場に出回り，また隊商で運ばれたという。なお，ここにでてくる野生イネ *O. barthii*（＝*O. breviligulata*）はアフリカイネ *O. glaberrima* の野生祖先種とされているもので，乾期に干上がるような池沼に生える。*O. longistaminata* はニジェール川などに生える水生の多年草で，稔実率が低く，利用頻度は前種より低いという。中尾(1969)が「バルティ稲」として述べているものは，その後の分類によれば *O. longistaminata* の方に相当するので注意が必要である。

これらの野生穀類の大部分は，農業が困難なサハラ砂漠やサヘルで利用されるものである。サヘルは，サハラ砂漠の南縁に帯状に広がる，年降水量 200～600 mm のステップ気候帯の呼び名である。局地的にはトウジンビエが栽培されるが，大部分は *Acacia* 属などの棘の多い潅木が疎らに生える荒れ地や一年生イネ科草原が占め，牧畜民の活動の場となっている。

私はブルグのほかには野生穀類の利用場面を目にすることができなかったが，近年でも利用が続いていることは確実である。1997 年，大阪市立大学の月原敏博氏は，ニジェールのアガデスで，トゥアレグ族の男性が食用としてもっていた野生穀類 2 点を入手された。これを譲り受けて調べてみたところ，「イシバン」と称するものは重量で 89%の *Panicum laetum*（写真 3 G）と 11%の *Echinochloa colonum*（写真 3 C）からなる混合物であり，「テージット」と称するものはほとんど純粋な *Eragrostis pilosa*（写真 3 E）であった。また，1999 年，京都大学の田中　樹氏は，ブルキナファソ北東部のマルコイ近郊で，ベラと呼ばれる非定住民から野生穀類を入手されたが，これはほとんど純粋な *Panicum laetum* であった。

このほか，標本として採集した数種の穀粒を含めて写真 3 に示す。*Cenchrus biflorus* は日本に帰化しているクリノイガに近い一年草で，小穂は痛い刺が密生する総苞に包まれている。これはサバンナ帯からサヘルにかけてどこにでも見られる雑草であるが，ニジェール川にそった砂丘や移動が止まった古砂丘の上には大群落をつくる。コヒメビエ *Echinochloa colonum* はインドビエの祖先種とされ，日本の南部にも雑草として分布する。サヘル

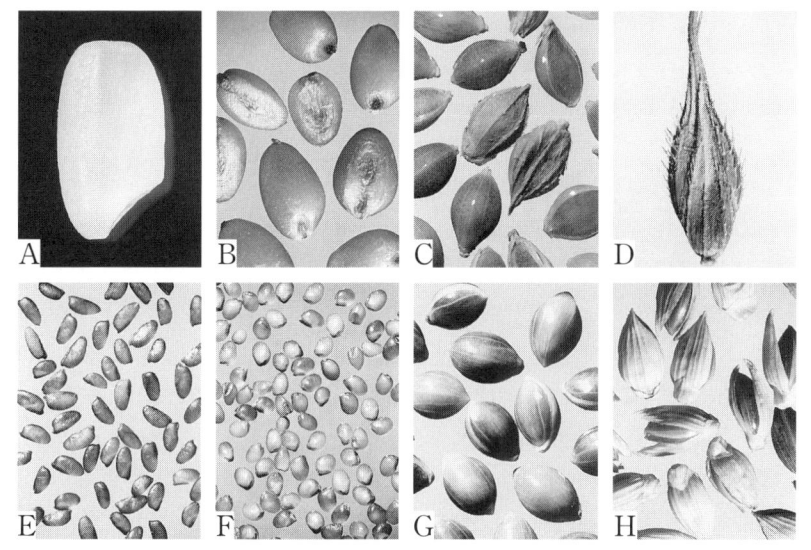

第14章 作物になれなかった野生穀類たち　203

写真3 西アフリカのサヘル帯で食用とされる野生穀類と比較のための日本稲精白米。すべて5倍に拡大。A：日本稲(日本晴)精白米，長さは5mm。B：*Cenchrus biflorus* の穎果，C：*Echinochloa colonum* の小穂，D：*E. stagnina* の小穂，E：*Eragrostis pilosa* の穎果，F：*E. tremula* の穎果，G：*Panicum laetum* の小穂第二小花，H：*P. subalbidum* の小穂。A，Bを除いては散布体の状態である。Dの芒は実際には2〜4cmある。

では季節的にできる浅い湿地に生える。同属の *E. stagnina*(ブルグ)についてはすでに詳しく述べた。*Eragrostis pilosa* はスズメガヤ属の一年草で，エチオピアで栽培される雑穀テフ *Eragrostis tef* の祖先野生種とされており，また日本にある雑草オオニワホコリとも同種ということになっている。Krebの主要構成要素で，このなかから選びだされてテフが成立したとHarlanは推定している。上述の「テージット」の穎果1000粒重は91 mgで，テフの4分の1ほどしかなかった。あきれるほどに小さいテフの穀粒も，栽培化によって大きくなってはいるらしい。*Eragrostis tremula* も krebに含まれるが，主要なものではない。穎果1000粒重はさらに小さく，78 mgであった。*Panicum laetum* はキビ属の一年草で，雨期に浅い湿地となる比較的肥沃な平原に群落をつくる。この地域の野生穀類のなかでは最も重要なものといわれ，フランス語で fonio sauvage(野生フォニオ)と呼ばれることもあるが，フォニオとは属が違い，もちろん祖先種ではない。中尾(1969)がトンブクトゥの市場で得たという「野生ホニオ」は，*Panicum* spp.と記され

ているから，主にこれであったと考えられる。*Panicum subalbidum* はニジェール川に多い抽水性の一年草である。先述のボゾ族の漁民は，ブルグほどではないがこの種も利用するという。浅い水中に生えるので，水のなかを歩いて採集する。

この地域のイネ科フロラのなかで，どのような種がよく利用されているかをながめてみると，つぎのような一般的傾向があるようである。

(1)大量に群生していること。イネ科の穀粒は，大集団として存在するとき初めて利用可能となる(中尾，1969)。この点で，アフリカの平坦な大地はおもしろい特徴をもつ。環境傾度がゆるやかであるためか，たいがいの植物は，探しまわればどこかに大群生しているのである。

(2)芒や穎のような保護組織の割合が小さいこと。*Andropogon*, *Chloris*, *Schoenefeldia* などは，大群生してはいてもこの条件を満たさない。野生イネや *Cenchrus* もこの条件を満たさないが，穀粒が特別に大きいので例外的である。

(3)多少とも湿生植物的な種が多い。乾燥地帯の湿生植物というと奇妙に聞こえるかもしれないが，ニジェール川ぞいでなくとも，サヘルには雨期に湿地となる皿状の土地が意外に多い。このような場所の土壌は周囲と比べて格段に肥えている。肥沃な土地が季節的に乾湿を繰り返すのであるから，環境としては水田によく似ている。

野生穀類の採集法については，小林央往氏が，トンブクトゥ出身のトゥアレグ族男性から聞いたつぎのような話を書き留めている。「野生穀類は，季節的な湿地にできる数種が混じった草原で収穫される。まず，水が引いた頃，朝露の乾かない時間に，手に持った棒で穂をたたき，ヒョウタンの器の中に穀粒を落とす。穀粒の成熟は斉一ではないので，この作業は1カ月ほどにわたって反復される。植物体がすっかり枯れてしまうと，今度はそれを除去し，地表に散らばった穀粒を掃き集める」(Miura, 1996)。森島(2001)は，棒で叩くのではなく，穂をすくうようにざるを振り回して穀粒を受けとめる野生イネの収穫法を，印象的な写真とともに紹介している。

採集利用されるイネ科植物が野生にとどまるか栽培化されるかを決定する分かれ目は，収穫と播種の反復のなかで脱粒性を失うことであるといわれる。上のような脱粒性を利用した収穫法は，非脱粒性の進化を促す選択圧とはならない(Wilke et al., 1972)。現在見られる野生穀類採集慣行は，農耕の前駆

段階をなしたものとただちに同一視してよいものではないかもしれない。

これに関連する大きな謎は，驚くほどさまざまな野生穀類が利用されているにもかかわらず(表1)，この一帯のどこかで栽培化されたとみられる重要な作物，トウジンビエ *Pennisetum glaucum* (= *P. americanum*, *P. typhoides*) とフォニオの野生祖先種が，いずれもその「メニュー」に載っていないことである。中尾(1969)の野生穀類のリストにはトウジンビエにきわめて近い *Pennisetum dalzielii* が含まれているが，これは専らトウジンビエ畑に生える雑草型トウジンビエとでもいうべきもので，野生の群落はつくらない。また，中尾(1969)はフォニオがサハラの南の一年生イネ科草原から生まれたと想定しているが，フォニオの品種多様性の中心や野生祖先種とされる *Digitaria longiflora* の分布はもっと雨の多い地方に偏っている。私はマリ共和国南部の森林帯で，休閑畑にこの植物がほとんど純群落となっているのを見た。フォニオは焼畑地帯の雑草起源ではないかとも考えてみたくなる。

野生採集から栽培にいたるさまざまな段階が見られることから，アフリカは作物進化の大実験室であるともいわれるが(Harlan, 1989)，その秘密はまだまだベールの奥に隠されている。このような地域を調査するチャンスは，望んですぐに得られるというものでもない。運よくその機会に巡り会うかもしれない人のために記しておくなら，中央〜西アフリカで雑穀栽培化の過程をたどりうる可能性のある標的地域としては，いろいろな情報を総合すると，ギニアおよびチャドあたりが最有力ではなかろうか。

第15章 雑穀のエスノボタニー
アフリカ起源の雑穀と多様性を創りだす農耕文化

重田眞義

1. 起源地で雑穀を作る人々：アフリカ起源の雑穀との出会い

　私がモロコシとその野生種を初めて目にしたのはケニアから陸路スーダンへ国境を越え，アカシアの優占する叢林サバンナの悪路に車を走らせていたときであった。牧畜を営むトポサの人たちの集落に隣接した畑には，初めて見る，標本や写真ではない生きたアフリカのモロコシ Sorghum bicolor があった。突然の闖入者にいぶかしそうな顔をしたトポサの女性に身振りで説明して，赤，白，灰色，黄土色などさまざまな色の種子をつけた，形もいろいろに異なる穂をひとつずつ標本袋にもらいうけた。そのとき，たしかにその畑のなかに疎に小さな種子をつけたモロコシの野生種があったのを25年過ぎた今もはっきり覚えている。

　しばらくして，スーダン南部とウガンダ北部にまたがって住むアチョリの人びとの集落に数カ月間寄食させてもらうことになった。農業を主要な生業とする人びとの毎日の主食はモロコシ，シコクビエ Eleusine coracana，あるいはトウジンビエ Pennisetum americanum の固粥であった。東アフリカではスワヒリ語でウガリと呼ばれる料理である。アチョリ語でクウォンと呼ばれる固粥は粉にひいたモロコシを少量の湯を沸騰させた土器の壺に加え，木のへらで練り上げて作る。力とコツの必要な料理である。へらで表面を滑らかにして半割のヒョウタンの器にこんもりと盛りつけられたクウォンは指先でつまみとり右の掌で丸めておかずとともに口へ運ぶ。乾期の最中，収穫

期の食事には雑穀がふんだんに登場した。

　収穫の行なわれているモロコシ畑のなかでは，モロコシの野生種が「鳥のモロコシ」という名前で分類されていることを女性たちに教えてもらった。アチョリの村ではモロコシに限らず作物に近縁のさまざまな野生種が農民によって識別認識され，利用されていた。毎日の雑穀の主食につけあわされるおかずには作物として栽培される野菜だけでなく野生や半栽培の植物が半分以上を占めていた。南部スーダンのサバンナと森林の境界にある村は，私にとって豊かな食生活を送りながらアフリカの作物の起源と多様性について考えるのにふさわしい場所であった。

アフリカから日本へ

　モロコシはシコクビエ，トウジンビエとともにアフリカを代表するアフリカ起源の雑穀類のひとつである。現在もアフリカの人びとの主食としてアフリカ各地で作り続けられている(写真1～3)。

　かつて1970年代の初めころまで日本各地の山村にはわずかずつではあるが雑穀(と総称されるイネ・ムギ以外の穀類)が栽培されていた。たとえばそのひとつモロコシ(タカキビ，ソルガム)はおよそ4万kmもの距離をはるばるとアフリカ大陸から東アジアの日本まで伝えられたことになる。このほかにもシコクビエ，ササゲ，スイカ，ヒョウタンなど日本で栽培されてきた作物のなかにアフリカ起源のものがあることは意外と知られていない。

　これらのアフリカの地に創りだされた作物がいつの時代にどのようにして日本に伝えられたのかはよくわかっていない。考古学的にもまだ十分に明らかにされていない。おそらく古くは縄文時代のころから最近にいたるまでいくどにもわたってさまざまな文物がこの列島に伝えられたなかにアフリカの賜物が含まれていたのだろう。たとえば1998年2月に島根県の板屋遺跡(縄文時代)で発見された約3000年前のイネ科種子の遺体(プラントオパール)はシコクビエであるとされている。これらの作物がアフリカに起源したということはほぼ間違いないと考えられている。それは，今もこれらの作物がアフリカにおいてさかんに栽培され，その場所に，それぞれの作物の祖先と考えられる野生種が見つかっているからである(表1)。

208　第Ⅲ部　半乾燥地の雑穀

写真1　モロコシ。 耐寒性のモロコシは東アフリカの高地に広く栽培されている。在来品種には生育期間が10カ月以上で，草高が3m以上にもなるものがある。写真はケニア西部のカカメガ農業省試験場で選抜された短旱の改良品種。

写真2　シコクビエ。 ケニア西部のケリオ渓谷では灌漑用水を引いてシコクビエ在来品種がさかんに栽培されている。左上には随伴雑草化した近縁種のアフリカーナが見える。

写真3 トウジンビエ。スーダン南部のアチョリ人が栽培するトウジンビエ。収穫作業はもっぱら女性が行なう。小さなナイフを手にもって1本ずつていねいに穂を刈り取っていく。

表1 日本に伝えられたアフリカ起源の作物

和名	学名	起源したと想定されている地域
シコクビエ	*Eleusine coracana*	東アフリカ高地
モロコシ	*Sorghum bicolor*	熱帯アフリカのサバンナ地帯
ササゲ	*Vigna unguiculata*	西アフリカの林縁部
スイカ	*Citrullus lanatus*	南部アフリカの乾燥地帯
ヒョウタン	*Lagenaria siceraria*	熱帯アフリカ低地
オクラ	*Abelmoschus esculentus*	西アフリカのスーダン地帯
モロヘイヤ	*Corchorus olitorius*	熱帯アフリカ

多品種を作る

　スーダンの村を離れて数年後，ケニアに住んでシコクビエの品種間変異を調査したときもシコクビエの野生種は畑のそこかしこに見つけることができた。シコクビエ品種の比較栽培試験をするためにケニア西部州の農業試験場で借りた実験圃場にもシコクビエの野生種は生えてきたが，そのあまりによく似た草姿に私は栽培品種とまったく区別ができず，穂がでるまで完全に欺かれた。その傍らで，栽培種にみごとに擬態したシコクビエの野生種を，近

所に住む農民が迷うことなく苗の段階で除草するのは驚きであった。それでも農民の目をかいくぐって育ったシコクビエの野生種が穂をつけているのはさらに大きな驚きであった。

　このような農民とシコクビエのかけひきのあと，最後に収穫される畑のシコクビエは，穂の形や草姿に基づいて彼らの言葉でもっていくつもの品種に分類され命名されていた。ケニア西部の村で集めた標本に与えられた品種名とその特徴は，日本へ持ち帰って栽培してもみごとに対応していた。

　私には彼らが植物を区別して分類することにおいてよほどの達人であると思われた。その後，エチオピア西南部に住むアリの人びとが，モロコシの40に近い品種だけでなくエンセーテというバショウ科の作物の80近い品種を命名分類して維持している例を調査して，アフリカ人農民のなかに多品種に対する高い関心と微細な差異を区別する指向をもつ人たちがいることをこれまで以上に強く意識するようになった。

ヒトと植物の相互的なかかわり

　作物がいつどこでどのようにして生まれ，現在の多様な品種が見られるようになったのか？　従来，農耕の起源を明らかにするうえで重要なこの問題に取り組む研究は植物遺伝学や分類学の分野と，考古学や文化人類学の分野の双方で別々に行なわれてきた。ごくおおざっぱにいえば，前者は植物の側に起こった変化に注目し，後者は人間がその変化をどのように認識して利用してきたかに関心を払ってきた。しかし，植物の変化とそれを利用する人間の行動は相互に密接に関連している。両者をあわせて研究の対象として取り扱うことが作物の進化論あるいはドメスティケーション研究と呼ばれる分野に求められているのである。

　ヒトがいつどのようにして作物を手にするようになったのか。それを人類史のなかの1回きりの過去の「出来事」と考えれば，歴史をさかのぼってその最初の瞬間に立ち会うことは不可能とあきらめるしかない。しかし，アンダーソンがいうように，「ドメスティケーションは出来事ではなく過程である」とすれば，栽培種がその祖先であった野生種と同所的に存在し，人びとが今もなおその作物を利用し続けている場所において，ヒトと植物の相互的なかかわりを研究対象として扱うことによって，作物が創りだされた「過程」の一部を見ることはできないだろうか。アフリカの雑穀畑はこのような

視点で作物とヒトとの関係を考えるのにふさわしい場所であると思われた。なぜならそこでは現在も，作物とヒトとの相互的な関係が現在進行形の過程として続いているからである。そして，そこに展開する植物とヒトとの関係は自然史の一部であり，その関係の歴史はまた，その植物を利用する人びとの社会史の一部でもあるということができる。このようなヒトと植物の関係を扱う研究を広義のエスノボタニーと呼ぶことができる。

　私はこのような視点で作物の進化を考えることを「ヒト‐植物関係論」と名づけ，ヒトと植物双方の行動に注目して相互的な関係を明らかにすることをめざしてきた(重田，1988)。

　以下では，まずアフリカの代表的な雑穀について概説し，その特質を紹介したあと，アフリカの代表的な雑穀からシコクビエ，モロコシ，トウジンビエ，西アフリカのアフリカイネ，エチオピアのテフを例にとって，その歴史，文化，生態にまつわるいくつかの話題を東アフリカの事例を中心に提供する。最後に雑穀の研究をアフリカにおいて行なうことの重要性について述べることにする。

2. アフリカの3大雑穀：分布と生態

　アフリカの代表的雑穀として，その分布の広さと生産量の多さからモロコシ(ソルガム)，シコクビエ，トウジンビエがあげられることが多い(表2)。モロコシはアフリカ大陸のなかでももっとも分布域が広く，その作物としての成立に関与したと考えられる野生種もサバンナ地帯から森林地帯との境界域にいたるアフリカのほぼ全域にわたって広い範囲に分布している。モロコ

表2　アフリカ起源の雑穀

英語名(和名)	学名	アフリカでのおもな栽培地域
Finger millet(シコクビエ)	*Eleusine coracana*	東南部アフリカ
Sorghum(モロコシ)	*Sorghum bicolor*	アフリカ全域
Bulrush millet(トウジンビエ)	*Pennisetum americanum*	アフリカの乾燥地帯
African rice(アフリカイネ)	*Oryza glaberrima*	西アフリカ
Fonio(フォニオ)	*Digitaria exilis*	西アフリカ
Black fonio	*Digitaria iburua*	西アフリカ
Animal fonio	*Brachiaria deflexa*	西アフリカ
Teff(テフ)	*Eragrostis tef*	エチオピア

シは半乾燥地帯や明瞭な乾期と雨期の区別があるサバンナ地帯だけでなく，高度2000m以上の雨の多い冷涼な気候の山地帯にも適応した品種が栽培されている。それに対してトウジンビエはより乾燥した気候に適した作物として年間降水量が800mm程度の半乾燥地帯に多く栽培されている。サヘル地域から，東北部アフリカの乾燥地帯，南部アフリカ地域などその分布はモロコシについで広い。それに比べてシコクビエの分布はやや限定的で，その祖先野生種が分布する高度1000m以上の東部アフリカの山地帯を中心に南部アフリカおよび中央アフリカの高地に広がっている。寒暖の差の激しいアフリカの高地気候に適応した作物である。シコクビエがインド亜大陸において重要な食糧作物となっているのに対して，モロコシとトウジンビエは今日新大陸の主要な飼料作物のひとつとなっている。

　このようにこれら3種の雑穀がアフリカ大陸の外へ，熱帯地域だけでなく北半球の温帯地域にも伝えられ成功をおさめているのに対して，エチオピアのテフ，西アフリカニジェール川流域のアフリカイネ，フォニオ，ブラックフォニオなど，アフリカ内の限られた地域にしか栽培されていないアフリカ起源の雑穀もある。また，東アフリカのケニア山東麓ではアワ，キビなどのアジア起源の雑穀も小規模ではあるが栽培されている。

アフリカの雑穀，その特質

　このようなアフリカに栽培される雑穀が備える特質を考えてみよう。ここに挙げる10の特質は網羅的なものではなく，必ずしもアフリカに限定されるものではない。しかし，それぞれの特質がアフリカにおいて見出される理由を問うことで，アフリカの雑穀研究の課題として有効な切り口になると考えられる。

(1) アフリカの雑穀はその祖先野生種と栽培種が同所的に分布しているところで現在もさかんに栽培・利用されている。

(2) モロコシ，シコクビエ，トウジンビエは，アフリカ大陸外の熱帯・温帯へも伝播し重要な作物となっている。しかし，アフリカ起源の雑穀にはテフやフォニオなど比較的限定された地域にしか栽培されない固有の雑穀もある。

(3) アフリカの雑穀には多数の品種が発達している。

(4) アフリカの雑穀はアフリカ大陸に独自に起源した農業の要素であった。

(5)アフリカの雑穀は独自の食文化と強く結びついている。主食あるいは酒の原料として地域の強い嗜好に支えられている。
(6)アフリカの雑穀は自家消費されるだけでなく地域市場において換金される作物としても流通している。
(7)アフリカの雑穀は食用に限らず多目的に利用されている。
(8)アフリカの雑穀は焼畑や多品種混作に代表されるアフリカ固有の農業システムの重要な要素である。
(9)アフリカの雑穀は「伝統的」な作物という位置づけをされ，トウモロコシやイネなどの近代的な作物と対比されて負の評価を受けてきた。
(10)アフリカの雑穀は根強い嗜好に支えられてきたが，近年，その栽培，利用が衰退の傾向にある地域もある。

続いて，アフリカの三大雑穀とアフリカイネ，テフについてもう少し詳しくみていこう。

3. モロコシ：品種の多様性と多目的な有用性

アフリカの雑穀は地域の食文化と強く結びついているだけでなく，酒の原料，あるいは病人，妊婦，幼児の滋養食などとして，食品加工や栄養学の観点からもさまざまな優れた点をもっている。さしたる虫害にもあわず長期の種子保存が可能で，粉にひくことによって少量の水と燃料で調理できることも主食糧として重要な点であろう。また，食用以外にも雑穀はいろいろな目的に利用されている。モロコシを例にとれば，稈や葉を用いた工芸品，穂でつくった箒などがよく知られている。収穫後の残査は家畜の飼料や燃料として用いられる。エチオピア西南部では，穂についた種子を炎で炙って食べると残った枝梗が箒になるように穂をきれいに束ねて加工したモロコシが売られている。1本のモロコシがさまざまな用途にあますところなく利用されている。

アフリカの雑穀に多様な品種が存在するという指摘は，古くはエチオピアのモロコシに関するバビロフの記載に見ることができる(Vavilov, 1951)。また，今日広く採用されているモロコシ品種の「科学的」な分類に関しては，Harlan and de Wet(1972)に詳しい。

モロコシに限らずアフリカの雑穀には多様な地方品種が発達している。名

前がつけられ区別されている。ではなぜアフリカの雑穀には多様な品種が見られるのだろうか？　このような品種の多様性が，それぞれの品種のもつ異なる利用目的に対応して生じたという説明の妥当性について検討してみよう。

　それぞれの品種にさまざまな用途があることは事実である。農民に「この品種は何に使うのか？　何の役に立つのか？」と尋ねると，即座に答えてくれるはずである。酒にするとよい(酒には不向き)，茎を嚙むと甘い(甘くない)，野鳥に食べられにくい(食べられやすい)，成長が早い(遅い)，種子が苦くない(苦い)，等々，モロコシの場合ならこのような回答が期待できるだろう。品種の特性は，それぞれの品種について明確に認識されている。しかしこのようにさまざまな用途に対応して品種が認識されていることは，それぞれの品種がそれぞれの目的だけのために維持されていることを意味しているのだろうか？(写真4)。

　ホウキモロコシと呼ばれる品種があることを考えても，品種の多様性が用途目的に対応しているという側面があるのは部分的には事実である。実際に

写真4　モロコシ(穂)。穂の色や形がさまざまに異なるモロコシが，方名によって区別されている。エチオピア西南部の高地に住むアリ人が栽培するモロコシの品種は30種類に及ぶ。

は，同様の用途に対応した品種はひとつだけではなく，たくさんあるのが普通である。箒にできるモロコシ品種はたくさん存在するのである。個別の用途を目的として品種が創造・維持されるのならば，極端にいえばひとつの用途にひとつの品種で十分である。しかし実際はそうなっていない。ひとつの品種がさまざまな用途を合せもっていることもしばしばである。いろいろな用途は品種の多様性がもたらした結果であって，それ自身が目的なのではない。結果のもつ意義を，最初からの目的であったと考えてしまうというよくある間違いなのである。

　多数の品種が創造されるにあたり，品種の多様性が先か多様な目的用途が先かという，鶏と卵の関係のようにみえる議論は，多様性が先と結論できる。では，農民は何かほかの卑近な目的のために多様性を求めているのだろうか？　と問うことは可能である。原因と結果をとりちがえた安易な因果論によるそのような問い自体が無効だと切り捨てることもできるが，あえて答えるとすれば，それは，多様性を実現するために多様性を求めているといえるだろう。では，なぜ多様性を実現しようと人々は考え，行動するのか？　その答えはいまだによくわからないのだが，暫定的に答えるとすれば，多様性を求める行動が，より心地よい生活，楽しみ，喜び，安心，誇りといった感性に満足感を与える「幸せ」につながっているからだと私は考えている。

　多様性を保持するという行動は，微細な変異に注意深い観察を注ぎ，変異を命名し分類するだけでなく，発見した新たな変異を許容し，棄却しないことによって成り立っている。その行動が，実用的な形質への指向だけで維持されているとは考えにくい。外観の弁別的な差異，それも実用とは無関係な特徴に基づいて品種の分類が行なわれている例は，朝顔や菊の例を通じて我々もよく知っている。アフリカの農民が実用を前提にしないで作物品種の分類を楽しんでいるというのはそれほど考えにくいことだろうか。

4．シコクビエ：雑穀の負のイメージ

　カマシ(鴨の足)，コウボビ(弘法ビエ)，チョウセンビエ(朝鮮稗)などの地方名で知られるシコクビエは最近まで日本各地の山村にも栽培されていたアフリカ起源の雑穀のひとつである。異質四倍体と考えられてきたシコクビエの祖先野生種(ゲノム提供種)のひとつがオヒシバ *Eleusine indica* などの二

倍体野生種の可能性があるという研究結果が最近発表されている(Madho and Mukai, 2000)。これまでは，アフリカ高地に分布する E. coracana subsp. africana (四倍体) が祖先野生種であるとされてきた。

　その手指のように見える穂の形態から英語では finger millet，漢字では竜爪稗と記される。日本での栽培は現在まで細々とではあるが各地で続いてきたが，近年の自然食・雑穀食ブームにのって生産を新たに始める人がでてきている。アフリカから輸入しようとする計画もあるらしい。もちろんそれは商売として成り立つ可能性があるからのことであろう。

　雑穀が貧しい人々の食べ物であるという認識は，近年の日本ではかなりの程度払拭されたようにも思えるが，それでもアフリカの食糧問題や旱魃の報道をテレビや新聞で見ていると，「ヒエ」や「アワの類」を食べ(られなく)て飢えているアフリカ人がしばしば登場する。このような誤解が生じるのは，イネに対比されるものとして日本の雑穀がひきずってきた負のイメージ——イネが作れない貧しい地域の作物，あるいは食糧難の際の救荒食とみなされてきた——を，現在のアフリカの雑穀にあてはめてみているからにちがいない。それは，アフリカにはもともとヒエやアワは分布していなかったのだというふうに単なる事実の誤認を指摘したところで簡単に解決できる問題ではないだろう。今，日本では皮肉なことにアトピーの代替食品や健康食品として雑穀がもてはやされることによって，あるいは儲かる商品として雑穀の復権が果たされようとしている。このような認識の変化は，私たちがアフリカの人びとの食生活が健康で理にかなったものだということを納得するきっかけになるのだろうか。

　アフリカにおける雑穀食文化の現状にも日本と共通の部分がある。新来のイネやトウモロコシを優れた作物であるととらえ，旧来の雑穀食を遅れたもの，恥ずかしいこととする風潮がとくに東アフリカの都市部ではみられる。もちろんこのような一般化した言い方をすることは危険で，実際，ケニアの首都ナイロビの穀物屋では堂々とシコクビエやトウジンビエが売られている。用途を尋ねると，鶏の餌だと答えられることはしばしばであるが，家庭ではシコクビエのお粥が病人，妊産婦の滋養食として，あるいはイスラム教徒の断食明けの食べ物として用いられている。アフリカにおける雑穀の再評価が叫ばれるのは，日本のように従来の食生活の見直しという経緯をへたものではなく，政府や研究・援助機関の方針によるものが多いことは別の意味で皮

肉なことである。

　今後アフリカのシコクビエは自給作物としてだけでなく市場で販売換金される作物として作り続けられると予想される。シコクビエを発芽させたモルトは地酒の原料として珍重されている。その市場での換金性の高さは農民が栽培を続ける大きな動機のひとつとなっている。

5．トウジンビエ：サヘルの甘い真珠の輝き

　シコクビエに限らず，人々の雑穀に対するまなざしは，経済の変化や政治の思惑に少なからず影響を受けている。雑穀を蔑むような偏った見方も多くある。それにもかかわらず，アフリカで雑穀がいまなおさかんに栽培され続けているのはなぜだろうか？　その大きな理由のひとつは「味」だと思う。雑穀はおいしいのである。アフリカの雑穀のなかで一番美味なものを挙げろといわれれば，私ならためらいなくトウジンビエを挙げるだろう。モロコシやシコクビエの種皮にはタンニンが多く含まれる品種があり，それが調理した固粥に，ある種の苦みをもたらす。慣れればこれもまた独特の旨味と感じられるが，それに比べてできたてのトウジンビエの固粥は甘いといってよいほど味がまろやかで，舌触りもなめらかだった。私が居候したスーダンの村で味較べをしたら，アチョリ語でラー・クウォンと呼ばれるトウジンビエの固粥に皆が軍配をあげた。

　ラーというトウジンビエの名称にほかの意味はない。トウジンビエのことしか示さないのである。これと比べて，トウジンビエの英語名のひとつ pearl millet は，その滴型の種子の表面が真珠のように輝く色をしているところに由来しているという。もうひとつの英語名 bulrush millet は，穂の形がガマ (bulrush) の穂に似ているから，学名の *Pennisetum* は，羽毛 *penna* と刺毛 *seta* というふたつのラテン語の複合語に由来している。

　トウジンビエは漢字では唐人稗と書くが，日本のヒエ (稗) とは属のレベルで異なり分類的に遠い関係にしかない。しかし，名前のうえではヒエが使われている。トウジンビエもまた，英語ではミレットという範疇に含まれる穀類のひとつとしてとらえられてきた。先述したモロコシが最近の学会誌などではミレットから独立して〝sorghum and millet〟と並記されているのとは対照的である。

アフリカ各地の言葉にミレットや雑穀に相当するような範疇があるか調べてみたが，どうもなさそうである。食用とするイネ科穀類の総称はあっても，一部をとりだして差異化し，名前をつけて呼ぶことはこれまでなかったらしい。植民地の言葉として英語やフランス語がはいってくるまで，アフリカの人たちにとってトウジンビエは「雑穀 millet」ではなかったのである。

では，アフリカの人たちの生活にトウジンビエが登場したのはいつごろのことなのだろうか？

これまでアフリカ大陸ではトウジンビエの考古学的証拠が少なくとも3カ所で見つかっている。最も新しい発見は，北部ガーナのビリニ遺跡で見つかった大量のトウジンビエの種子である。種子の放射性同位炭素年代測定の結果からは，トウジンビエがこの地域で今から約2500〜3500年前に栽培されていたと推定されている（D'Andrea et al., 2001）。ビリニ遺跡での発見が重要なのは，これがサヘルの南方で見つかった最初の考古学的植物遺体だからである。栽培型と断定された種子の短径は1mm程度で，現在栽培されている平均的なトウジンビエの種子に比べるとかなり小さい。

トウジンビエは他殖性の高い植物である。雌蕊先熟といって，小穂から柱頭が先にでてしまう。めしべが乾いてしまったころに同じ穂のおしべがでてきて花粉をまき散らす。ほかの個体からもらった花粉で受精するので自殖率は20％以下だといわれている。そのため安定した形質でもって区別できる品種が成立しにくい。モロコシやシコクビエに比べると在来品種の数が少ないのも納得できる。

それでも，サヘルに暮らしてトウジンビエを栽培する人たちが品種をまったく区別していないわけではない。栽培型や野生型とは別に，ハウサ語やウォロフ語では栽培型に擬態して畑に育つ雑草型のトウジンビエをシブラと命名しているという。ビリニ遺跡で見つかった西アフリカ最古のトウジンビエにもこのシブラの種子が混ざっていたのかもしれない。

6．アフリカイネ：アフリカ古王国の食糧基盤

西アフリカには私たちが日常的に食しているイネ，オリザ・サティバ（アジアイネ）*Oryza sativa* と同属別種のオリザ・グラベリマ（アフリカイネ）*O. glaberrima* が栽培されていることはあまり知られていない。アフリカにも

独自の「イネ」があることは，20世紀の後半になって初めてフランスの農学者ポルテールが報告している(Portere, 1956)。アフリカイネは種皮が赤茶色の赤米品種が大半である。種子のデンプンはウルチ性。形態的にはアジアイネよりも葉舌が短く，籾の上部に毛が少ないこと，穂の分かれ方が少ないなどの点で区別できる。しかし，アフリカイネはアジアからイネが伝えられるよりも前に，今から少なくとも1500年前にはニジェール川中流域の氾濫原においてアフリカ人の手によって野生種から栽培化されていたのである。その栽培域は西はセネガル，東はチャド湖周辺にまで広がっている。現在ではかなりの作付けがアジアイネに置き換わっているが，アフリカイネの食味，香り，色などに対する農民の根強い嗜好と儀礼などの特別な行事における必要性に支えられて，その栽培は依然として続いているという。ナイジェリアのソコト氾濫原やマリのニジェール川の中洲では浮き稲型のアフリカイネが集中して栽培されている。また，かつて西アフリカに栄えたガーナ王国やマリ王国の支配を支えた食糧基盤がモロコシやトウジンビエとともに，アフリカイネであった可能性も指摘されている。

アフリカイネには浮き稲型だけでなく陸稲型もあり，それぞれのなかにおいても多数の品種に分化し，さまざまな地方品種が知られている。このような多様な品種のなかに，雨量や気温など生態環境条件の変化が激しく，土壌条件も良好でない西アフリカの河川流域での栽培によく適応しているものがあることは容易に想像できる。収量はもちろん，非脱落性や倒伏しやすい草姿など野生型の形質をもたないなど多くの点で近代農業の基準からすればアフリカイネよりもアジアイネの方が優れていることは明らかである。それにもかかわらずアフリカイネが栽培され続けているのはなぜだろうか？ その理由をエスノボタニーの手法によって解明することは，アフリカにおける雑穀の歴史的，文化的，生態的な重要性を理解するうえで鍵となる視点を与えてくれると思われる。

7．テフ：エチオピア文化のアイデンティティー

なぜこのような植物が作物として栽培されているのか，という疑問をいだかせるのに十分なほどテフ *Eragrostis tef* の種子は小さい(写真5)。アムハラ語で「消えてしまう」という意味の単語にその名前が由来しているという

写真5 テフの脱穀。芥子粒よりもまだ小さいテフの種子をさらにふるいにかけ，風選する。エチオピア西南部の高地では，テフ，シコクビエ，モロコシなどの雑穀類と，エンセーテ（背景），タロ，ヤムなどの根栽類の両方が栽培され，食卓にバランスよく登場する。

写真6 インジェラ（発酵パン）。エチオピアの代表的な食事。インジェラ（テフの発酵薄焼きパン）の上にワット（おかず）をのせて食卓を囲む。ちぎったインジェラでワットをつかみ，口へはこぶ。モロコシ，シコクビエ，トウモロコシなどテフ以外の穀類でもインジェラを作ることができる。

説はそのとおりだと思える。長径 1〜2 mm，幅 0.6〜1 mm の種子の 1000 粒重は 0.3〜0.4 g しかない。日本のカゼクサやニワホコリに近縁のテフの外見は華奢でとても作物のように見えないが，エチオピアの主食インジェラ (クレープ風の薄焼き発酵パン) の素材としてエチオピアでは最も重要な作物のひとつである (写真 6)。各地に多数の地方品種が知られているテフは，エチオピア全土で毎年約 140 万 ha の作付けが行なわれ，90 万トンの生産量は，エチオピアの穀類生産の 23% にもなる。やや古い統計であるが 1980 年代半ばに，テフ 23% に対して，モロコシ 26%，トウモロコシ 21.7%，オオムギ 17%，コムギ 12.4% (Awegechew et al., 1999) である。

　テフはながらくその生産がエチオピアの北部と中央の高地に限られてきた。インジェラを好んで食べる北部高地のアムハラやティグレの人たちの政治社会文化的な影響力が 19 世紀の末からエチオピアの南部や西部の辺境にも及ぶようになると，テフの栽培は急速に拡大した。その傾向は現在でも続いており，面積あたりの生産量はほかの作物に比べて低いにもかかわらず，アフリカの雑穀のなかでは例外的にその栽培面積が毎年増大しているという。エチオピアの人口約 6000 万人のうち 8 割以上が何らかのかたちでテフを食しているとされる。

　デンプン発酵食品インジェラの素材として，テフはエチオピア高地に住む人びとのアイデンティティーにも深くかかわっている。彼らは何とかして 1 日に一度はテフのインジェラを食べようとする。外出するときも層状になったインジェラがおかずのワットといっしょになってぎっしりつまった円錐形のお弁当箱をもってでかけることもめずらしくない。最近では海外に移住したエチオピア人や，エチオピアレストランの需要に応えて，合衆国や南アフリカでもテフの栽培が行なわれるようになってきている。

　祖先野生種の分布からみてエチオピアに固有の作物としてテフが栽培化されたことは疑いをいれない。エチオピアにおけるテフの栽培と利用は，犁農耕や酸味のある発酵食品への嗜好など，サハラ以南のアフリカとは大きく異なる農耕様式と食文化の特徴を形づくっているのである。

8. アフリカの雑穀の将来

　アフリカイネやテフなどマイナーなものからモロコシ，シコクビエ，トウ

ジンビエまでアフリカの雑穀はすべて，アフリカにとっては新来のトウモロコシ，イネ，コムギという3大穀類に圧倒されつつあるといってよいだろう。とくに16世紀にポルトガル人によってキャッサバとともに新大陸から伝えられたとされるトウモロコシの浸透には著しいものがある。トウモロコシは植民地化の歴史をへて今日にいたるまでに東アフリカでは主食穀類のひとつとして完全に定着したということができる。

1998年に集計された統計によれば，世界のモロコシとそれ以外の雑穀の生産量はそれぞれ，6335万トン，2881万トンであるという。そのうち，アフリカ大陸で生産された部分はモロコシが約2000万トン，それ以外の雑穀が1254万トンで，世界の約3分の1の雑穀類がアフリカにおいて生産されていることになる。ただし，雑穀のように自給的に利用される作物に関する統計資料は自家消費される部分を過小に見積もっている場合が多い。また，雑穀に何を含めているかによって統計の数値そのものも大きくかわる可能性がある。各国別の生産量(図1)は，統計資料の整備されたナイジェリアが世界3位で1200万トンを記録しているのを筆頭に，スーダン，ブルキナファソ，ニジェール，エチオピアがそれに続く。スーダンではモロコシの生産が，

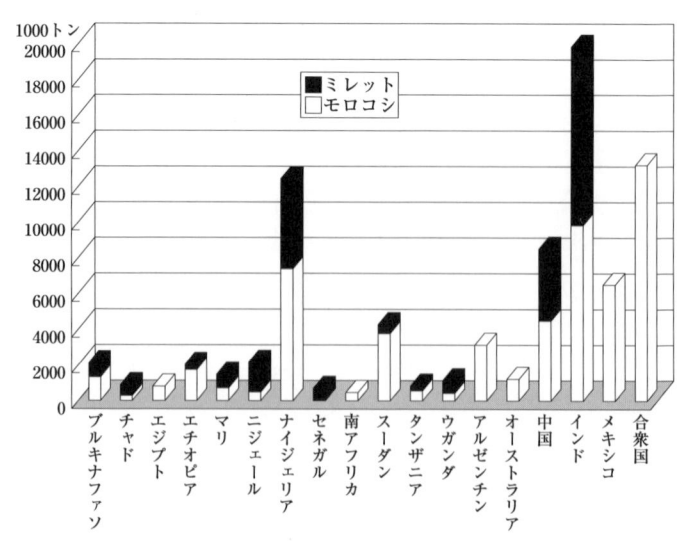

図1 アフリカの雑穀生産(http://www.newafrica.com/agriculture/crop に掲載された International Grains Council, 1998 の統計資料をもとに作成)

ニジェールではトウジンビエとアフリカイネなどが，エチオピアではテフが，ウガンダではシコクビエなどの生産量がそれぞれ高い割合を占めていると推測される。いずれにせよ，日本と同様アフリカ各国においても，モロコシ以外の雑穀類の生産量がひとまとめにして扱われていることからもわかるように，国レベルの統計ではあまり重要視されておらず，その信頼度も低いといわざるをえない。このような事実は統計を扱う経済学者や，統計をもとにして食糧の過不足を云々する研究者にとっては大問題であろう。公的な統計にまじめに取り上げられてこなかったということ自体，歴史的，社会・経済的にアフリカの雑穀が低い位置におかれてきた事実を象徴しているといえるだろう。雑穀のかなりの部分が自家消費されたりインフォーマルに取り引きされることを考慮すると，公の統計資料では雑穀類の生産は過小評価されていると考えてよいだろう。しかし，過小評価されてきたのは統計に表われる生産量だけではない。アフリカの雑穀の歴史や文化はこれまでほとんど省みられることのなかった領域であった。

9. 雑穀の民族植物学的研究：アフリカ世界における雑穀研究の意義

シエラレオネの農学校に教師として滞在した英国の人類学者ポール・リチャーズは，現地で在来の稲作を行なう農民がしばしば旱魃の災害に遭いながらも日々の農作業を通して「実験する農民」としてさまざまな創意工夫を行ない，多数のイネの品種を維持している例を報告している。アフリカ各地の農民，農牧民のあいだでは雑穀をはじめいろいろな作物とその品種が維持されてきた事例は枚挙にいとまがない。品種の多様性という点に限定しても，アフリカにおいて在来農業を営む彼らの生活世界，認識世界の豊かさは明らかである。天候に左右され，食うや食わずの生活をしている人々に豊かな多様性を育み，愛でる余裕などないはずだと考えるのは物質的には恵まれた環境に生活する我々が陥りやすい偏見のひとつといえるだろう。

農業の生産性や経済的価値だけを問題にする立場からはアフリカ世界における雑穀の重要性はしだいに減少していくようにみえる。あるいは，雑穀のような作物の存在を考慮しないで，イネやトウモロコシを導入して「飢えるアフリカ」に十分な食糧を供給しなければならないという考えがひとりあるきをしている。このことに関連して，白いトウモロコシが植民地支配の道具

として東アフリカに導入された経緯については，別のところで述べたことがある(重田，1987)。

　なぜアフリカの雑穀の品種に多様性が維持されてきたのか，その理由を考え説明しようとすることは，これまでの経済合理性や生産性至上主義的な農業のとらえかたではおそらくできないだろう。

　偏見や誤解を別にすれば，これまでアフリカ農業に関連したさまざまな事象の理解は環境・生態還元主義ともいうべき見方に偏っていた。たとえば雑穀を栄養学的な観点から再評価しようとするのもそのひとつである。雑穀がカルシウムや鉄分などのミネラルを多く含むだけでなく，食べ方そのものが食物繊維を多く摂取する栄養学的にも優れた食糧であることは事実である。しかし，だからアフリカ農民は雑穀を作り続けてきたといってよいのだろうか？　ここにもまた結果の意義を当初からの目的と考えてしまう，いわば適応主義者の後講釈ともいうべき陥穽が待ち受けている。

　今後アフリカの雑穀を材料にした民族植物学的研究から明らかにされるべき問題点は，もちろん品種の多様性の起源にとどまるものではない。ここで再度人間とその文化を研究することの大切さを強調し，自然科学の分野で学んでいる人たちにこそ文化・社会に対する関心をもつことが最も求められる姿勢であることをあらためて記しておきたい。少なくとも，我々はアフリカ農民の価値観といったようなものの基準を考える際に，機能的な解釈ひとつでもってそれを合理的な判断基準として採用することの危険性に気づいておく必要があるだろう。そのような気づきのきっかけとしてアフリカの雑穀はアフリカの現場でフィールドワークを通して学ぶ際に格好の素材を提供してくれるに違いない。

引用・参考文献

[雑穀の種類と分布]

Baum, B.R. 1977. Oats: wild and cultivated, a monograph of the genus *Avena* L. (Poaceae). 463pp. Thorn Press Ltd. Toront.
Harlan, J.R. 1975. Crops and Man. 295pp. Amer. Soc. Agric. Crop Sci. Soc. Amer.
岸本　艶．1941．粟，黍，稗，蜀黍類の起源と歴史．遺伝学雑誌，17(6)：310-321．
前田和美．1987．マメと人間：その一万年の歴史．379 pp．古今書院．
盛永俊太郎．1957．日本の稲：改良小史．324 pp．養賢堂．
村田懋麿(編)．1932．土名対照鮮満植物字彙．778 pp．目白書院．
中川原捷洋．1985．稲と稲作のふるさと．234 pp．古今書院．
中尾佐助．1966．サバンナ農耕文化．栽培植物と農耕の起源，pp.77-113．岩波書店．
中尾佐助．1969．ニジェールからナイルへ：農業起源の旅．200 pp．講談社．(1993年改題再刊，農業起源をたずねる旅：ニジェールからナイルへ．226 pp．岩波書店)
中尾佐助．1976．雑穀．栽培植物の世界，pp.92-98．中央公論社．
岡　彦一．1989．アメリカンワイルドライス(*Zizania*)における栽培化と育種．育種学雑誌，39：111-117．
佐藤洋一郎．1996．DNAが語る稲作文明：起源と展開．225 pp．日本放送出版協会．
阪本寧男．1988．雑穀のきた道：ユーラシア民族植物誌から．214 pp．日本放送出版協会．
阪本寧男(編)．1991．インド亜大陸の雑穀農牧文化．343 pp．学会出版センター．
Simpson, B.B. and M. Conner-Ogorzaly. 1986. Economic Botany: plants in our world. 640pp. McGraw-Hill Science.
Smartt, J. 1990. Grain Legumes: evolution and genetic resources. 379pp. Cambridge University Press. Cambridge.
新村　出(編)．1976．広辞苑(第2版補訂)．2448 pp．岩波書店．
山口裕文．1995．マメ科栽培植物の起源．朝日百科 植物の世界，4：286-288．
山口裕文．2002．ミャンマーを訪ねてみた雑草の風景．雑草研究，47(2)：104-106．
梅本信也・石神真智子・山口裕文．2001．ミャンマー国シャン高原における陸稲の収穫とタウンヨー族の打ち付け脱穀石．大阪府立大学農学生命科学研究科学術報告，53：37-40．
梅棹忠夫・金田一春彦・阪倉篤義・日野原重明．1989．日本語大辞典．2302 pp．講談社．
渡部忠世．1978．稲の道．230 pp．日本放送出版協会．

[アワの遺伝的多様性とエノコログサ]

Afzal, M., M. Kawase, H. Nakayama and K. Okuno. 1996. Variation in electrophoregrams of total seed protein and Wx protein in foxtail millet. In "Progress in New Crops" (ed. Janick, J.), pp.191-195. ASHS Press. Alexandria, VA, USA.
Callen, E.O. 1967. The first New World cereal. American Antiquity, 32: 535-538.
de Wet, J.M.J., L.L. Oestry-Stidd and J.I. Cubero. 1979. Origins and evolutiona of foxtail millets (*Setaria italica*). Journ. d'Agric. Trad. et de Bota. Appl., 26: 53-64.
Fukunaga, K., E. Domon and M. Kawase. 1997. Ribosomal DNA variation in foxtail millet, *Setaria italica* (L.) P. Beauv. and a survey of variation from Europe and Asia. Theor. Appl. Genet., 95: 751-756.
福永健二・河瀬眞琴・加藤鎌司．1998．アワwaxy遺伝子の構造変異と分化1．第12イ

ントロンに見られた挿入配列．育種学雑誌，48(別冊2)：227．
Fukunaga, K., M. Kawase and S. Sakamoto. 1997. Variation of caryopsis length and width among landraces of foxtail millet, Setaria italica (L.) P. Beauv. Jpn. J. Trop. Agr., 41: 235-240.
Fukunaga, K., Z.M. Wang, M.D. Gale, K. Kato and M. Kawase. 2002. Geographical variation of nuclear genome RFLP and genetic differentiation in foxtail millet, Setaria italica (L.) P. Beauv. Genet. Res. Crop Evol., 49: 95-101.
鋳方貞亮．1977．日本古代穀物史の研究．320 pp．吉川弘文館．
河瀬眞琴．1991．インド亜大陸の雑穀とその系譜．インド亜大陸の雑穀農耕文化(阪本寧男編)，pp.33-98．学会出版センター．
河瀬眞琴．1994．ユーラシアにおけるアワ地方品種群とその分布．種生物学研究，18：13-20．
河瀬眞琴・福永健二．1999．雑種不稔性によって新たに見出されたアワ地方品種群Ｄ型の分布．育種学研究1(別冊2)：302．
Kawase, M. and S. Sakamoto. 1987. Geographical distribution of landrace groups classified by hybrid pollen sterility in foxtail millet, Setaria italica (L.) P. Beauv. Japan. J. Breed., 37: 1-9.
木原　均・岸本　艶．1942．あはトえのころぐさの雑種．Bot. Mag. Tokyo, 56: 62-67.
小林央往．1988．ヒエ・アワ畑の雑草：擬態随伴雑草に探る雑穀栽培の原初形態．畑作文化の誕生：縄文農耕論へのアプローチ(佐々木高明・松山利夫編)，pp.165-187．日本放送出版協会．
農林省経済局統計調査部．1970．第46次農林省統計表．506 pp．
農林省経済局統計調査部．1971．第47次農林省統計表．512 pp．
農林省農業改良局研究部．1951．日本に於ける雑穀栽培事情．農業改良技術資料，7：1-68．
Ochiai, Y. 1996. Variation of tillering and geographical distribution of foxtail millet (Setaria italica (L.) P. Beauv.). Breed. Sci., 46: 143-148.
阪本寧男．1979．アワの変異と分布 1．四国のシモカツギ群について．育種学雑誌，29(別冊1)：224-225．
阪本寧男．1986．雑穀におけるウルチ：モチ性とそのアミロース含量の変異の研究．三島海運記念財団事業報告書：62-69．
Scheibe, A. 1943. Die Hirsen in Hindukush. Z. Pflanzensüchtg., 25: 392-436.
武田祐吉訳注，中村啓信補訂解説．1977．新訂古事記 付現代語訳．角川文庫．441 pp．角川書店．
Takei, E. and S. Sakamoto. 1987. Geographical variation of heading response to daylength in foxtail millet (Setaria italica P. Beauv.). Japan. J. Breed., 37: 150-158.

[雑穀の祖先，イネ科雑草の種子を食べる]
Duke, J.A. 1992. Handbook of Edible Weeds. 256 pp. CRC Press.
藤本滋生．1994．澱粉と植物：各種植物澱粉の比較．233 pp．葦書房．
小原哲二朗．1981．雑穀：その科学と利用．459 pp．樹村房．
National Reserch Council. 1982. United States-Canadian Tables of Feed Composition. 148 pp. National Academic Press. Washington, D.C.
農山漁村文化協会(編)．1981．畑作全書：基礎生理と応用技術 雑穀編．1039 pp．農山漁村文化協会．
阪本寧男．1988．雑穀のきた道：ユーラシア民族植物誌から．214 pp．日本放送出版協会．
中尾佐助．1966．栽培植物と農耕の起源．192 pp．岩波書店．
河井初子．1996．イネ科雑草種子の食べ方と栄養価．しぜんしくらしき，16：15-17；

18：5-8．

[雑穀のアミノ酸組成と脂肪酸組成]
科学技術庁資源調査会編．2000．五訂日本食品標準成分表．大蔵省印刷局．
木原　均・岸本　艶．1942．あわとえのころぐさノ雑種．植物学雑誌，56：62-67．
Sakamoto, S. 1987. Origin and dispersal of common millet and foxtail millet. JARQ, 21: 84-89.
平　宏和．1962a．種子のアミノ酸組成に関する研究 I．イネ科種子のアミノ酸．植物学雑誌，75：242-243．
平　宏和．1962b．種子のアミノ酸組成に関する研究 II．イネ科種子たんぱく質のアミノ酸．植物学雑誌，75：273-277．
平　宏和．1963．種子のアミノ酸組成に関する研究 III．イネ科種子のアミノ酸(その2)．植物学雑誌，76：340-341．
平　宏和．1966．種子のアミノ酸組成に関する研究 IV．イネ科種子のアミノ酸(その3)．植物学雑誌，79：36-48．
Taira, H. 1968. Amino acid composition of different varieties of foxtail millet (*Setaria italica*). J. Agric. Food Chem., 16: 1025-1027.
平　宏和．1983．ヒエの脂質含量および脂肪酸組成におよぼす堪水栽培の影響．食総研報，No.43：54-57．
Taira, H. 1984. Lipid content and fatty acid composition of nonglutinous and glutinous varieties of foxtail millet. J. Agric. Food Chem., 32: 369-371.
平　宏和．1984．サトウモロコシ子実のタンパク質・脂質含量および脂肪酸組成におよぼす堪水栽培の影響．食総研報，No.45：42-46．
平　宏和．1989．穀類の脂質含量と脂肪酸組成の変動要因．化学と生物，27：168-175．
平　宏和・平岩　進．1982．もち性突然変異体玄米とその精白米の脂質含量および脂肪酸組成．日作紀，51：159-164．
平　宏和・平　春枝・藤井啓史．1979．水稲うるち玄米の脂質含量および脂肪酸組成におよぼす栽培時期の影響．日作紀，48：371-377．
平　宏和・金子幸司・原城　隆・山崎信蔵・石丸治澄．1985．ハトムギのタンパク質・脂質・炭水化物および灰分含量と脂肪酸組成におよぼす品種および栽培地の影響．食総研報，No.46：87-94．
平　宏和・香川邦雄・小原哲二郎．1986．日本アワの脂肪酸組成型．食総研報，No.49：60-65．
Taira, H., Nakagahra, M., Nagamine, T. 1988. Fatty acid composition of Indica, Sinica, Javanica, and Japonica groups of nonglutinous brown rice. J. Agric. Food Chem., 36: 45-47.
館岡亜緒．1959．イネ科植物の解説．151 pp．明文堂．

[先史時代の雑穀]
Crawford, G. W. 1983. Paleoethnobotany of the Kameda Peninsula Jomon. Anthropological Papers Museum of Anthropology, Univ. of Michigan, 73: 1-200.
ハーラン，J.R. 1984．作物の進化と農業・食糧(熊田恭一・前田英三訳)．210 pp．学会出版センター．
林　善茂．1969．アイヌの農耕文化，pp.63-68．慶友社．
笠原安夫．1982．菜畑縄文晩期(山の寺)層から出土の炭化ゴボウ，アズキ，エゴノキと未炭化メロン種子の同定．菜畑：佐賀県唐津市における初期稲作遺跡の調査，pp.447-454．唐津市．
加藤晋平他．1983．擦文期の生業をめぐって(座談会)．考古学ジャーナル，213：21-27．

前田和美．1987．マメと人間．380 pp．古今書院．
松本　豪．1979．緑豆．鳥浜貝塚：縄文前期を主とする低湿地遺跡の調査 vol.1（鳥浜貝塚研究グループ編），pp.162-163．福井県教育委員会．
松本　豪．1994．鳥浜貝塚，桑飼下遺跡出土のマメ類について．筑波大学先史学・考古学研究，5：93-97．
松谷暁子．1988．電子顕微鏡で見る縄文時代の栽培植物．縄文文化の誕生（佐々木高明・松山利夫編），pp.91-117．日本放送出版協会．
南木睦彦・中川治美．2000．大型植物遺体．琵琶湖開発事業関連埋蔵文化財発掘調査報告書 3-2（伊庭　収・中川治美編著），pp.49-112．滋賀県教育委員会・財団法人滋賀県文化財保護協会．
大野康雄・藪野友三郎．2001．岩手県におけるヒエの栽培と食事．ヒエという植物（藪野友三郎・山口裕文編），pp.143-153．全国農村教育協会．
Pearsall, Deborah M. 1989. Paleoethnobotany: a handbook of procedures. 470pp. Academic Press. New York.
阪本寧男．1988．雑穀のきた道：ユーラシア民族植物誌から．214 pp．日本放送出版協会．
橘　礼吉．1995．白山麓の焼畑農耕：その民俗学的生態誌．666＋12 pp．白水社．
椿坂恭代．1998．オオムギについて．道を辿る，pp.245-246．石附喜三男先生を偲ぶ本刊行委員会．
梅本光一郎・森脇　勉．1983．縄文期マメ科種子の鑑定．鳥浜貝塚　1981 年・1982 年度調査概要・研究の成果（鳥浜貝塚研究グループ編），pp.42-46．福井県教育委員会・若狭歴史民俗資料館．
Yabuno, T. 1962. Cytotaxonomic studies on the two cultivated species and the wild relatives in the genus *Echinochloa*. Cytologia, 27: 296-305.
藪野友三郎・山口裕文（編）．1996．ヒエの博物学．195 pp．ダウ・ケミカル日本．
山田悟郎．1993．ロシア沿海地方から出土する栽培植物について．北の歴史・文化交流研究事業中間報告，pp.29-50．
山田悟郎．2000．擦文文化の雑穀農耕．北海道考古学，36：15-28．
矢野　梓・吉崎昌一・佐藤洋一郎．2001．DNA 分析による縄文マメの種判定．日本人と日本文化，15：29．
Yanushevich Z.V., Yu. Vostretsov and S.A. Makarova. 1990. 沿海州における民族植物学的遺物，pp.3-17．ソ連科学アカデミー極東支部極東諸民族歴史・考古・民俗学研究所．
余市町教育委員会．2000．大川遺跡検出の植物遺体について．大川遺跡における考古学的調査 I，pp.381-398．
米谷登志子・宮　宏明．2000．大川遺跡検出の植物遺体について．大川遺跡における考古学的調査 I，pp.381-394．北海道余市町教育委員会．
吉崎昌一．1991．フゴッペ貝塚から出土した植物遺体とヒエ属種子についての諸問題．フゴッペ貝塚（北埋調報第 72 集），pp.535-547．北海道埋蔵文化財センター．
吉崎昌一．1993．中野遺跡におけるヒエ属種子の検出．中野 B 遺跡（III）（北埋調報第 120 集），pp.615-621．北海道埋蔵文化財センター．
吉崎昌一．1995．日本における栽培植物の出現．季刊考古学，50：18-24．
吉崎昌一・椿坂恭代．1990．サクシュコトニ川遺跡に見られる食糧獲得戦略．北海道における初期農耕関連資料 III（北大構内の遺跡 8），pp.23-35．
吉崎昌一・椿坂恭代．1992．青森県富ノ沢(2)遺跡出土の縄文時代中期の炭化植物種子．富ノ沢(2)遺跡 VI（青森県埋蔵文化財調査報告書第 147 集），pp.1097-1110．青森県教育委員会．
吉崎昌一・椿坂恭代．1993．札幌市 K 435 遺跡の植物遺体．K 435 遺跡（札幌市文化財調査報告書 XLII），pp.313-339＋図版 225-231．札幌市教育委員会．

吉崎昌一・椿坂恭代．1995a．H 317 遺跡から検出された植物種子．H 317 遺跡(札幌市文化財調査報告書 46)，pp.238-253＋図版 92-97．札幌市教育委員会．
吉崎昌一・椿坂恭代．1995b．美々 8 遺跡低湿地部から出土した栽培種子について．美沢川流域の遺跡群 XX 美々 8 遺跡低湿地部(北埋調報第 114 集)，pp.646-676．北海道埋蔵文化財センター．
吉崎昌一・椿坂恭代．1995c．札幌市 K 39 遺跡北 11 条地点出土の炭化植物種子．K 39 遺跡 北 11 条地点(札幌市文化財調査報告書 48)，pp.57-85．札幌市教育委員会．
吉崎昌一・椿坂恭代．1996．札幌市 K 113 遺跡北 35 条地点出土の炭化植物種子．K 113 遺跡 北 35 条地点(札幌市文化財調査報告書 53)，pp.78-80＋図版 26-27．札幌市教育委員会．
吉崎昌一・椿坂恭代．1997a．大船 C 遺跡から出土した炭化種子．大船 C 遺跡(平成 8 年度発掘調査報告書)，pp.362-368．南茅部町教育委員会．
吉崎昌一・椿坂恭代．1997b．K 39 遺跡大木地点出土炭化植物遺体．K 39 遺跡大木地点(札幌市文化財調査報告書 54)，pp.106-113＋図版 90-93．札幌市教育委員会．
吉崎昌一・椿坂恭代．1998a．茂別遺跡から出土した炭化種子．茂別遺跡 第 2 分冊(北埋調報第 121 集)，pp.84-99．北海道埋蔵文化財センター．
吉崎昌一・椿坂恭代．1998b．青森県高屋敷舘遺跡出土の平安時代の植物種子．高屋敷舘遺跡(青森県埋蔵文化財調査報告書第 243 集)，pp.370-384＋図版 1-4．青森県教育委員会．
吉崎昌一・椿坂恭代．1999．K 502 遺跡から出土した炭化植物遺体について．K 499 遺跡・K 500 遺跡・K 501 遺跡・K 502 遺跡・K 503 遺跡 第 3 分冊(札幌市文化財調査報告書 61)，pp.61-64．札幌市教育委員会．
吉崎昌一・椿坂恭代．2000．キウス 4 遺跡から出土した炭化植物種子について．千歳市キウス 4 遺跡(2) L 地区(北埋調報第 124 集)，pp.357-367．北海道埋蔵文化財センター．
吉崎昌一・椿坂恭代．2001．K 39 遺跡第 6 次調査で出土した炭化種子．K 39 遺跡第 6 次調査 第 5 分冊(札幌市文化財調査報告書 65)，pp.9-37＋図版 58-167．札幌市教育委員会．
吉崎昌一・椿坂恭代．2003a．北海道穂香竪穴群から出土した炭化植物種子．根室市穂香竪穴群(2)(北埋調報第 184 集)，pp.245-250．北海道埋蔵文化財センター．
吉崎昌一・椿坂恭代．2003b．C 507 遺跡から出土した炭化種子について．C 424 遺跡・C 507 遺跡(札幌市文化財調査報告書 71)，図版 pp.109-110．札幌市教育委員会．
吉崎昌一・椿坂恭代．2003c．ユカンボシ C 2 遺跡群の植物種子類．ユカンボシ川流域の遺跡群における考古学的調査 第 2 分冊(千歳市文化財調査報告書 28)，pl.10-6，2a，2b，2c．千歳市教育委員会．

［日本のソバの多様性と品種分化］

Adachi, T., T. Yabuya and T. Nagamoto. 1982. Inheritance of stylar morphology and loss of self-incompatibility in the progenies of introduced autotetraploid buckwheat. Jpn. J. Breed, 32: 61-70.
井門健太・岩井洋佳・津村義彦・大澤 良．2001．日本の普通ソバ(*Fagopyrum esculentum* Moench)品種の AFLP 解析による遺伝的多様性の評価．育種学研究 3(別 2)：300．
石川恵子・生井兵治．1998．普通ソバ品種内における個体ごと及び個体内花ごとにみた開花期時期と結実との関係．育種学雑誌，48(別 1)：207．
石川恵子・大澤 良・生井兵治．1999．開花期の個体間変異が見られる普通ソバ品種内における遺伝子流動の推定．育種学研究，1(別 1)：286．
石川恵子・尾島孝子・大澤 良・生井兵治．2000．中間型普通ソバ品種内における個体の花粉稔性と奇形柱頭花率からみた集団内遺伝子流動の推定．育種学研究，2(別 2)：194．

Iwata, H., K. Imon, K. Yoshimura, Y. Tsumura and R. Ohsawa. 2001. Genetic diversity of common buckwheat varieties in Japan based on microsatellite markers. In "Advances in Buckwheat Research: Proceeding of the VIII international Symposium on Buckwheat", pp.240-247.
葛谷真輝・生井兵治．1997．普通ソバ夏型品種牡丹ソバの開花特性に関する潜在的遺伝変異の検証．育種学雑誌，47(別1)：200.
葛谷真輝・大澤　良・生井兵治．1998．普通ソバ夏型品種牡丹ソバの開花特性に関する潜在的遺伝変異の検証(その2)．育種学雑誌，48(別1)：208.
葛谷真輝・大澤　良・生井兵治．1999．普通ソバ夏型品種牡丹ソバの開花特性に関する潜在的遺伝変異の検証(その3)．育種学研究，1(別1)：187.
俣野敏子・氏原暉男．1980．普通ソバの品種，栽培時期と不完全花の発生について．北陸作物学会報，15：75-110.
Matano, T. and A. Ujihara. 1979. Agroecological classification and geographical distribution of the common Buckwheat, *Fagopyrum esculentum* M. in the east Asia. JARQ 13: 157-162.
道山弘康・福井　篤・林　久喜．1998．普通ソバ個体内の開花の進行における夏型品種と秋型品種の違い．日本作物学会紀事，67：498-504.
南　晴文・生井兵治．1986a．九州在来秋型ソバ品種の開花期に関する潜在的遺伝変異．育種学雑誌，36：67-74.
南　晴文・生井兵治．1986b．秋型ソバ品種宮崎在来の刈取り時期による開花期に関する集団の遺伝的変化．育種学雑誌，36：155-162.
三好教夫．1985．農耕の起源と伝播．遺伝，39(6)：57-64.
Murai, M. and O. Ohnishi 1996. Population genetics of cultivated common buckwheat, *Fagopyrum esculentum* Moench. X. Diffusion routes revealed by RAPD markers. Genes Genet. Syst., 71: 211-218.
Namai, H. 1986. Pollination biology and seed multiplication method of buckwheat genetic resources. Proc. 3rd Intl. Symp. Buckwheat, Pulawy, Poland: 180-186.
Namai, H. 1990. Pollination biology and reproductive ecology for improving genetics and breeding of common buckwheat, Fagopyrum esculentum. Fagopyrum, 10: 23-46.
生井兵治．1980．作物の受粉生物学的研究　5．ソバの採種条件の違いによる遺伝子頻度の変化．育種学雑誌，30(別1)：274-275.
生井兵治．1982．採種条件と集団の遺伝組成の変化．「作物系統保存のための採種法に関する研究」文部省科学研究費　研究成果報告書(課題番号448029)：60-62.
那須孝悌．1981．縄文人は栽培ソバを食べた？　科学朝日，41：52-55.
日本蕎麦協会．2000．生産状況，そばの輸入状況．そば関係資料，pp.3-11．日本蕎麦協会．
西尾　剛．2001．栽培植物における自己認識システムの進化．栽培植物の自然史：野生植物と人類の共進化(山口裕文・島本義也編著)，pp.26-28．北海道大学図書刊行会．
大澤　良．1995．そばの網室隔離採種における花粉媒介昆虫アルファルファハキリバチの利用．総合農業の新技術，8：64-69.
Ohsawa, R. 1997. Evaluation of a Japanese germplasm collection of common buckwheat using a multivariate approach. *In* "Harmonizing Agricultural Productivity and Conservation of Biodiversity: Breeding and Ecology (Proceedings of the 8th SABRAO General Congress)", pp.107-108. The Korean Breeding Society and SABRAO.
Ohsawa, R., K. Ishikawa and H. Namai. 2001. Assortative mating in the population of intermediate ecotype of common buckwheat with special reference to flowering time, pollen fertility and a rate of malformed pistil. In "Advances in Buckwheat

Research: Proceeding of the VIII International Symposium on Buckwheat", pp.676-680.
大澤　良・堤　忠宏．1994．異なる作期の特性に基づく我国主要ソバ品種の主成分分析による分類．育種学雑誌，44(別1)：267．
大澤　良・伊藤誠治．1999．普通ソバ(*Fagopyrum esculentum*)夏型品種と秋型品種との雑種集団の遺伝構成に及ぼす採種環境の影響　2．個体あたり種子生産性の変動．育種学研究，1(別2)：195．
Ohnishi, O. 1988. Population genetics of cultivated common buckwheat, *Fagopyrum esculentum* Moench. VII. Allozyme variability in Japan, Korea and China. Jpn. J. Genet., 63: 507-522.
恩田重興・竹内東助．1942．本邦蕎麦品種に於ける生態型に就いて．農業及園芸，17：15-18．
Sharma, K. D. and J. W. Boyes. 1961. Modified incompatibility of buckwheat following irradiation. Can. J. Bot., 39: 1241-1246.
竹内紳浩・上原秀之・生井兵治．1995．普通ソバ夏型品種牡丹そばの開花特性に関する16時間日長下における品種内変異の顕在化．育種学雑誌，45(別1)：296．
氏原暉雄．1981．ソバの科学：日本ソバのルーツとソバの食物誌．日本の蕎麦，pp.1-5．毎日新聞社出版局．
氏原暉雄・俣野敏子．1978．対馬のソバ．農耕技術1：43-59．
山崎義人．1947．蕎麦．農業，778：16-32．

[飛騨の雑穀文化と雑穀栽培]
有門博樹．1956．通気系の発達と耐湿性との関係　第8報．水陸性植物の通気系と通気圧．日作紀，24：289-295．
Dutta, A. C. 1968. Botany for Degree Students. 731pp. Oxford University Press. Bombay.
江馬三枝子．1936．飛騨の焼畑．ひだびと，4(7)：391-396．
岐阜県．1968．岐阜県史・通史編　近世上，pp.858-862．
堀内孝次．1975．シコクビエ：麦間直播栽培・在来種．農業技術大系 作物編7, pp. 57-62．農山漁村文化協会
堀内孝次．1994．雑穀類の生育特性と栽培様式との対応．種生物学研究，18：21-30．
堀内孝次．2001．作物の集約栽培と持続型地力維持について．日作紀，70(2)：143-150．
堀内孝次・内藤謙治．1984．在来禾穀類における生育特性と栽培様式との対応の関する研究　第3報．移植時における幼苗の体内バランス．日作紀，53(4)：379-386．
堀内孝次・安江多輔．1980．在来禾穀類における生育特性と栽培様式との対応の関する研究　第2報．活着能力と直播および移植栽培との対応．日作紀，49(4)：593-601．
Horiuchi, T. and T. Yasue. 1983. Seedling emergence behavior of millets in dried soil conditions and their competitive ability with weeds using different planting methods. Res. Bull. Fac. Agr. Gifu Univ., 48: 15-25.
堀内孝次・沢野定憲・安江多輔．1976a．在来禾穀類における生育特性と栽培様式との対応の関する研究　第1報．岐阜県下における地理的分布と栽培立地ならびに発芽と温度との関係．日作紀，45(4)：607-615．
堀内孝次・虎沢明宏・安江多輔．1976b．在来禾穀類アワ，キビ，ヒエ，シコクビエの耐湿性に関する比較研究．日作東海支部研究梗概，75：25-31．
Horiuchi, T., M. Nakamichi and T. Takano. 1986. Studies on corresponded relations between plant characters and cultivation methods VI. Tillering behaviour and ability of Italian millet and finger millet. Res. Bull. Fac. Agr. Gifu Univ., 51: 1-12.
飯沼二郎．1976．近世農書に学ぶ，pp.70-76．日本放送出版協会．

永井威三郎．1951．シコクビエ．実験作物栽培各論 第1巻，pp.475-477．養賢堂．
呉　耕民．1986．日英漢農林園芸詞滙．287 pp．浙江科学技術出版社．
坂本寧男．1988．雑穀のきた道，pp.66-83．日本放送出版協会．
佐々木高明．1970．シコクビエと早乙女．季刊人類学，1：42-73．
佐々木高明．1983．日本農耕文化の源流，pp.61-78．日本放送出版協会．
橘　礼吉．1995．白山麓の焼畑農耕，pp.406-429．白水社．
田中芳男・小野職愨撰，曲直瀬愛・小森頼信校，服部雪斎図画．1891．有用植物図説 解説巻三，図画巻一．帝国博物館蔵版．大日本農会．
藪野友三郎・山口裕文（編）．1996．ヒエの博物学，p.16．ダウ・ケミカル日本．
渡部忠世・堀内孝次・黒田俊郎・長谷川史郎．1973．インド亜大陸産シコクビエの形質分化と地理的分布 第2報．草型と栽植様式の地理的分布．日作紀，42別(1)：33-34．
Watt, G. 1908. The Commercial Products of India, pp.517-520. Jhon Murray. London.

［東アジアの栽培ヒエとひえ酒への利用］
萩中美枝・畑井朝子・藤村久和・古原敏弘・村木美幸．1992．アイヌの食事．368 pp．農山漁村文化協会．
和　建全．1998．麗江．134 pp．雲南民族出版社．
鋳方貞亮．1977．日本古代穀物史の研究．320 pp．吉川弘文館．
石毛直道．1998．酒造と飲酒の文化．論集 酒と飲酒の文化（石毛直道編），pp.25-85．平凡社．
岸本　艶．1941．粟，黍，稗，蜀黍類の起源と歴史．遺伝学雑誌，17(6)：310-321．
村田懋麿（編）．1932．土名対照鮮満植物字彙．778 pp．目白書院．
中尾佐助．1983．麹酒の系譜．世界の食べ物，14：44-47．
中尾佐助．1984．東アジアの酒．日本醸造協会雑誌，79(11)：791-795．
中尾佐助．1986．コメント「カビ酒発酵の起源」．季刊人類学，17：104-108．
中尾佐助・松本栄一．1985．東アジアの酒の源流を求めて：ヒマラヤ山麓の酒タンバチャン粒酒．Liquor Shop, 58：21-27．
中山祐一郎・梅本信也・山口裕文．1999．アイソザイム分析によるヒエ属植物倍数性群の識別．雑草研究，44：205-217．
日本豆類基金協会．1982．東北地方における豆類，雑穀等の郷土食慣行調査報告．259 pp．
小原哲二郎．1981．雑穀：その科学と利用．459 pp．樹村房．
大野康雄・藪野友三郎．2001．岩手県におけるヒエの栽培と食事．ヒエという植物（藪野友三郎・山口裕文編），pp.143-153．全国農村教育協会．
阪本寧男．1994．雑穀とは．種生物学研究，18：1-4．
佐々木高明．1972．日本の焼畑：その地域的比較研究．457 pp．古今書院．
周　達生．1989．中国の食文化．464 pp．創元社．
諏訪哲郎．1988．西南中国納西族の農耕民性と牧畜民性．284 pp．学習院大学．
橘　礼吉．1995．白山麓の焼畑農耕：その民俗学的生態誌．666＋12 pp．白水社．
Yabuno, T. 1983. Biology of *Echinochloa* species. In "Proceedings of the Conference on Weed Control in Rice", pp.307-318. IRRI.
山口裕文・梅本信也・正永能久．1996．中国雲貴高原のヒエ類とくに非脱粒性タイヌビエの存在．雑草研究，41：111-115．
山本紀夫・吉田集而．1995．酒づくりの民族誌，343 pp．八坂書房．
吉田集而．1993．東方アジアの酒の起源．349 pp．ドメス出版．
吉崎昌一．1992．古代雑穀の検出．考古学ジャーナル，355：2-14．
尹　瑞石．1995．韓国の食文化史．253 pp．ドメス出版．

[南西諸島のアワの栽培慣行と在来品種]

安渓遊地．1989．西表島の農耕文化：在来作物はどこからきたか．季刊民族学，49：108-122．

日高和広．1980．吐葛喇列島における焼畑耕作．トカラ列島：その自然と文化（斉藤毅・塚田公彦・山内秀夫編著），pp.199-214，古今書院．

久野謙次郎・柏常秋校訂．1954．南島誌・各島村法．180 pp. 奄美社．

外間守善・新里幸昭編．1988．南島歌謡大成 III 宮古編，529 pp. 角川書店．

小林 茂・中村和郎．1985．南西諸島の伝統的イネ栽培と環境．日本の風土（九学会連合「日本の風土」調査委員会編），pp.167-206．弘文堂．

名越左源太．1968．南島雑話．日本庶民生活史料集成 第1巻（宮本常一ほか編），pp.3-115．三一書房．

野本寛一．1983．南島の焼畑民俗．焼畑農耕文化論，pp.557-593．雄山閣．

沖縄県教育委員会．1974．沖縄の民俗資料 第1集．359 pp. 根元書房．

臨時台湾旧慣調査会．1913．蕃族調査報告書 第一巻(阿眉族)．331 pp. 臨時台湾旧慣調査会．

臨時台湾旧慣調査会．1914．蕃族調査報告書 第二巻(阿眉族)．合本につき総ページ数なし．臨時台湾旧慣調査会．

臨時台湾旧慣調査会．1915．蕃族調査報告書 第三巻(曹族)．225 pp. 臨時台湾旧慣調査会．

臨時台湾旧慣調査会．1917．蕃族調査報告書 第四巻(紗績族)．148 pp. 臨時台湾旧慣調査会．

臨時台湾旧慣調査会．1918a．蕃族調査報告書 第五巻(太幺族前編)．294 pp. 臨時台湾旧慣調査会．

臨時台湾旧慣調査会．1918b．蕃族調査報告書 第六巻(太幺族後編)．206 pp. 臨時台湾旧慣調査会．

臨時台湾旧慣調査会．1919．蕃族調査報告書 第七巻(武崙族)．260 pp. 臨時台湾旧慣調査会．

臨時台湾旧慣調査会．1920．蕃族調査報告書 第八巻(排湾族・獅設族)．469 pp. 臨時台湾旧慣調査会．

佐々木高明．1972．沖縄本島における伝統的畑作農耕技術：その特色と原型の探求．人類科学，25：79-107．

佐々木高明．1976．南島における畑作農耕技術の伝統．沖縄：自然・文化・社会（九学会連合沖縄調査委員会編），pp.25-40．弘文堂．

佐々木高明．1988．東南アジアの焼畑における陸稲化現象：その実態と類型．国立民族学博物館研究報告，12(3)：559-612．

澤村東平．1951．農学体系 作物部門 雑穀篇，205 pp. 養賢堂．

竹井恵美子．1989．南西諸島における雑穀の在来品種とその食用利用．大阪学院大学人文自然論叢，20：87-103．

竹井恵美子・阪本寧男．1982．アワの変異と分布 6．沖縄のアワ，とくに栽培慣行と出穂特性の関連について．育種学雑誌，32(別冊2)：30-31．

Takei, E. and S. Sakamoto. 1987. Geographical variation of heading response to daylength in foxtail millet (*Setaria italica* P. Beauv.), Japan. J. Breed., 37: 150-158.

Takei, E. and S. Sakamoto. 1989. Further analysis of geographical variation of heading response to daylength in foxtail millet (*Setaria italica* P. Beauv.), Japan. J. Breed., 39: 285-298.

竹井恵美子・小林央往・阪本寧男．1981．紀伊山地における雑穀の栽培と利用ならびにアワの特性．季刊人類学，12(4)：156-197．

上江洲均．1973．沖縄の民具．342 pp. 慶友社．

[照葉樹林文化が育んだ雑豆 "あずき" と祖先種]

Gentry, H. S. 1969. Origin of common bean, *Phaseolus vulgaris*. Econ. Bot., 23, 55-68.
笠原安夫．1982．菜畑縄文晩期(山の寺)層から出土の炭化ゴボウ，アズキ，エゴノキと未炭化メロン種子の同定．菜畑：佐賀県唐津市における初期稲作遺跡の調査，447-454．唐津市．
Kato, S., H. Yamaguchi, Y. Shimamoto and T. Mikami. 2000. The choloroplast genomes of azuki bean and its close relatives: a deletion mutation found in weed azuki bean. Hereditas, 132: 43-48.
星川清親・堀田　満・松本仲子・飯島吉晴．1989．ササゲ属．世界有用植物事典，pp. 1092-1094．平凡社．
松本　豪．1979．緑豆．鳥浜貝塚：縄文前期を主とする低湿地遺跡の調査 vol. I.(鳥浜貝塚研究グループ編)，pp.162-163．福井市教育委員会．
松本　豪．1994．鳥浜貝塚，桑飼下遺跡出土のマメ類について．筑波大学先史学・考古学研究，5：93-97．
Mimura, M., K. Yasuda and H. Yamaguchi. 2000. RAPD variation in wild, weedy and cultivated azuki beans in Asia. Genetic Resources & Crop Evolution, 47: 603-610.
中尾佐助．1976．栽培植物の世界．250 pp. 中央公論社．
佐々木高明・中尾佐助．1992．照葉樹林文化と日本．242 pp. くもん出版．
Smartt, J. 1990. Grain Legumes: Evolution and Genetic Resources. 379 pp. Cambridge University Press. Cambridge.
Tateishi, Y. 1996. Systematics of the species of *Vigna* subgenus *Ceratotropis*. In "Mungbean Germplasm: Collection, Evaluation and Utilization for Breeding Program" (ed. Srinives, P., C. Kitbamroong and S. Miyazaki), pp.9-24. JIRCAS.
梅本光一郎・森脇　勉．1983．縄文期マメ科種子の鑑定．鳥浜貝塚：1981，1982 年度調査概要・研究の成果(福井県教育委員会編)，pp.42-46．福井県教育委員会・若狭歴史民俗資料館．
Vavilov, N. 1926. Center of origin of cultivated plants. Papers on Appl. Bot. Genet. Plant Breed., 16(2): 139-248. Leningrad. (in Russian) (中村英司訳．1980．栽培植物発祥地の研究．380 pp. 八坂書房)．
Yamaguchi, H. 1989. Weed azuki bean, an overlooked representative. Bull. Univ. Pref. Ser. B, 41: 1-7.
Yamaguchi, H. 1992. Wild and weed azuki beans in Japan. Econ. Bot., 46(4): 384-394.
山口裕文．1994．アズキの栽培化：ドメスティケーションの生態学．植物の自然史：多様性の進化学(岡田　博・植田邦彦・角田康郎編著)，pp.129-145．北海道大学図書刊行会．
山口裕文．2001．豆食をめぐる共生の生態的様相．FFI ジャーナル，195：30-35．
山口裕文・小管桂子．1992．野生アズキの分類評価 2．種子貯蔵蛋白質からみた野生・雑草・栽培アズキの関係．育種学雑誌，41(別 2)：164-165．
Yamaguchi, H. and Y. Nikuma. 1996. Biometric analysis on the classification of weed, wild and cultivated azuki beans. Weed Res. (Japan), 41: 55-62.
楊　人俊・韓　亜光．1994．野赤豆在遼寧省的地理分布及其与赤豆間的雑交試験．作物学報，20：607-613．
Yasuda, K. and H. Yamaguchi 1996. Phylogenetic analysis of the subgenus *Ceratotropis* (Genus *Vigna*) and an assumption of the progenitor of azuki bean using isozyme variation. Breeding Science, 46: 337-342.
保田謙太郎・山口裕文．1998a．アズキの栽培化初期過程に関する一試行．農耕の技術と文化，21：137-155．
保田謙太郎・山口裕文．1998b．異なる除草条件下に生育する野生および雑草アズキの生活史．雑草研究，43：114-121．

吉崎昌一．1997．縄文時代の栽培植物．第四紀研究，36：343-346．

[雑穀の亜大陸インド]
Board on Science and Technology for International Development. 1996. Lost Crops of Africa. Vol. 1 Grains. 383pp. National Academy Press. Washington D. C.
Brunken, J. N. 1977. A systematic study of *Pennisetum* Sect. *Pennisetum* (Gramineae). Am. J. Bot., 64: 161-176.
Clayton, W. D. and S. A. Renvoize. 1982. Gramineae. In "Flora of Tropical East Africa, Part 3" (ed. Polhill, R. M.), p.389. Rotterdam.
Dekaprelevich, L. L. and A. S. Kaksparian. 1928. A contribution to the study of foxtail millet (*Setaria italica* P. B. *maxima* Alf.) cultivated in Georgia (West Transcaucasia). Bull. Appl. Bot. Plt. Breed., 19: 533-572.
de Wet, J. M. J., K. E. Prasada Rao, M. H. Mengasha and D. E. Brink. 1983. Domestication of sawa millet (*Echinochloa colona*). Econ. Bot., 37: 283-291.
de Wet, J. M. J., K. E., Prasada Rao, D. E. Brink and M. H. Mengesha. 1984. Systematics and evolution of *Eleusine coracana* (Gramineae). Am. J. Bot., 71: 550-557.
de Wet, J. M. J. 1978. Systematics and evolution of *Sorghum* sect. *Sorghum* (Gramineae). Amer. J. Bot., 65: 477-484.
Doggett, H. 1988. *Sorghum* (2nd ed.). 512pp. Longman. Harlow.
Harlan, J.R. 1975. Crops and Man. 295pp. Amer. Soc. Agric. Crop Sci. Soc. Amer.
Harlan, J.R. and J.M.J. de Wet. 1972. A simplified classification of cultivated sorghum. Crop Sci., 12(2): 172-176.
ジョンソン，B.L.C. 1986．南アジアの国土と経済 第1巻 インド（山中一郎・松本絹代・佐藤 宏・押川文子訳）．211 pp. 二宮書店．
Joshi, B.D. and R.S. Paroda. 1991. Buckwheat in India. NBPGR. Regional Station. Shimura.
Joshi, B.D. and R.S. Rana. 1991. Grain Amaranths: the future food crop. NBPGR. Regional Station. Shimura.
Kimata, M. 1997. Cultivation and utilization of millets and other grain crops in West Turkestan. In "A Preliminary Report of the Studies on Millet Cultivation and Environmental Culture Complex in West Turkestan," pp.1-17. Tokyo Gakugei University.
木俣美樹男．1988．南インドにおける雑穀の栽培と調理について．生活学，13：127-149．
木俣美樹男．1990．インドにおける雑穀の食文化．インド亜大陸の雑穀農牧文化（阪本寧男編），pp.173-222．学会出版センター．
木俣美樹男．1994．キビの地理的変異と民族植物学．種生物学研究，18：5-12．
Kimata, M., E. G. Ashok and A. Seetharam. 2000. Domestication, cultivation and utilization of two small millets, *Brachiaria ramosa* and *Setaria glauca* (Poaceae), in South India. Econ. Bot., 54: 217-227.
Kimata, M., S. Fuke and A. Seetharam. 1999. The physical and nutritional effects of the parboiling process on the grains in small millets. Environmental Education Studies, Tokyo Gakugei Univ., 9: 25-40.
小林徃夫．1990．インドにおける雑穀二次作物の起源．インド亜大陸の雑穀農牧文化（阪本寧男編），pp.99-140．学会出版センター．
Lysov, V.N. 1975. Proso (*Panicum* L.). In "Flora of cultivated plants. Vol. III. Groat Crops (buckwheat, millet, rice)" (ed. Krotov, A. S.), pp.119-123. Kolos. Leningrad.
中尾佐助．1967．農業起原論．自然：生態学的研究（森下正明・吉良竜夫編），pp.329-494．

中央公論社.
Ohnishi, O. 1998. Search for the wild ancestor of buckwheat III. The wild ancestor of cultivated common buckwheat, and of Tatary buckwheat. Econ. Bot., 52: 123-133.
Prasada Rao, K. E., J. M. J. de Wet, D. E. Brink and Mengesha. 1987. Infraspecific variation and systematics of cultivated *Setaria italica*, foxtail millet (Poaceae). Econ. Bot., 41: 108-116.
Rangarajan, S. 1996. The Hindu Survey of Indian Agriculture 1996. 183pp. National Press. Chennai, India.
Riley, K. W., S. C. Gupta, A. Seetharam and J. N. Mushonga. 1993. Advances in Small Millets. 557pp. Oxford & IBH Publishing. New Delhi, India.
Sakamoto, S. 1987. Origin and dispersal of common millet and foxtail millet. JARQ, 21: 84-89.
阪本寧男. 1988. 雑穀のきた道：ユーラシア民族植物誌から. 214 pp. 日本放送出版協会.
Scholz, H. and V. Mikolas. 1991. The weedy representatives of proso millet (*Panicum miliaceum*, Poaceae) in Central Europe. Thaiszia, Kosice, 1: 31-41.
Seetharam, A., K. W. Riley and G. Harinarayana. ed. 1986. Small Millets in Global Agriculture. 392pp. Oxford & IBH Publishing. New Delhi, India.
Singh, H. B. and R. K. Alora. 1972. Raishan (*Digitaria* sp.): A minor millet of the Khasi Hill, India. Econ. Bot., 26: 376-390.
Smartt, J. and N. W. Simmonds ed. 1995. Evolution of Crop Plants. 531pp. Longman Group, UK.
Vavilov, N. 1926. Center of origin of cultivated plants. Papers on Appl. Bot. Genet. Plant Breed., 16(2): 139-248. Leningrad. (in Russian) (中村英司訳, 1980. 栽培植物発祥地の研究. 380 pp. 八坂書房)

[ネパールにおけるセンニンコク類の栽培と変異]
ハーラン, J. R. 1984. 作物の進化と農業・食糧(熊田恭一・前田英三訳), pp.117-129. 学会出版センター.
南 峰夫・氏原暉男・根本和洋. 1998. ネパールにおける新大陸作物の収集と評価. 信大農紀要, 35：37-43.
根本和洋・南 峰夫・氏原暉男・冨永 達. 1992. ネパール産センニンコク(*Amaranthus hypochondriacus*)における種皮色と発芽の関係. 育種学雑誌, 42(別冊1)：368-369.
根本和洋・B. K. Baniya・南 峰夫・氏原暉男. 1997. ネパールのセンニンコク類について II. 呼称と栽培者の意識. 熱帯農業, 41(別冊2)：59-60.
Nemoto, K., B. K. Baniya, M. Minami and A. Ujihara. 1998. Grain amaranths research in Nepal. J. Fac. Agr. Shinshu Univ., 34: 49-58.
西山喜一. 1997. アマランサス研究の意義と現状. 食の科学, 237：18-22.
阪本寧男. 1982. 穀類における貯蔵澱粉のウルチ, モチ性とその地理的分布. 澱粉科学, 29(1)：41-45.
阪本寧男. 1989. モチの文化誌：日本人のハレの食生活, pp.139-168. 中央公論社.
Sauer, J. D. 1976. Grain Amaranths(*Amaranthus* sp., Amaranthaceae). In "Evolution of Crop Plants"(ed. Simmonds, N. W.), pp.4-6. Longman. London.

[南アジアにおけるゴマの利用と民族植物学]
Abraham, A. 1945. Cytological studies on *Sesamum*. Proc. 32nd Indian Sci. Congress, 3: 80 (Abstract).
Amirthadevarathinam, A. and M. Subramanian. 1976. A new variety of *Sesamum* Linn. from Madurai, South India. Madras Agric. J., 63: 169-171.

Amirthadevarathinam, A. and N. Sundaresan. 1990. A new wild variety of *Sasamum* - *Sesamum indicum* (L.) var. *sencottai* ADR & NS. compared with *S. indicum* (L.) var. *yanamalai* Adr & Ms. and *S. indicum* (L.). J. Oilseeds Res, 7: 121-123.
Barrett, S.C.H. 1983. Crop Mimicry in Weeds. Econ. Bot., 37: 255-282.
Bedigian, D., D.S. Seigler and J.R. Harlan. 1985. Sesamin, sesamolin and the origin of Sesame. Biochem., Systemat. and Ecol., 13: 133-139.
Bedigian, D. and J.R. Harlan. 1986. Evidence for cultivation of sesame in the ancient world. Econ. Bot., 40: 137-154.
Bentham, G. 1876. Pedalineae. In "Genera Plantarum", (ed. Bentham, G. and J.D. Hooker), pp.1054-1060.
Bruce, E.A. 1953. Pedaliaceae. In "Flora of Tropical East Africa" (ed. Turrill, W.B. and E. Milne-Redhead), pp.1-23.
Grabow-Seidensticker, U. 1988. Der *Sesamum calycinum* - Komplex (Pedaliaceae R. Br.). Mitt. Inst. Allg. Bot. Hamburg., 22: 217-241. (in German)
福田靖子．1992．ゴマの抗酸化性とその利用．食品工業(3月30日号)：30-37．
Harlan, J.R. and J.M.J. de Wet. 1971. Toward a rational classification of cultivated plants. Taxon, 20: 509-517.
Ihlenfeldt, H.-D. and U. Grabow-Seidensticker. 1979. The genus *Sesamum* L. and the origin of the cultivated sesame. In "Taxonomic Aspects of African Economic Botany" (ed. Kunkel, G.), pp.53-60.
Ihlenfeldt, H.-D. und U. Seidensticker. 1968. Bemerkungen zur Taxonomie einiger südwestafrikanischer *Sesamum* - Sippen. Mitt. Bot. Staatss. München, 7: 5-15. (in German)
John, C.M., G.V. Narayana and C.R. Seshadri. 1950. The wild gingelly of Malabar. Madras Agric. J., 37: 47-50.
Kawase, M. 2000. Genetic relationships of the ruderal weed type and the associated weed type of *Sesamum mylayanum* Nair distributed in the Indian subcontinent to cultivated sesame, *S. indicum* L. Japan. J. Tropical Agriculture, 44: 115-122.
河瀨眞琴・古明地通孝．1993．海外における植物遺伝資源の探索と収集[16]ゴマ(インド)(2)．農業および園芸，68：1040-1044．
小林貞作．1989a．ゴマの食品科学．ゴマの科学(並木満夫・小林貞作編)，pp.1-41．朝倉書店．
小林貞作．1989b．ゴマの栽培植物学．ゴマの科学(並木満夫・小林貞作編)，pp.91-99．朝倉書店．
Komeichi, M., M. Kawase and M.N. Koppar. 1993. Field study and collection of sesame germplasm in India, 1992. Ann. Rep. Explor. Introd. Pl. Gent. Res. (Nat. Inst. Agrobiol. Res, Tsukuba), 9: 45-66. (in Japanese with English summary)
Merxmüller, H. 1959. Über die Gattung *Sesamum* L. in Sudwestafrika. Mitt. Bot. Staatss. München, 3: 1-12.
Mitra, A.K. and A.K. Biswas. 1983. New record of *Sesamum mulayanum* Nair in West Bengal. Science and Culture, 49: 407-408.
Nair, N.C. 1963. A new species of *Sesamum* Linn. from Northern India. Bull. Bot. Surv. India, 5: 251-253.
中尾佐助．1969．ニジェールからナイルへ：農業起源の旅．200 pp．講談社．(1993年改題再刊，農業起源をたずねる旅：ニジェールからナイルへ．226 pp．岩波書店)
Nayar, N.M. and K.L. Mehra. 1970. Sesame: its uses, botany, cutogenetics, and origin. Econ. Bot., 24: 20-31.
Osawa, T. 1992. Lipid-soluble plant phenols as antioxidants and anti-mutants. In

"Biochemistry and Clinical Applications" (ed. Ong, A.S.H. and L. Packer), pp.469-481. Birkhaeuser Verlag. Basel, Switzerland.

Stapf, O. 1904. Pedalineae. In "Flora Capensis" (ed. Thiselton-Dyer, W.T.), pp.459-462.

Stapf, O. 1906. *Sesamum* (Pedalineae). In "Flora of Tropical Africa" (ed. Thiselton-Dyer, W.T.), 4(2): 538-574.

山本かなへ・川越由紀・野原優子・並木満夫・大澤俊彦・川岸舜朗．1990．老化促進モデルマウス（SAM）を用いたゴマの老化抑制効果について．日本栄養・食糧学会誌，43：445-449．

［作物になれなかった野生穀類たち］

Burkill, H. M. 1994. The Useful Plants of West Tropical Africa Vol. 2. 636+xii pp. Royal Botanic Gardens, Kew. Richmond.

François, J., A. Rivas and R. Compére. 1989. Le Pâturage semi-aquatique à *Echinochloa stagnina*. Bull. Rech. Agron. Gembloux (Belgium), 24(2): 145-189.

Harlan, J. R. 1989. Wild-grass seed harvesting in the Sahara and Sub-Sahara of Africa. In "Foraging and Farming" (ed. Harris, D. R. and G. C. Hillman), pp.79-98. Unwin Hyman. London.

Miura, R. 1996. Agriculture and plant utilization in Southern Mali, West Africa -from the field notes of late Dr. H. Kobayashi. In "Comparative Study of Millet Cultivation between Sahel and Deccan" (ed. Ohji, T.), pp.71-99. CSEAS, Kyoto University. Kyoto.

森島啓子．2001．野生イネへの旅．184 pp．裳華房．

中尾佐助．1969．ニジェールからナイルへ：農業起源の旅．200 pp．講談社．（1993年改題再刊，農業起源をたずねる旅：ニジェールからナイルへ．226 pp．岩波書店）

Peters, C. R., E. M. O'Brien and R. B. Drummond. 1992. Edible Wild Plants of Sub-Saharan Africa. 239pp. Royal Botanic Gardens, Kew. Richmond.

Steeves, T. A. 1952. Wild Rice-Indian food and a modern delicacy. Econ. Bot., 26: 107-142.

Wilke, P. J., R. Bettinger, T. F. King and J. F. O'Connell. 1972. Harvest selection and domestication in seed plants. Antiquity, 46: 203-209.

Yabuno, T. 1966. Biosystematic study of the genus *Echinochloa*. Jap. Journ. Bot., 19: 277-323.

［雑穀のエスノボタニー］

Anderson, E. 1960. The evolution of domestication. In "Evolution after Darwin, Vol 2: The Evolution and Man, Culture and Society" (ed. Tax, S.), pp.67-84. University of Chicago Press. Chicago.

Awegechew Teshome, J. Kenneth Torrance, Bernard Baum, Lenore Fahrig, John D. H. Lambert and J. Thor Arnason. 1999. Traditional farmers' knowledge of Sorghum (*Sorghum bicolor* (Poaceae)) landrace storability in Ethiopia. Econ. Bot., 53(1): 69-78.

Brunken, J., J.M.J. de Wet and J.R. Harlan. 1977. The morphology and domestication of Pearl millet. Econ. Bot., 31(2): 163-174.

D'Andrea, A.C., M. Klee and J. Casey. 2001. Archaeobotanical evidence for pearl millet (*Pennisetum glaucum*) in sub-Saharan West Africa. Antiquity, 75: 341-348.

Doggett, H. 1988. Sorghum. 512pp. Longmans. London.

Harlan, J.R. and J.M.J. de Wet. 1972. A simplified classification of cultivated sorghum. Crop Sci., 12(2): 172-176.

Madho Singh Bisht and Y. Mukai. 2000. Mapping of rDNA on the chromosomes of Eleusine species by fluorescence in situ hybridization. Genes and Genetic Systems, 75(6): 6.

National Research Council. 1996. Lost Crops of Africa, Vol. 1. Grains. 383pp. National Academy Press. Washington, D. C.

Porteres, R. 1956. Taxonomie agrobotanique des riz cultives *O. sativa* Linne et *O. graberrima* Dteudel. J. d'Agric. Trop. Bot. Appl., 3: 341, 541, 627, 821.

Richards, P. 1986. Coping with Hunger: Hazard and Experiment in an African Rice Farming System. 176pp. Allen & Unwin. London.

阪本寧男．1988．雑穀のきた道：ユーラシア民族植物誌から．214 pp．日本放送出版協会．

重田眞義．1987．白いトウモロコシ．アフリカ人間読本（米山俊道編），pp.236-239．河出書房新社．

重田眞義．1988．ヒト - 植物関係の実相．季刊人類学，19：191-281．

重田眞義．1995．品種の創出と維持をめぐるヒト - 植物関係．地球に生きる 4（福井勝義ほか編），pp.143-164．雄山閣．

Shigeta, M. 1996. Creating Landrace Diversity: The case of the Ari People and Ensete (*Ensete ventricosum*) in Ethiopia. In "Redefining Nature" (ed. Ellen, R. and K. Fukui), 664pp. Berg. Oxford.

竹沢尚一郎．1984．アフリカの米．季刊人類学，15：66-116．

Teshome, A., B. R. Baum, L. Fahrig, J. K. Torrance and J. D. Lambert. 1997. Sorghum Landrace Variation and Classification in north Shewa and south Welo, Ethiopia. Euphytica, 97: 255-263.

Vavilov, N. I. 1951. The origin, variation, immunity and breeding of cultivated plants. Chronica Botanica, 13: 1-366.

Westphal, E. 1975. Agricultural Systems in Ethiopia. 278pp. PUDOC. Wageningen.

索　引

【ア行】
アイソザイム　22
アイヌ　113
秋型(ソバの生態型)　77
アジアイネ　218
アズキ(あずき)　67,128,129,135
　　古代遺跡からの　65
　　初生葉の形態　64
　　ヘソの形態　64
アズキ，ヤブツルアズキ，ノラアズキの
　分類基準　64
畦栽培　167
アニマルフォニオ　157
亜熱帯高地　142
アブラエ　95
アブラダイコン　105
アフリカイネ　218
アマランサス　158
アミノ酸組成(雑穀の)　40
アミロース　25
アワ　15,114,153
　　ウルチ性　25,117,118
　　基本栄養生長　124
　　在来品種　48
　　脂肪酸組成型　49
　　出穂特性　126
　　出穂日数　27
　　地方品種群　22
　　日長反応　123,124
　　日長反応性　27
　　非分蘖型　27
　　冬作　122,126
　　分蘖　27
　　モチ性　25,116,118,120
異型花柱性　75

移植　90,106
移植栽培　118
移植適応性　91
板屋遺跡　207
遺伝子流動　82
稲架　107
イヌビエ　61
イヌビエ群　104
イネ
　　アジアの　7
　　アフリカの　9
イネ科
　　雑草の種子　30
　　炭化植物種子　60
　　の系統樹　40
囲炉裏　109,111
インゲン　131
インジェラ　220
インド　163
インド亜大陸　145
インドビエ　9,154
ウガリ　206
ウルチ性　46
　　アワの　25,117,118
　　センニンコク類の　171
栄養価(雑草・穀物種子に含まれる)
　36
エスノボタニー　206
エチオピア西南部　210
エノコログサ　15
エンセーテ　210
エンバク　7
大粒系(豆類の)　10
オオヤブツルアズキ　134,135
陸稲　3,4

242　索　引

陸稲畑　14
オヒシバ　215

【カ行】

開花(センニンコク類の)　173
隔離　84
加工・調理方法　159
花序(センニンコク類の)　169
カゼクサ　221
価値観　224
金場遺跡　140
花粉稔性　19
花粉流動　82
粥　107
可溶性無機窒素物　36
殻竿　106,109
カリフ季　146
皮ムギ　70
簡易製粉機　33
換塩　166
環境・生態還元主義　224
慣行栽培技術　100
間作　148
罐罐酒　110
擬穀(類)　5,163
　　古代遺跡の　69
擬態　161,209
擬態随伴雑草　148
キノア　158
キハダ属炭化種子　57
キビ　114,152
忌避効果　168
基本栄養生長(アワの)　124
基本染色体数(ゴマ属の)　181
吸水能力(センニンコク類の)　172
休眠(センニンコク類の)　172
近交弱勢　84
金沙江　103
グルテリン　43
クルミ属炭化種子　57
グレージング　104

経済合理性　224
系統樹(ササゲ属の)　134
ケツルアズキ　131
健康機能性　177
減数分裂　17
玄ヒエ　95
抗酸化性物質　177
硬実(センニンコク類の)　172
コエモチ　90
国際半乾燥熱帯作物研究所　151
穀類作物　40
穀類の伝播　11
五穀　16,113
呼称分布(センニンコク類の)　169
古代遺跡からの
　　アズキ　65
　　擬穀　69
　　雑穀　69
　　ダイズ　65
小粒系(豆類の)　10
コドミレット　154
コヒメビエ群　104
コブ牛　5
ゴマ　176
　　野生租先種　176
ごま炒り器　36
ゴマ属の基本染色体数　181
ゴマリグナン類　177
コラリ　157
コルネ　156
混作　148,167

【サ行】

採集　31
栽培化　11,13,140,204
栽培化過程　149
栽培植物　130
栽培中心地　7
栽培ヒエ　61
栽培方法(センニンコク類の)　166
栽培マメ　68

索引　243

在来品種
　　アワの　48
　　センニンコク類の　170
　　ソバの　77,83
サウイ　152
作物＝雑草複合　161
作物擬態型　17
酒　109,111
酒造り　101
ササゲ　131
ササゲ属
　　系統樹　134
　　進化系統樹　134
　　葉緑体DNA　135
雑穀(古代遺跡の)　69
雑種不稔性　19
雑草を食べる　30
雑豆　6
サハラ砂漠　201
サバンナ　3
サバンナ気候　145
サヘル　202,218
サマイ　154
穄子　89
自家消費　222
直播　90
時間的・空間的隔離機構　81
シコクビエ　86,115,149,215
　　穂型　87
　　地方名　89
　　発根力　92
自然史　211
自然資源　68
自然脱粒性　31
実用　215
しとぎ(マヅ)　160
シブラ　218
シブラス　151
脂肪酸組成(雑穀の)　40
脂肪酸組成型(アワの)　49
社会史　211

酒曲　107,109,111
莢穀　5
種子(イネ科雑草の)　30
種子デンプン　170
主食　6
主成分分析　38
酒造　109
出芽性　94
初生葉(の形態)　64,66
　　アズキの　64
　　ダイズの　66
　　リョクトウの　64
出穂特性(アワの)　125
出穂日数(アワの)　27
種皮(センニンコク類の)　172
馴化
　　ヒエの　60
　　ヒエ属植物の　62
蒸散速度　98
子葉鞘　94
焼酎　128
縄文時代　207
縄文農耕　52
縄文ヒエ　61
照葉樹林　128,141
照葉樹林(地)帯　101,132,136
植物遺体　52
食文化　213
除草　106
白酒　110
進化系統樹(ササゲ属の)　134
金沙江　103
新大陸　10
浸透性交雑　151
穂型(シコクビエの)　87
随伴雑草型　186
水分(雑草・穀物種子に含まれる)　36
スターター　113
スーリマ(蘇里瑪)酒　109,110
生活世界　223
制限酵素断片長多型　24

244　索　引

制限サイト　135
生態型(ソバの)　77
生態的分化(ソバの)　78
精白　33
製粉　33
赤飯　36
全インド＝モロコシ改良計画　150
先史時代のマメ類　62
センター　7
選択　141
センニンコク(類の)　163
　　ウルチ性　171
　　開花　173
　　花序　169
　　吸水能力　172
　　休眠　172
　　硬実　172
　　呼称分布　169
　　栽培方法　166
　　在来品種　170
　　種皮　172
　　地理的分布　171
　　伝播経路　169
　　発芽特性　172
　　花芽形成　173
　　変異　170
　　無限花序　173
　　モチ性　171
　　有限花序　173
　　利用方法　169
　　RAPD分析　174
挿入欠失　136
早晩生　100
送粉昆虫　76
粗脂肪(雑草・穀物種子に多く含まれる)　36
粗繊維(雑草・穀物種子に多く含まれる)　36
祖先野生種　212
粗タンパク(雑草・穀物種子に含まれる)　36

ソバ　73,158
　　在来品種　77,83
　　生態型　77
　　生態的分化　79
　　DNA分析　78
粗灰分(雑草・穀物種子に多く含まれる)　36

【タ行】
第三紀　138
耐湿性　98
ダイズ
　　古代遺跡からの　65
　　初生葉の形態　66
　　ヘソの形態　66
ダイズ，ツルマメ，雑草ダイズの分類基準　66
タイヌビエ　5,61,112
タイヌビエ群　104
タケアズキ　129
多元説　11
他殖性植物　76
脱穀　31,102
ダッタンソバ　158
撓斗　102
脱粒性　204
タデ属炭化種子　57
多品種　213
多様性　215
多様性中心説　130
炭化
　　イネ科植物種子　60
　　植物種子　60
　　ヒエ属植物種子　60
　　マメ(豆)　63,66,68,140
　　マメ類の分類基準　64
炭化種子　57
　　キハダ属　57
　　クルミ属　57
　　タデ属　57
　　ニワトコ属　57

索引　245

炭化種子
　　ヒエ属　57
　　ブドウ属　57
　　マタタビ属　57
　　ミズキ属　57
単元説　11
短日植物　27
地下子葉性(野生アズキ)　137
地方品種群(アワの)　22
地方名(シコクビエの)　89
中間型(ソバの生態型)　77
中茎　94
虫媒他殖性植物　75
朝鮮語(豆類の)　6
直播　90
地理的分布(センニンコク類の)　171
青稞　105
金沙江　103
粒酒　103
デカン高原　145
適応　138
テフ　203, 219
天水　165
伝播(穀類の)　11
伝播経路(センニンコク類の)　169
糖化能力　113
糖原料　199
トウジンビエ　151, 205, 217
同類交配　80
トノト　101
ドメスティケーション　210
鳥浜遺跡　139

【ナ行】
内周庭　109
内生IAA　92
ナシ族　105, 142
夏型(ソバの生態型)　77
納豆　3, 128
苗代　108
南西諸島　114

ニジェール　202
ニジェール川　195
二次作物　160
西トルキスタン　152
日長反応(アワの)　123, 124
日長反応性(アワの)　27
ニホンビエ　108
ニワトコ属炭化種子　57
ニワホコリ　221
認識世界　223
寧蒗　103
ネパール　163
農耕の起源　210
農耕文化基本複合　159
ノラアズキ　132, 133, 136

【ハ行】
胚乳　13
胚乳デンプン　25
ハゲイトウ　163
破生通気組織系　98
裸ムギ　70
発芽特性(センニンコク類の)　172
発根力(シコクビエの)　92
ハトムギ　115, 156
花芽形成(センニンコク類の)　173
パーボイル加工　160
半乾燥地　14
半栽培　10, 140, 207
ヒエ　101, 115
ヒエ麹　102
ひえ酒　107, 113
ヒエ(属植物)の馴化　59, 62
ヒエ属(植物)炭化種子　57〜60
　　縄文時代から近世にかけての遺跡からの　59
　　平安時代遺跡からの　59
ヒエ飯　95
必須アミノ酸　13
ヒト-植物関係論　211
ピパヤ　101

非分蘖型(アワの)　27
ヒマラヤ山脈　164
ヒモゲイトウ　163
ヒユ属　163
氷河　138
氷期　138
ピリニ遺跡　218
品種　215
品種群　11
ヒンドゥー教　168
フィールドワーク　224
風選　33,199
フェノール着色反応性　22
フォニオ　156,203,205
副次的作物　169
副食　6
覆土　91
ブドウ属炭化種子　57
プミ族　107
浮遊水洗選別法　53
冬作(アワの)　122,126
ブラックフォニオ　156
ブルキナファソ　202
ブルグ　195
フローテーション法　53,60,61,66
プロラミン　43
文化　224
　　的複合　11
　　認識　5,6
分画タンパク質　43
分蘖(アワの)　27
分蘖能力　92
分類基準(炭化マメ類の)　64
　　アズキ, ヤブツルアズキ, ノラアズキの　64
　　ダイズ, ツルマメ, 雑草ダイズの　66
　　ヤブツルアズキ, ノラアズキの　64
　　リョクトウ, ケツルアズキの　64
平均発芽日数　100

ヘソ(の形態)　64,66
　　アズキの　64
　　ダイズの　66
　　リョクトウの　64
白族　141
ヘラ　119,120
変異(センニンコク類の)　170
ホウキモロコシ　214
放射性同位体年代測定法　53
穂擬態　112
保存　33
ボチャツ　110
穂摘み　116～118
穂摘み具　120,121
ボトルネック効果　130

【マ行】

マタタビ属炭化種子　57
マナグラス　156
マヴ(しとぎ)　160
マメ　5
マメ類(先史時代の)　62
豆類の
　　大粒系　10
　　小粒系　10
　　朝鮮語　6
マリ共和国　195
ミズキ属炭化種子　57
水口モチ　96
ミャオ族　103,140
民族植物学　159,223
ムギ　5
無限花序(センニンコク類の)　173
モスビーン　131
モソ族　107
モソピエ　107,108,111,112
モチ性　46
　　アワの　25,116,118,120
　　センニンコク類の　171
モミすり　33
モロコシ　114,149,213

索 引　247

【ヤ行】
焼畑　116〜118, 120
野生イネ　202, 204
野生穀類　9, 194
野生祖先種　131
　　アワの　17
　　ゴマの　176
ヤブツルアズキ　67, 133, 136
ヤブツルアズキ，ノラアズキの分類基準
　64
仰韶時代　153
有限花序（センニンコク類の）　173
ユウマイ　105
油穀　5
油脂　13
幼芽伸長量　94
葉内水分含量（シコクビエの）　92
幼葉　139
葉緑体DNA（ササゲ属の）　135

【ラ行】
ライシャン　156
ラビ季　146
麗江　103
麗江ヒエ　105, 106, 111, 112
リボゾームRNA遺伝子　24
琉球文化圏　114
粒食　35
利用方法（センニンコク類の）　169
リョクトウ　63, 131, 135
　　初生葉の形態　64
　　ヘソの形態　64
リョクトウ，ケツルアズキの分類基準
　64
輪作　167

冷害常襲地帯　91
レフュージア　138
煉瓦積み　104
路傍雑草型　186

【ワ行】
ワイルドライス　10, 194, 200

AMS法　53
C_4植物　146
^{14}C法　53
crop mimicry　18
DNA　19
DNA分析（ソバの）　78
Eleusine indica　215
Eragrostis tef　219
Fagopyrum esculentum　73
IAA　92
IAA酸化酵素　92
ICRISAT　151
Oryza glaberrima　218
Oryza sativa　218
RAPD　136, 137
RAPD分析（センニンコクの）　174
rDNA　24
RFLP　24, 133, 134
S supergene　76
Sesamum indicum　176
Sesamum mulayanum　180
Setaria italica　17
shibras　151
TIBA　92
Wxタンパク質　25

著者紹介

梅本　信也（うめもと　しんや）
　　1959年生まれ
　　1989年　京都大学大学院農学研究科博士課程中退
　　現　在　京都大学フィールド科学教育研究センター里域生態系部門 紀伊大島実験所
　　　　　　所長・助教授　京大農博

大澤　良（おおさわ　りょう）
　　1959年生まれ
　　1988年　筑波大学大学院農学研究科博士課程修了
　　現　在　筑波大学大学院生命環境科学研究科助教授　農学博士

河瀨　眞琴（かわせ　まこと）
　　別　記

木俣美樹男（きまた　みきお）
　　1948年生まれ
　　1974年　東京教育大学大学院農学研究科修士課程修了
　　現　在　東京学芸大学環境教育実践施設施設長・教授　農学博士

重田　眞義（しげた　まさよし）
　　1956年生まれ
　　1988年　京都大学大学院農学研究科博士課程修了
　　現　在　京都大学大学院アジア・アフリカ地域研究研究科助教授　農学博士

平　宏和（たいら　ひろかず）
　　1928年生まれ
　　1950年　千葉農業専門学校（現，千葉大学）農芸化学科卒業
　　現　在　㈳資源協会食品成分調査研究所所長　農学博士

竹井恵美子（たけい　えみこ）
　　1955年生まれ
　　1986年　京都大学大学院農学研究科博士課程修了
　　現　在　大阪学院短期大学教授　京都大学博士（農学）

根本　和洋（ねもと　かずひろ）
　　1967年生まれ
　　1995年　信州大学大学院農学研究科修士課程修了
　　現　在　信州大学大学院農学研究科助手

福永　健二(ふくなが　けんじ)
　1969年生まれ
　1998年　京都大学大学院農学研究科博士課程修了
　　現　在　総合地球環境学研究所　京都大学博士(農学)

堀内　孝次(ほりうち　たかつぐ)
　1943年生まれ
　1969年　京都大学大学院農学研究科博士課程中退
　　現　在　岐阜大学応用生物科学部教授　農学博士

松本　初子(まつもと　はつこ)
　1973年生まれ
　1995年　近畿大学農学部農学科卒業
　　現　在　大阪府立農芸高等学校教諭

三浦　励一(みうら　れいいち)
　1964年生まれ
　1990年　京都大学大学院農学研究科博士課程中退
　　現　在　京都大学大学院農学研究科講師　京都大学博士(農学)

南　　峰夫(みなみ　みねお)
　1950年生まれ
　1977年　京都大学大学院農学研究科修士課程修了
　　現　在　信州大学大学院農学研究科教授　農学博士

山口　裕文(やまぐち　ひろふみ)
　別　記

吉崎　昌一(よしざき　まさかず)
　1931年生まれ
　1956年　明治大学大学院修士課程修了
　　　　　元北海道大学文学部教授

山口　裕文（やまぐち　ひろふみ）
1946年長崎県佐世保市に生まれる
1977年　大阪府立大学大学院農学研究科博士課程修了
現　在　大阪府立大学大学院生命環境科学研究科教授　農学博士
主　著　植物の自然史（分担執筆，北海道大学出版会），植物の生き残り戦略（分担執筆，平凡社），ヒエという植物（編著，全国農村教育協会），雑草の自然史・栽培植物の自然史（編著，北海道大学出版会）など

河瀬　眞琴（かわせ　まこと）
1953年長崎県大村市に生まれる
1985年　京都大学大学院農学研究科博士課程修了
現　在　独立行政法人 農業生物資源研究所ジーンバンク
　　　　上級研究員　農学博士
主　著　植物遺伝資源入門（分担執筆，技報堂），インド亜大陸の雑穀農耕文化（分担執筆，学会出版センター）など

雑穀の自然史──その起源と文化を求めて──
2003年9月10日　第1刷発行
2006年7月25日　第2刷発行

　　　　　編 著 者　山口裕文・河瀬眞琴
　　　　　発 行 者　佐伯　　浩

　　　　　発 行 所　北海道大学出版会
　　　札幌市北区北9条西8丁目 北海道大学構内（〒060-0809）
　　　Tel. 011(747)2308・Fax. 011(736)8605・http://www.hup.gr.jp/

アイワード　　　　　　　　　　　　Ⓒ 2003　山口裕文・河瀬眞琴

ISBN 4-8329-8051-3

栽培植物の自然史 ―野生植物と人類の共進化―	山口裕文編著 島本義也	A5・256頁 価格3000円
野生イネの自然史 ―実りの進化生態学―	森島啓子編著	A5・228頁 価格3000円
雑草の自然史 ―たくましさの生態学―	山口裕文編著	A5・248頁 価格3000円
植物の自然史 ―多様性の進化学―	岡田　博 植田邦彦編著 角野康郎	A5・280頁 価格3000円
高山植物の自然史 ―お花畑の生態学―	工藤　岳編著	A5・238頁 価格3000円
花の自然史 ―美しさの進化学―	大原　雅編著	A5・278頁 価格3000円
森の自然史 ―複雑系の生態学―	菊沢喜八郎 甲山　隆司 編	A5・250頁 価格3000円
蝶の自然史 ―行動と生態の進化学―	大崎直太編著	A5・286頁 価格3000円
土の自然史 ―食料・生命・環境―	佐久間敏雄編著 梅田安治	A5・256頁 価格3000円
植物生活史図鑑Ⅰ 春の植物1	河野昭一監修	A4・122頁 価格3000円
植物生活史図鑑Ⅱ 春の植物2	河野昭一監修	A4・120頁 価格3000円
進化生物学における比較法	P.H.ハーヴェイ他著 粕谷英一訳	A5・294頁 価格7500円
植物の耐寒戦略 ―寒極の森林から熱帯雨林まで―	酒井　昭著	四六・260頁 価格2200円
新・北海道の花	梅沢　俊著	四六・456頁 価格2600円
新版 北海道の樹	辻井達一 梅沢　俊著 佐藤孝夫	四六・320頁 価格2400円
北海道の湿原と植物	辻井達一編著 橘ヒサ子	四六・266頁 価格2800円
写真集 北海道の湿原	辻井達一著 岡田　操	B4変型・252頁 価格18000円
札幌の植物 ―目録と分布表―	原　松次編著	B5・170頁 価格3800円

北海道大学出版会

価格は税別